中国水利教育协会　组织

全国水利行业"十三五"规划教材（职工培训）

区域水资源开发利用与保护

主编　刘华平

主审　黄泽钧　董必胜

中国水利水电出版社
www.waterpub.com.cn
·北京·

内 容 提 要

本书针对区域水资源开发利用与保护的要求，结合近年来水资源利用与保护的研究成果和新的技术标准规范要求，全面介绍了水资源开发利用与保护的理论与方法。全书主要内容包括区域水资源调查与开发利用调查评价、区域水资源估算、水环境管理与评价、区域水资源供需分析、区域水资源承载能力、区域水资源优化配置和区域水资源管理规划与保护等。

本书可作为高等职业院校水利工程专业、水文水资源专业教材，也可作为水利行业培训教材，还可供相关专业人员参考。

图书在版编目（CIP）数据

区域水资源开发利用与保护 / 刘华平主编. -- 北京：中国水利水电出版社，2017.6(2025.2重印).
全国水利行业"十三五"规划教材. 职工培训
ISBN 978-7-5170-5495-5

Ⅰ.①区… Ⅱ.①刘… Ⅲ.①区域资源－水资源开发－职工培训－教材②区域资源－水资源利用－职工培训－教材③区域资源－水资源保护－职工培训－教材 Ⅳ.①TV213

中国版本图书馆CIP数据核字(2017)第135414号

书　　名	全国水利行业"十三五"规划教材（职工培训） **区域水资源开发利用与保护** QUYU SHUIZIYUAN KAIFA LIYONG YU BAOHU
作　　者	主编　刘华平　主审　黄泽钧　董必胜
出版发行	中国水利水电出版社 （北京市海淀区玉渊潭南路1号D座　100038） 网址：www.waterpub.com.cn E-mail：sales@mwr.gov.cn 电话：(010) 68545888（营销中心）
经　　售	北京科水图书销售有限公司 电话：(010) 68545874、63202643 全国各地新华书店和相关出版物销售网点
排　　版	中国水利水电出版社微机排版中心
印　　刷	天津嘉恒印务有限公司
规　　格	184mm×260mm　16开本　15印张　356千字
版　　次	2017年6月第1版　2025年2月第2次印刷
印　　数	2001—3000册
定　　价	**49.50**元

前言

水是基础性的自然资源，也是战略性的经济资源。随着社会经济快速发展和城市化进程的加快，各类用水不断增加，水资源的供需矛盾日益突出。如何合理开发和有效保护水资源、加强水资源的统一管理，促进水资源的优化配置、节约、保护和管理，为社会经济可持续发展提供支撑，是当前和今后一段时期内亟待解决的问题。

“节水优先、空间均衡、系统治理、两手发力”是习近平总书记提出的新时期治水思路。要落实好习总书记的治水新思路，必须要对水资源进行合理开发、高效利用、综合治理、优化配置、全面节约、有效保护。基于此，本书在对区域水资源调查与评价的基础上，针对水资源开发利用现状，考虑区域社会经济发展需求，根据区域水资源承载能力，提出区域水资源优化配置方案，为社会经济可持续发展提供支撑。

本书编写分工如下：第一章由湖南水利水电职业技术学院刘华平、王勇泽编写，第二章、第四章由北京水利水电学校张喆编写，第三章由辽宁水利职业技术学院崔岫编写，第五章由湖北水利水电职业技术学院黄泽钧编写，第六章由辽宁水利职业技术学院张贺编写，第七章、第八章由山东水利职业技术学院杜守建、刘汝泉编写。

全书由刘华平、王勇泽、顾春慧统稿，刘华平任主编，杜守建、崔岫任副主编，由湖北水利水电职业技术学院黄泽钧、湖南省水利水电勘测设计研究院董必胜教授级高级工程师任主审，湖南省水利水电科学研究院盛东博士、湖南省水利厅水资源处彭鹏飞副处长、湖南水利水电勘测设计研究院李建坤教授级高级工程师、卓志宇高级工程师对本书的编写给予了大力支持和指导，在此表示衷心的感谢。

区域水资源开发利用与保护具有广泛的社会实践性，并随着社会经济的变化而发展，也正是这一特点增加了教材编写的难度，加之编者水平有限，书中错误在所难免，恳请读者批评指正。

编　者

2017年1月

目　　录

第一章　绪　　论

第一节　区域水资源开发利用的相关概念

一、水资源的基本含义

水资源（water resources）的概念随着时代的进步，其内涵也在不断地丰富和发展。水资源可以理解为人类长期生存、生活和生产活动中所需要的各种水，既包括数量和质量含义，又包括其使用价值和经济价值。一般认为，水资源概念具有广义和狭义之分。

狭义上的水资源是指人类在一定的经济技术条件下能够直接使用的淡水。

广义上的水资源是指在一定的经济技术条件下能够直接或间接使用的各种水和水中物质，在社会生活和生产中具有使用价值和经济价值的水都可称为水资源。

广义上的水资源强调了水资源的经济、社会和技术属性，突出了社会、经济、技术发展水平对于水资源开发利用的制约与促进。在当今的经济技术发展水平下，进一步扩大了水资源的范畴，原本造成环境污染的量大面广的工业和生活污水构成水资源的重要组成部分，弥补水资源的短缺，从根本上解决长期困扰国民经济发展的水资源短缺问题；在突出水资源实用价值的同时，强调水资源的经济价值，利用市场理论与经济杠杆调配水资源的开发与利用，实现经济、社会与环境效益的统一。

鉴于水资源的固有属性，本书所论述的“水资源”主要限于狭义水资源的范围，即与人类生活和生产活动、社会进步息息相关的淡水资源。

二、水资源开发利用率

水资源开发利用率是指流域或区域用水量占水资源总量的比率，体现的是水资源开发利用的程度。国际上一般认为，对一条河流的开发利用不能超过其水资源量的40%，目前，黄河、海河、淮河水资源开发利用率都超过50%，其中海河更是高达95%，均超过国际公认的40%的合理限度。

从水资源规划利用的角度来看，水资源开发利用率是指供水能力（或保证率）为75%时可供水量与多年平均水资源总量的比值，是表征水资源开发利用程度的一项指标。水利部、水利水电规划设计总院关于“水资源综合规划名词解释”中与此相近的有：①地表水资源开发率是指地表水源供水量占地表水资源量的百分比；②水资源利用消耗率是指用水消耗量占水资源总量的百分比。

从水资源利用统计分析计算的角度来看，水资源利用率的计算更多是采用实际耗水量与总的水资源量之比，体现的是水资源量被耗用即消耗利用的程度，与上述水资源开发利用率的差异在于，前者是水量被利用程度，后者是水量被消耗程度。水资源开发利用程度是指一定区域内水资源被人类开发和利用的状况，一般用被开发量与水资源量的比值表示。

三、可利用水资源

可利用水资源是指在技术上可行、经济上合理的情况下，通过工程措施能进行调节利用且有一定保证率的那部分水资源量，它比天然水资源数量要少，其地表水资源部分仅包括蓄水工程控制的水量和引水工程引用的水量；地下水资源中仅是技术上可行，而又不造成地下水位持续下降的可开采水量；二者之和即为可利用的水资源量。估算远景可利用水资源则必须与流域规划的工程措施结合起来考虑。随着不同生产部门不同的供水要求和保证率的提高，可利用水资源量将迅速减少。可用水资源量排除了人类无法控制或不应利用的那部分水量（如洪水和保护河流环境所必需的入海水量等），因而更符合实际，从而对水资源开发利用的实践价值更大，应重点加以研究。

四、可供水资源

可供水资源是指在某一水平年指定供水保证率下，现有和拟建水利工程可能为用户提供的水资源。

五、地下水资源动储量

地下水资源动储量是指潜水资源含水层多年平均最高水位与最低水位之间的地下水储量。

六、地下水资源静储量

地下水资源静储量是指潜水资源含水层多年平均最低潜水位以下的地下水储量。

第二节 水资源的特性

水，是自然界的重要组成物质，是环境中最活跃的要素。它不停地运动着，积极参与自然环境中一系列物理的、化学的和生物的作用过程，在改造自然的同时也不断地改造自身的物理化学与生物学特性，由此表现出水作为自然资源所独有的性质特征，即自然属性和社会属性。

一、利、害两重性

水的可供开发利用和可能引起灾害的特性，决定了水资源在经济上的两重性，经济上的两重性是由于降水和径流的地区分布和时程分配不均匀所造成的。自然界的水在环境中的作用对于人类的生存条件而言，一方面造成有利于人类生存的环境，例如为人类提供休养生息的条件，是人类生存和发展所不可缺的；而另一方面水有时又会带给人类自然灾害的困扰，如洪、涝、旱灾害，水致疾病传播等。当人类科学技术发展到一定水平后，人类逐渐学会通过工程和其他措施来改造水环境，使之向有利于人类生活和生产的方向转化，

但也在一些问题上由于认识上的不够全面，违背了自然规律，出现事与愿违的结果，例如水资源开发利用不当也会引起人为灾害，如垮坝事故、次生盐碱化、水质污染、环境恶化等。水资源的综合开发和合理利用，应达到兴利除害的双重目的。

二、不可替代性

水对人类，对生命，是生存和发展不可或缺的物质，也是不可替代的。其他资源，如石油、矿产等，可以有别的替代产品，但水是不可替代的。若地球上没有水，地球就会像太阳系中的其他行星一样，成为没有生命的星球，人类也就失去了生存和发展的基础。此外，水是环境的重要因素，是维持一切生命活动不可替代的物质，不仅为人类生活所必需、为生物圈所必需，也为人类的生产活动和维持人类赖以生存的环境所不可或缺。水的用途具有广泛性和不可代替性，主要表现在水资源既是生活资料又是生产资料，在国计民生中的用途相当广泛，各行各业都离不开水。用水户分为两大类：一类是耗损性用水，如农业、工业、生活用水等，需要消耗或污染大量的水；另一类是非耗损性用水，如水电、水运、水产用水等，要求保持一定的水位和流量，但消耗水量很小。水是一切生物的命脉，它在维持生命和组成环境所需方面是不可代替的。人可三日无食，不可一日无水；有水才有人，有人必需水。随着人口的增长，人民生活水平的提高，以及工农业生产的发展，用水量不断增加是必然趋势，水资源问题已成为当今世界普遍重视的社会性问题。

三、可再生性

水资源可再生，主要通过全球水文循环而来。大气中的水分来自海洋蒸发，经过大气输送、冷凝，随降水至地面，经汇流，从河流汇入海洋，如此周而复始，年复一年地演变，其动力是太阳能。正因为如此，水资源不像在地质历史时期形成的矿产资源，总量一定，而且越开采越少，水资源可以经过水循环再生、恢复，能得到永续利用。但尽管水资源是可再生的，人类的开发利用活动常影响天然的水文循环过程和规律，致使水资源在局部地区和部分时段出现衰退现象。由于水的循环性，水成为可更新的资源，地表水和地下水被开发利用后，可以得到大气降水的补给；但是每年的补给水量是有限的，为了保护自然环境和维持生态平衡，一般不宜动用地表、地下储存的静态水量，故多年平均利用量不能超过多年平均补给量。循环过程的无限性和补给水量的有限性，决定了水资源在一定数量限度内开发利用才是安全的。

四、稀缺性

水是稀缺的，尽管水资源是可再生的，而且地球上有2/3的面积覆盖着水，但淡水资源量十分有限，只占全球总水量的2.53%，人类便于利用的淡水只占全球总水量的0.007%。因此，相对于人类无限的需求来讲，水资源是稀缺的。水资源的稀缺性主要表现在水资源的供需矛盾上：随着工农业生产的发展，人类对水资源的需求量越来越大，导致了天然水资源在时空供给上和人类利用的不匹配，出现供需矛盾，人类进而进一步开发利用水资源，如此周而复始，形成一个螺旋式上升的过程，但某一区域的可利用水资源量最终是有限的，因此水资源的稀缺是必然存在的，我国的年水资源总量为28124亿m^3，居世界第6位，但人均和单位耕地面积平均占有量分别为全世界平均值的25%和76%，相当低。特别是我国的西北和华北地区，水资源稀少，工农业生产集中，水资源紧缺已成为区域社会经济发展的主要制约因素之一。据水利部门统计，在20世纪末，我国600多座城市中，缺水城市为400多座，其中严重缺水的100多座，年均缺水量58亿m^3以上。可见，水资源对我国是一种相对较稀缺的资源。

五、水文的随机性和流动性

水资源的演变受水文随机规律的影响，年、月之间的水量均发生变化，有丰水年、枯水年、平水年之分，有连丰、连枯情况，有丰水期和枯水期之分，而且这种变化是随机的，它只符合统计规律。水资源的流动性是指在重力作用下，水总是自高而低、自上而下流动，而且最终汇入海洋。人类开发利用水资源的目的，是使水资源的时空变化能满足自己的使用要求。但为了保护生态环境等功能，河道总要保持一定的基流，为了鱼类洄游和输沙等要求，必须保持一定的入海流量，因此人类可开发利用的水资源量总是有限的。在这种情况下，水文随机性和水流动性的存在，将使丰水期洪水泛滥，水虽多但无法利用；而在枯水期水资源又显得异常宝贵。从这点看，对人类的利用来讲，通过水利工程调蓄丰枯，能大大增加水资源的使用价值。

水资源在地区分布上不均匀，年际、年内变化很大，给水资源的开发、利用带来了许多困难。为了满足各地区各部门的用水要求，必须修建蓄水、引水、提水、调水工程，对天然水资源进行时空再分配。由于兴修各种水利工程要受自然、技术、经济条件的限制，只能控制利用水资源的一部分，而由于排盐、排沙、排污以及生态平衡的需要，应保持一定的入海水量，故欲将一个流域的产水量用尽耗光，既不可能，也不应该。

六、利用的多样性

水资源开发的整体性和利用的综合性，这是由于在一个流域中地表水体之间的相互连通，地表水、地下水和土壤水之间相互转化，气态水、液态水和固态水之间相互变化的特性所决定的。对某一区域来讲，水资源系统是一个完整的体系，水资源的开发利用应以区域水资源的整体作为规划和开发利用单元进行，而且工程的建设也应考虑水资源系统的整体性。但从利用角度，水资源又是综合的和多功能的，水资源开发利用往往是城乡及工矿企业供水、防洪、除涝、水土保持、航运、养殖、观光、水力发电、农田灌溉、水环境保护等功能的综合，而且有时各种功能混合在一起。这就要求水资源项目规划和设计时，既要考虑区域内水资源的总体状况，又要兼顾各部门及各种利用方式间的差异，只有这样才能实现区域水资源的合理开发利用。这种区域水资源利用功能的综合性和差异，也决定不同地域水资源价值和价格的不同。

第三节 我国水资源开发与利用的发展过程

我国水资源开发利用历史悠久。从上古时代起，我国劳动人民就致力于水旱灾害的防御，几千年来，建设了大运河、都江堰、灵渠等一批著名的水资源利用工程，在抵御水旱

灾害方面发挥了一定作用。但是到了19世纪，由于帝国主义列强入侵以及连年战争，近代水利处于停滞状态。直到1930年前后，中国才有一些近代水利工程。但是由于国民党反动统治及日本侵略，已有的水利设施年久失修、破烂不堪。1949年中华人民共和国成立后，在中国共产党的领导下，全国人民进行了大规模的水利建设，水资源事业得到迅速发展，防洪除涝、农田灌溉、城乡供水、水土保持、水产养殖、水力发电、航运等都取得了很大成就。

中国的水资源开发利用发展过程大致可分为三个不同的发展阶段。

1. 水资源开发利用的初期阶段

这个阶段的主要特点是，对水资源进行单目标开发，主要是灌溉、航运、防洪等。其决策的依据也常限于某一地区或局部的直接利益，很少进行以整条河流或整个流域为目标的开发利用规划。由于在初期阶段中，水资源可利用量远大于社会经济发展对水的需求量，给人们的印象是水是“取之不尽、用之不竭”的。这一阶段大致可从有文字记载的大禹治水开始，到新中国成立。虽然中国历史上在水资源开发利用中取得不少成就，但到1949年，全国的水利工程廖寥无几，且残缺不全。据统计，当时全国江河堤防和沿海海塘总长只有4.2万km，且破残不堪，防洪标准很低；全国超过1亿m^3容量的大型水库只有6座（包括中朝界河上的水丰水电站），容积0.1亿～1.0亿m^3的中型水库也只有17座（其中有两座是20世纪50年代续建完成的），灌溉面积1600万hm^2（2.4亿亩），且保证程度不高；用于防洪的工程设施很少，水电设施更少，水土流失严重，不少土地盐碱化、沙化。

2. 水资源开发利用的第二阶段

水资源的开发利用目标由单一目标发展到多目标的综合利用，开始强调水资源统一规划、兴利除害、综合利用。在技术方法方面，通过规划与一定数量的方案比较，来确定流域或区域的开发方式、提出工程措施的实施程序。但水资源的开发的侧重点和规划目标以及评价方法，大多以区域经济的需求为前提，以工程或方案的技术经济指标最优为依据，未涉及经济以外的其他方面，如节约用水、水资源保护、生态环境、合理配置等问题。在第二阶段中，由于大规模的水资源开发利用工程建设，可利用水资源量与社会经济发展的各项用水逐步趋于平衡，或天然水体环境容量与排水的污染负荷逐渐趋于平衡，个别地区在枯水年份，枯水期出现供需不平衡的缺水现象。这一阶段可从新中国成立开始，到20世纪70年代末我国北方一些地区开始出现缺水现象。在这期间，中国进行了大规模的水资源开发治理，水资源开发利用程度提高，供水能力增加，农田灌溉面积扩大，为我国经济和社会快速发展提供了保障。

据统计，1949年全国总供水量1031亿m^3，其中农业供水1001亿m^3，工业和城市供水仅30亿m^3，人均用水量187m^3；到1959年全国总供水量1938亿m^3，农业供水占94.6%，工业和城市供水占5.4%，人均用水量316m^3；到了1980年全国总供水量3912亿m^3，农业供水占88%，工业和城市供水占12%，人均用水量450m^3。在此期间，全国灌溉面积由1949年的2.4亿亩，增加到6.7亿亩，解决了4000万人和2100万头牲畜饮水困难；全国水电装机容量由1949年的16万kW，发展到2100万kW，其中小水电装机容量为757万kW；内河通航里程由1949年的7.36万km，至1978年已发展到13.6万km。

在此阶段，我国的水污染防治工作也开始进行，1973年，全国进行了以工业点源为重点的水污染治理工作，先后在全国建了4万多套工业废污水处理装置。以后又进行了以城市为重点的区域环境综合治理，水污染治理范围从分散的工矿企业点源扩展到几十至几百平方千米的区域治理，水污染防治工作取得了一定的成效。

3. 水资源开发利用的第三阶段

在水资源开发利用中开始强调要与水土资源规划和国民经济生产力布局及产业结构的调整等紧密结合，进行统一的管理和可持续的开发利用。规划目标要求从宏观上，统筹考虑社会、经济、环境等各个方面的因素，使水资源开发、保护和管理有机结合，使水资源与人口、经济、环境协调发展，通过合理开发，区域调配，节约利用，有效保护，实现水资源总供给与总需求的基本平衡。这一阶段可从20世纪70年代末、80年代初开始，直到现在。在此阶段中，由于人口的迅速增长和经济的快速发展，对水资源的需求量越来越大，或者因水污染的影响，表现出较为普遍的缺水现象，尤其在华北地区和部分沿海城市，随着人口增加和经济发展，水资源紧缺现象日趋严重，并出现愈来愈严重的水环境问题，如水污染、地下水超采、海水入侵等。这一阶段中，水的问题日益引起人们的广泛关注，水的资源意识，水的有限性认识为大家所接受。为解决以城市为重点的严重缺水问题，重点兴建了一批供水骨干工程，开展了全民节水工作，使一些城市水资源供需矛盾有所缓解。

在此阶段，中国的水污染防治工作得到相应的发展。特别是通过淮河、太湖等严重污染的教训，在水污染治理工作中认识到，水污染的防治工作必须兼顾上下游、左右岸、干支流，要以流域为单元进行流域的综合防治，贯彻“节污水之流（减少污染负荷）、开清水之源（增加河流的稀释自净能力）”的治理污染的原则。在管理上采取流域与区域相结合，团结治水、共同治污。同时，充分利用水利工程设施，合理调度，提高水体的自净能力。从1976年起逐步成立了以流域为单元的流域水资源保护机构，并制定了流域水污染防治条例和有关的法规。在综合治理水污染方面，遵循“谁造成污染，谁承担责任”的原则，并把水污染综合防治作为流域总体开发规划的组成部分，纳入社会经济发展规划。重点保护饮用水水源，改善水质，实行计划用水，节约用水的方针。根据河流、湖泊、水库的不同功能要求和水质标准，制定流域水资源保护规划，并组织实施。同时积极发展生态农业，防治水土流失，控制面源污染，改善生态环境。

第四节　水资源开发利用过程中的问题和对策

一、水资源开发利用过程中的问题

（一）水资源开发过度，生态破坏严重

人口的增加，经济的发展，工农业生产与城市生活对水资源的需求逐年在增加。据对1949—2005年我国用水分析，1949—1979年急剧增长，由1030亿m^3增至4408亿m^3，增加了3倍多；1980—2005年增长速度相对缓慢，2005年用水量为5633亿m^3。为了满足我国水资源需求，必将加大水资源开发力度，水资源过度开发，无疑会导致生态环境的进一步恶化。通常认为，当径流量利用率超过20%时就会对水环境产生很大影响，超过

50%时则会产生严重影响。目前，我国水资源开发利用率已达19%，接近世界平均水平的三倍，个别地区更高。地下水的开发利用也达到相当程度。过度开采地下水会引起地面沉降、海水入侵、海水倒灌等一系列环境问题。在目前地下水资源开发条件下，全国已经出现区域性地下漏斗56个，地层沉陷的城市达50余座，其中北京的沉降面积达800km^2，环渤海平原区由于海水倒灌影响面积已达12.4万hm^2。

（二）城市供水集中，供需矛盾尖锐

在城市地区，工业和人口相对集中，供水地点及范围有限，常年持续供水，同时要求供水保证率高。随着城市和工业的迅猛发展，大中城市供需矛盾日趋尖锐。中国600多座城市中，缺水城市就达300多座，其中严重缺水城市100多座主要集中在北方，高峰季节只能满足需水量的65%～70%，全国城市日缺水量达1600余万m^3。因缺水，工业经济年损失估计高达2300多亿元。造成水资源短缺的直接原因包括：

（1）水资源分布与人口、土地分布的极不平衡。

（2）工农业发展迅速，人口成倍增长，人类对水的需求量超出可供的水资源量。从20世纪60年代到80年代，全球水资源用量增长一倍以上。1949—1993年，我国总用水量以每10年增加1000亿m^3的规模递增。这种对水资源需求的增长与中国有限的水资源量之间形成尖锐矛盾。

（3）天然存在的劣质水体，以及水资源污染所造成的污染水体所占水资源的比例较高，造成严重的"水质型"缺水。

（4）水资源开发利用不合理，水资源利用效率低下，水浪费现象十分普遍，在不发达或欠发达地区尤为如此。

（三）水资源污染严重、水环境日益恶化

由于部分污废水未经处理就排入地表水体，造成城市河道水质恶化，纳污河流黑臭问题突出。近年来，随着乡镇企业的急速发展以及农业施用化肥的大量增加，除城市附近的点污染外，农业区面源污染日趋严重。据不完全统计，我国有机氯农药86.23万t，有机磷农药24.26万t，平均使用10.8kg/hm^2。灌水与降水等淋溶作用造成地下水大面积农药与化肥污染。另外，我国有污水灌溉农田近133万hm^2，其中以城市为中心形成的污灌区就有30多个，在农作物生长季节的污灌量相当于全国污水排放总量的20%。污水灌溉对于缓和水资源紧张、扩大农业肥源和净化城市污水方面起了积极作用，但农灌污水大部分未经处理，约有70%～80%的污水不符合农灌水质要求，而且多属于生活污水和工业废水的混合水，其成分复杂，含有大量有毒有害的有机物和重金属。每年由于污水灌溉渗漏的大量污水，直接造成地下水污染，使污灌区75%左右的地下水遭受污染。

此外，乡镇企业生活污水和工业废水的大量排放，构成了我国水体的另一个重要污染源。大多乡镇企业生产工业比较落后，规模小、发展快、数量多、分散且排污量大，浪费资源严重，污水处理设施很不完善，造成局部水域严重污染。

（四）水资源开发利用缺乏统筹规划和有效管理

目前，对地下水与地表水、上游与下游、城市工业用水与农业灌溉用水、城市和工业规划布局及水资源条件等尚缺乏合理综合规划。地下水开发利用的监督管理工作薄弱，地下水和地质环境监测系统不健全。

上述分析表明，目前制约我国水资源开发利用的关键问题是水资源短缺、供需矛盾突出、水污染严重，其主要原因是管理不善，造成水质恶化速度加快。统计表明，近60%～70%的水资源短缺与水污染有关。“水质型”缺水问题严重困扰着水资源的充分有效利用。因此，水资源利用与保护的关键在于水资源数量与质量的正确评价，供需平衡的合理分析，水资源开发利用工程的合理布局，节水技术与措施的有效实施，实现防止、控制和治理水污染，缓解水资源短缺的压力，实现水资源的有效保护、持续利用和良性循环。

二、现状水资源开发利用策略

水资源合理开发利用是人类可持续发展概念在水资源问题上的体现，是在兼顾社会经济需水要求和环境保护的同时，充分有效地开发利用水资源，并能使这种活动得以持续进行。2011年中央一号文件明确提出，实行最严格的水资源管理制度，相应地划定用水总量、用水效率和水功能区限制纳污“三条红线”。“三条红线”，一是确立水资源开发利用控制红线，严格实行用水总量控制，到2020年，全国年总用水量控制在6700亿m^3以内；二是确立用水效率控制红线，坚决遏制用水浪费，到2020年，万元国内生产总值和万元工业增加值用水量明显降低，农田灌溉水有效利用系数提高到0.55以上；三是确立水功能区限制纳污红线，严控排污总量，到2020年，主要江河湖泊水功能区水质明显改善，城镇供水水源地水质全面达标。

（一）加强水资源的科学管理

水资源的开发利用应尽可能满足社会经济发展的需要。各种开发利用方案的制订应紧密结合经济规划，不仅应与现时的需水结构、用水结构相协调，而且应为今后的发展和需水、用水结构的调整保留一定的余地。此外，在整个开采规划中，既要保证宏观层次用水目标的实现，又要尽可能照顾到各低层次的局部用水权益。无论是公共水资源或是其他水资源问题的解决，政府都应该发挥积极的作用，这样才能最终解决有关水资源问题。另外，管理方式上也不能过分地集中，须有投资者参加。为此，必须采取以下措施：在全局上，成立全国水资源管理机构，制定统一政策，对水资源实施全国统一管理和调度；在局部上，加强以各江河流域、省、市、县为单元进行水资源保护机构建设，并赋予其一定的权限，负责本流域水土保护、水体污染防治；在服务形式上，把水的分配服务责任部分下放给地方政府，并把一些职能转交给私人、财政自主实体和水用户组织等集团，国家可以较低费用去完成高质量的服务。这样，在全国通过加强全国水资源开发、利用和保护的工作，逐步形成中央与地方，江河流域与地方，上游、中游与下游之间分工明确、责任到位、统一有序、管理和谐的水资源管理体制。

（二）增加和平衡水的供给

为解决水资源的供给问题，水资源比较紧缺的国家都很重视水资源的开发利用和优化配置。20世纪以来各国修建了大量拦水、蓄水工程以控制地表径流，解决水资源供给季节分布不均问题。为解决地区性缺水，还修建了大量的饮水工程，同时世界各国都非常重视地下水的合理开发利用，为了保证地下水的持续利用，一些国家在抽取地下水的同时，还对地下水资源进行回补。对于较大范围的区域性缺水，很多国家通过区域之间水资源的调配解决水的短缺问题，是解决水资源分布不均衡问题的重要手段之一。

（三）保护水资源环境

规模化的水资源开发利用是对天然水资源系统结构的调整，是水量、水质在空间上重新分配的过程。这一过程会使环境发生变化，特别是地下水位的变化往往可能引发地面沉降、海水入侵、土壤盐渍化和生态退化等问题。因此，水资源的开发利用不仅要注意水量的科学分配、水质的保护，也要密切注意因水位的变化而带来的不良环境问题。对一些环境脆弱地区，尤其要注意对水位加以控制。为了防止水环境周边地区居民生活垃圾污染水体，防止污泥的淤积，保护水环境主体，必须采取有效措施防止水环境被污染与毁坏。常见的措施是可根据水环境取水的不同用途，制定相应的保护法规，划分保护区的范围，明确保护区内允许及禁止的活动；对水环境的进水点、供水点以及水环境本身都应布置监测站网，加强监测，以便及时掌握情况，发现问题，提出对策；发挥森林所具有的水源保护功能，维护适合流域特性的森林的成长，在水库、湖泊周边地区进行造林绿化，并在周边地区以外的一定距离设防护林带。

（四）实施节约用水，提高用水效率

提高用水效率就是提高单位水资源所获得的效益。我国的水资源开发利用率较高，但是水资源利用效率比较低下，如我国的农业长期以来采用粗放型灌溉方式，导致宝贵的水资源浪费十分严重。节水是很多国家特别是水资源紧缺国家提高用水效率的一项战略性措施。工农业生产用水和城市生活用水，生态用水等各个领域都推广了一大批先进适用的节水技术，取得了显著成效。

（五）按市场规律调整水价

水价问题，长期以来由于政府按照福利事业管理模式来管理水价，水费只是象征性地征收一点，不讲经济效益；水利建设投资也是由国家财政拨款解决，致使我国现行水价偏低。利用市场和价格两个杠杆来改变水在诸竞争用户间的分配，许多国家已经改变了水是自由的、不计价的、可更新资源的概念，认识到了它的经济价值和日益短缺的情况，正在改变政策，强调合理的定价和管理。尽管改革调整水价、提高水资源费和污水处理费标准，会给居民增加一定的负担，给企事业单位增加一些支出，但从长远的观点看，它能有效地增强人们的节水意识，有利于调动企事业单位兴建节水设施的积极性，遏制城市由于地下水超采而产生的局部下沉，减少水污染，使水资源得到更加充分的利用，发挥出更大的价值，使清水长流，造福子孙后代。

（六）科学地对废水进行处理

我国大多数城市的污水处理率太低，加上我国水资源在时空分布上极不平衡，因此除了不断寻找新水源外，将污水作为可利用的资源将是解决缺水的重要途径，污水是资源的观念正得到越来越多人的重视。

第五节　水资源的节约与保护

水资源短缺、用水效益不高是我国目前在水资源开发利用中存在的共性问题。我国的灌溉方式多以粗放式灌溉为主，用水效率普遍低于50%，农田灌溉水量超过作物需水量的1/3甚至一倍以上。我国滴灌和喷灌面积较低，仅占有效灌溉面积的13.2%左右。

我国大部分企业生产工艺比较落后，工业结构中新兴技术产业比重较低，管理滞后，单位产品耗水量居高不下，高于先进国家的几倍、十几倍不等。工厂用水的重复利用率也仅为60%，甚至更低，远未达到90%以上的水平。企业用水浪费、效率低下以及缺水问题已成为影响社会稳定、制约经济发展的重要因素。

目前，因各种条件的制约，城市生活用水水平较低。受经济发展和水资源的占有量限制，人均用水水平地域性差异又十分显著。即使在经济相对发达的大城市，人均用水量也远远低于发达国家的一般城市生活用水水平。尽管如此，由于节水观念淡薄，用水计量不完善，水价偏低，给水管线年久失修，节水设备与技术推广幅度与程度不够，城市生活用水浪费相当突出。

解决水资源短缺、缓解水资源供需矛盾的唯一出路是在农业、工业、城市生活等方面全方位节约利用水资源，发挥有限水资源的最大效益和潜力。

1. 加强政策、法规导向，促进管理进步

建立统一高效的水资源管理制度，制定完善适合本地区、本部门的水价政策和分级考评、分级成本核算体系与政策；要遵循“优化配置，合理利用，有效保护，安全供给”的水资源管理方针。

2. 增强全民爱水、节水、保护水环境的观念

构建一个节约型的社会，除了要有一个节约型的社会机制外，还要构建起一个节约型的社会观念，要通过各种渠道全方位宣传科学用水、节约用水、节约能源；要把节能、节水的宣传教育当作提高全民素质和创建和谐文明社会的重要内容来抓；要多方位、多渠道、多层次抓科技节能、节水、用水、管水与保护生存环境的宣传教育；要提高全社会对水资源的危机感和水资源与可持续发展的关系，认识到节水的重要性、紧迫性。这是一个长期的过程，需要我们坚持不懈地努力。

3. 应用新技术改善旧设备，提高节水效果与效益

农业用水方面，大力发展各种节水灌溉技术，改变农村落后的漫灌、浇灌为喷灌、滴灌；研究节水灌溉制度，重视农田灌溉水的管理，提高水的利用率，降低单位面积用水量。工业用水方面，制定合理的用水定额，推广节水工艺，降低水耗，提高水的重复利用率，降低工业产品单位水量。日常和生活用水方面，以新技术对生活配套设施进行改造，降低居民生活用水损耗，提高和满足使用效果。

4. 加强水资源保护，努力改善水资源质量

保护水资源重在保护水环境，改善水资源环境主要从改善自然环境和社会环境着手，努力构建节约型社会、环保型社会、和谐文明社会，防止水资源人为遭到污染、浪费和破坏，努力降低、减轻人类对自然界的干扰破坏，恢复、提高自然生态环境、人居环境、水功能环境，以达到水资源的自然环境和循环条件与人类活动协调平衡发展的目的。

复习思考题

1. 什么是水资源开发利用率？水资源开发利用率和水资源利用率有何联系与区别？
2. 水资源的自然属性和社会属性分别是什么？
3. 如何合理开发利用水资源？

第二章　区域水资源调查与开发利用调查评价

第一节　水资源调查评价

一、地表水资源评价的基本依据及要求

（一）地表水资源评价的基本依据

（1）SL/T 238—1999《水资源评价导则》。

（2）SL 196—2015《水文调查规范》。

（3）《全国水资源综合规划技术细则》。

（二）地表水资源评价的要求

地表水资源调查评价的要求：全面调查统计降水、径流、蒸发、泥沙等水文要素和供水、用水、耗水等基本资料；计算各水文要素参数特征值；分析地表水资源时空分布特征及变化情势。

二、地表水资源调查评价提供的成果

（一）主要水文要素分析计算成果

（1）系列代表性分析成果。主要分析降水系列的代表性，并提供分析成果。

（2）降水量成果。主要有单站多年平均年降水量、变差系数、偏差系数、最大和最小降水量及其出现年份；雨量代表站典型年及多年平均降水量月分配。

（3）径流量成果。主要包括水文站天然径流量多年均值、变差系数、偏差系数、最大和最小径流量及其出现年份和不同频率的径流量；径流代表站典型年及多年平均天然径流量月分配。

（4）蒸发量成果。蒸发代表站水面蒸发量折算系数，多年平均水面蒸发量的月分配。

（5）泥沙成果。泥沙站实测悬移质多年平均含沙量、输沙量、输沙模数；实测最大年含沙量和输沙量及其出现年份。

（二）流域（区域）成果

（1）流域（区域）年降水量特征值。主要包括流域（区域）年降水量系列及均值、变差系数、偏差系数及不同频率的降水量。

（2）流域（区域）年径流量特征值。主要包括流域（区域）年径流量系列及均值、变差系数、偏差系数及不同频率的径流量。

（3）流域（区域）年水资源总量特征值。主要包括流域（区域）年水资源总量系列及均值、变差系数、偏差系数及不同频率的水资源总量。

（4）出入境及入海水量。

（5）流域（区域）地表水资源可利用量。

三、降水量的分析计算

降水是指空气中的水汽冷凝并降落到地表的现象。降水是水资源的补给源。降水的特性决定了水资源特性。降水量及其时空分布取决于水汽来源、天气系统和地形等条件。水汽输送的方向和地形等因素，对降水量在地区上的分布有重要影响。水汽的输送量随着季节不同而有差异，形成降水量的季节变化，一般夏季多于其他季节。

（一）降水资料的收集

降水资料的收集主要是通过水文气象部门的水文站、雨量站、气象站、雷达探测、气象卫星云图等观测获取。在实施水资源评价时，历年的降水资料可通过《水文年鉴》《水文资料》《水文特征值统计》等统计资料收集获取，有时需要到水文、气象部门去摘抄。

单站统计分析。单站统计分析的主要内容是对已被选用各站的降水资料分别进行插补延长、系列代表性分析和统计参数分析。

1. 资料的插补延长

在雨量站资料短缺时，或计算区域上各站年降水量系列不同步长时，要先插补延长其降水量资料系列，其降水资料的插补延长主要有相关分析法和内插法。

2. 资料的代表性分析

资料系列的代表性，是指现有资料系列的统计特性能否很好反映总体的统计特性，应对资料系列的代表性作出评价。频率计算成果的质量主要取决于资料的系列代表性，要求系列能较好地反映水文资料多年变化的统计特性。

系列代表性分析方法有：长短系列统计参数对比；年降水量模比系数累积平均过程线分析；年降水量模比系数差积曲线分析法。

3. 统计参数的分析确定

（1）降水系列均值 $\bar{x}$ 。它反应年降水量资料系列分布中心的特征值。均值是系列中随机变量的平均数，表示样本系列的平均情况，反映样本系列总体水平按下式计算：

$$\bar{x}=\sum_{i=1}^{n}\frac{x_i}{n} \tag{2-1}$$

式中　$\bar{x}$ ——样本均值；

x_i—— 第 i 个样本值。

（2）变差系数 C_v。反映样本系列相对离散程度的参数：

$$C_v=\sqrt{\frac{\sum_{i=1}^{n}(k_i-1)^2}{n-1}} \tag{2-2}$$

式中　C_v——变差系数；

k_i ——模比系数，$k_i=x_i/x$。

（3）偏差系数 C_s。是反应样本系列不对称程度的参数，偏差系数 C_s 一般不采用直接计算值，而采用 C_s 与 C_v 的倍比关系确定，采用适线法求算。

（4）平均降水量经验频率。根据计算好的面平均年降水量系列，把年降水量按由大到小的顺序排列，采用数学期望公式：

$$P=\frac{m}{n+1}\times 100\% \tag{2-3}$$

式中　P ——经验频率；

n ——样本容量；

m ——样本按大小排列的序数。

理论频率曲线采用皮尔逊Ⅲ型分布。

变差系数 C_v 值，在矩法计算基础上，再用适线法调整确定。系列中的特大值或特小值，均不作定量处理，适线时尽量照顾中、低水点据。

（二）流域平均降雨量的计算方法

对于大范围评价区，根据河流径流情势，水资源分布特点及自然地理条件，按其相似性进行分区。水资源分区除考虑水资源分布特征及自然条件的相似性或一致性外，还需兼顾水系和行政区划的完整性，满足农业区划、流域规划、水资源估算和供需平衡分析等的要求。

分区降雨量的计算有三种方法，即算术平均法、泰森多边形法和等雨量线法。

1. 算术平均法计算流域（区域）平均降雨量

当流域内地形起伏变化不大，雨量站分布比较均匀时，可根据各占同一时段内的降雨量用算术平均法推求：

$$\overline{P}=\frac{P_1+P_2+\cdots P_n}{n}=\frac{1}{n}\sum_{i=1}^{n}P_i \tag{2-4}$$

式中　$\overline{P}$ ——流域或地区平均降雨量，mm；

P_i ——各雨量站同时段（相同起讫时间）内的降雨量，mm；

n ——雨量站数。

2. 泰森多边形法计算流域（区域）平均降雨量

泰森多边形法在图上把各雨量站就近用直线连接成三角形，构成互相毗连的三角网。然后对每个三角形的各边作垂直平分线，将这些垂直平分线互相连接成若干个多边形，每一个多边形内有一个雨量站，并求出各个多边形的面积。则流域平均降雨量按式（2-5）计算：

$$\overline{P}=\frac{\sum_{i=1}^{n}f_iP_i}{F}=\sum_{i=1}^{n}A_iP_i \tag{2-5}$$

式中　A_i ——各雨量站面积权重，即 $A_i=f_i/F$，以小数或百分率计；

P_i ——各雨量站同期降水量，mm；

F ——所有多边形面积之和，即流域总面积，km^2。

该方法比较简便，精度也比较好，而且当雨量站固定时，各站权重可一直沿用下去。同时考虑不同站的权重，比算术平均法把各站按等权重处理较为合理。

3. 等雨量线法计算流域（区域）平均降雨量

$$\overline{P}=\frac{\sum_{i=1}^{n}f_iP_i}{F} \tag{2-6}$$

式中 f_i——相邻两等雨量线间的面积；

P_i——各相邻两等雨量线雨深的平均值；

F——流域总面积。

该方法较为繁琐，但精度高于其他方法，能反映出不同年（次）降水的分布情况，克服了泰森多边形法固定权重的缺点。

（三）降水量的时空分布

1. 降水量的年内分配

统计多年平均降水量月分配。对不同自然地理区域，统计各区域代表站多年平均各月降水量或多年平均各月降水量占年降水量的百分数，并绘柱状图表示。

连续最大 4 个月降水量百分率及其出现月份的计算。选择资料质量较好，实测系列长且分布比较均匀的代表站，分析其多年平均连续最大 4 个月降水量占多年平均年降水量的百分率及其出现时间，绘制连续最大 4 个月降水量占年降水量百分率分区图。

代表站典型年降水量年内分配计算。选择典型年时，除了要求年降水量接近某一频率（偏丰年频率 $P=20\%$，平水年频率 $P=50\%$，偏枯水年频率 $P=75\%$，枯水年频率 $P=95\%$等）的年降水量外，还要求年降水量的月分配对供水和径流调节等偏于不利的典型年。因此可先根据某一保证率的年降水量，挑选降水量较接近的实测年份若干个，然后分析比较其月分配，从中挑选资料较好，月分配较不利的典型年为代表。对所选典型年，其年、月降水量均不必与某一频率降水量缩放。

2. 降水量的年际变化

降水量年际变化包括年际间的变化幅度和多年变化过程。年际变幅通常用年降水变差系数 C_v 以及最大与最小年降水量比值来表示。

多年变化过程主要指降水丰、平、枯及连丰、连枯的特征。其表示方法主要有均值比较法和模差积曲线法。

均值比较法：逐年降水量与多年均值的差值来反映丰枯变化。

模差积曲线法：首先计算多年平均年降水量（P）及各年降水量模比系数 $K_i=P_i/P$；然后将逐年（K_i-1）从资料开始积累到终止年，绘制逐年 $\Sigma(K_i-1)$ 与对应年份的关系线，即为降水量模比系数差积曲线。差积曲线上升说明丰水期，下降说明枯水期。

3. 降水量地区分布

降水量的地区分布主要受地理位置、海陆分布、地形等因素影响。低纬度地区气温高，蒸发大，空气中水汽含量多，故降雨多；沿海地区、因水汽含量丰富，降水量大，但越向内陆，水汽来源越少，降水量也越少。气旋和台风所经路径也导致大量降雨；地形影响气流抬升。地区分布可用等值线图表示。

四、蒸发量的分析计算

蒸发是影响水资源数量的重要水文要素，评价内容应包括水面蒸发、陆地蒸发和干旱指数。

（一）水面蒸发

水面蒸发是指水面的水分从液态转化为气态逸出水面的过程。水面蒸发包括水分化汽（又称汽化）和水汽扩散两个过程。

1. 影响因素

根据蒸发的发生机制，可将影响蒸发的因素分为两大类：一类是物体表面以上的气象条件，如太阳辐射、温度、湿度、风速、气压等；另一类是物体自身的因素，对于水面蒸发来说，有水体表面的面积和形状、水深、水质和水面的状况等因素。

2. 水面蒸发量的计算方法

（1）器测法：利用蒸发器直接测量出水面蒸发量：蒸发器的类型可分为埋入式、地面式、漂浮式和大型蒸发池等几类，其中 E_{601} 型蒸发器是我国最常用的蒸发器。选取资料质量较好、面上分布均匀且观测年数较长的蒸发站作为统计分析的依据，选取的测站应尽量与降水选用站相同，不同型号蒸发器观测的水面蒸发量，应统一换算为 E_{601} 型蒸发器的蒸发量。

（2）水量平衡法：一般只用于较长时段的计算。

（3）水汽输送法：假设一个稳定的、均匀的、并且是紊动的气流越过无限的自由水面，可以认为（至少在靠近水面处）流态仅沿垂直方向变化，则水汽输送量（单位时间通过单位面积的水汽量）和水汽含量在输送方向上的梯度有关。

（二）陆地蒸发量

陆地蒸发是指流域或区域内的水量中通过水面蒸发、土壤蒸发、植物散发的水量之和，也叫蒸散发。陆地蒸发量除了随气候变化而改变外，还受到流域下垫面条件及其变化的影响。即使为同一个流域和相同气候条件下，若流域下垫面发生变化，则流域蒸散发量随之变化。

目前一般采用水量平衡法，即根据降水与径流间接推算。

山丘区陆地蒸发量按式（2－7）计算：

$$E_{陆}=P-R \tag{2-7}$$

式中　$E_{陆}$——陆地蒸发量；

P——降水量；

R——径流量。

未开采地下水或开采量很小的平原区也可采用式（2－7）计算。

地下水开采条件下平原区陆地蒸发量计算：

平原区人类活动频繁，地下水的开采使浅层地下水蒸发减少。所以平原区陆地蒸发量的计算公式为

$$E_{陆}=P-R-Q_{入耗} \tag{2-8}$$

其中

$$Q_{入耗}=Q_{开耗}\times(P_{入}/P_{总})$$

上二式中　$Q_{入耗}$——降水入渗补给量中浅层地下水的开采净耗水量；

$Q_{开耗}$、$P_{入}$、$P_{总}$——浅层地下水开采净耗水量；

$P_{入}$——降雨入渗补给地下水量；

$P_{总}$——总补给地下水量。

以上公式中各项均采用多年平均值。

（三）干旱指数

干旱指数是反映各地区气候干湿程度的指标。

在气候分析上，干旱指数通常采用水面年蒸发量与年降水量的比值 $r=E_0/P$ 表示，r 为干旱指数，E_0 为水面年蒸发量，P 为同一观测站年降水量。《中国水资源评价》对干旱指数的分级是：$r<0.5$ 为十分湿润，$r=0.5\sim1.0$ 为湿润，$r=1.0\sim3.0$ 为半湿润，$r=3.0\sim7.0$ 为半干旱，$r>7$ 为干旱区。

（四）图件的绘制

要绘制的图件包括多年平均年降水深等值线图、多年平均年径流深等值线图、年降水变差系数 C_v 值等值线图、年径流变差系数 C_v 值等值线图、E_{601} 型蒸发器水面蒸发等值线图、干旱指数等值线图、陆地蒸发等值线图、含沙量分布图和输沙模数分区图等。

五、地表水资源可利用量

水资源评价是对水资源量与质的评价，即以水资源量计算为基础，评价（或确定）在满足水质要求的前提下，水资源的可利用量或开采量。

（一）地表水资源可利用量

1. 地表水资源可利用量的定义

地表水资源可利用量是指在可预见的时期内，统筹考虑生活、生产和生态环境用水，协调河道内与河道外用水的基础上，通过经济合理，技术可行的措施可供河道外一次性利用的最大水量（不包括回归水重复利用量）。

2. 地表水资源可利用量的计算

地表水资源可利用量应按流域水系进行分析计算，以反映流域上下游、干支流、左右岸之间的联系以及整体性。省（自治区、直辖市）按独立流域或控制节点进行计算，流域机构按一级区协调汇总。

3. 影响地表水资源可利用量的主要因素

（1）自然条件。自然条件包括水文气象条件和地形地貌、植被、包气带和含水层岩性特征、地下水埋深、地质构造等下垫面条件。这些条件的优劣，直接影响地表水资源量和地表水资源可利用量的大小。

（2）水资源特性。地表水资源数量、质量及其时空分布、变化特性以及由于开发利用方式等因素的变化而导致的未来变化趋势等，直接影响地表水资源可利用量的定量分析。

（3）经济社会发展及水资源开发利用技术水平。经济社会的发展水平既决定水资源需求量的大小及其开发利用方式，也是水资源开发利用资金保障和技术支撑的重要条件。随着科学技术的进步和创新，各种水资源开发利用措施的技术经济性质也会发生变化。显然，经济社会及科学技术发展水平对地表水资源可利用量的定量也是至关重要的。

（4）生态环境保护要求。地表水资源可利用量受生态环境保护的约束，为维护生态环境不再恶化或为逐渐改善生态环境状况都需要保证生态用水，在水资源紧缺和生态环境脆弱的地区应优先考虑生态环境的用水要求。可见，生态环境状况也是确定地表水资源可利用量的重要约束条件。此外，地表水体的水质状况以及为了维护地表水体具有一定的环境

容量均需保留一定的河道内水量，从而影响地表水资源可利用量的定量。

4. 地表水资源可利用量的估算

(1) 必须考虑地表水资源的合理开发。合理开发是指要保证地表水资源在自然界的水文循环中能够继续得到再生和补充，不致显著地影响到生态环境。地表水资源可利用量的大小受生态环境用水量多少的制约，在生态环境脆弱的地区，这种影响尤为突出。将地表水资源的开发利用程度控制在适度的可利用量之内，做到合理开发，既会对经济社会的发展起促进和保障作用，又不至于破坏生态环境；无节制、超可利用量的开发利用，在促进了一时的经济社会发展的同时，会给生态环境带来不可避免的破坏，甚至会带来灾难性的后果。

(2) 必须考虑地表水资源可利用量是一次性的，回归水、废污水等二次性水源的水量都不能计入地表水资源可利用量内。

(3) 必须考虑确定的地表水资源可利用量是最大可利用水量。最大可利用水量是指根据水资源条件、工程和非工程措施以及生态环境条件，可被一次性合理开发利用的最大水量。然而，由于河川径流的年内和年际变化都很大，难以建设足够大的调蓄工程将河川径流全部调蓄起来，因此，实际上不可能把河川径流量都通过工程措施全部利用。此外，还需考虑河道内用水需求以及国际界河的国际分水协议等，所以，地表水资源可利用量应小于河川径流量。

(4) 伴随着经济社会的发展和科学技术水平的提高，人类开发利用地表水资源的手段和措施会不断增多，河道内用水需求以及生态环境对地表水资源开发利用的要求也会不断变化，显然，地表水资源可利用量在不同时期将会有所变化。

5. 地表水资源可利用量估算原则

(1) 在水资源紧缺及生态环境脆弱的地区，应优先考虑最小生态环境需水要求，可采用从地表水资源量中扣除维护生态环境的最小需水量和不能控制利用而下泄的水量的方法估算地表水资源可利用量。

(2) 在水资源较丰沛的地区，上游及支流重点考虑工程技术经济因素可行条件下的供水能力，下游及干流主要考虑满足较低标准的河道内用水；沿海地区独流入海的河流，可在考虑技术可行、经济合理措施和防洪要求的基础上，估算地表水资源可利用量。

(3) 国际河流应根据有关国际协议及国际通用的规则，结合近期水资源开发利用的实际情况估算地表水资源可利用量。

(二) 地下水资源可开采量

(1) 地下水资源可开采量是指在可预见的时期内，通过经济合理、技术可行的措施，在不致引起生态环境恶化条件下允许从含水层中获取的最大水量。

(2) 地下水资源可开采量评价的地域范围为目前已经开采和有开采前景的地区。其中，北方平原区的多年平均浅层地下水资源可开采量是评价的重点。

(3) 平原区多年平均浅层地下水资源可开采量的确定方法有实际开采量调查法（适用于浅层地下水开发利用程度较高、浅层地下水实际开采量统计资料较准确完整且潜水蒸发量不大的地区）、可开采系数法（适用于含水层水文地质条件研究程度较高的地区）、多年调节计算法和类比法（用于缺乏资料地区）等。

(4) 平原区多年平均深层承压水可开采量的计算方法和技术要求另定。深层承压水可开采量评价成果要求单列，不参与水资源可利用总量计算。

(5) 山丘区多年平均地下水资源可开采量可根据泉水流量动态监测、地下水实际开采量等资料计算，也可采用水文地质比拟法估算。

(三) 水资源可利用总量

(1) 水资源可利用总量是指在可预见的时期内，在统筹考虑生活、生产和生态环境用水的基础上，通过经济合理、技术可行的措施在当地水资源中可以一次性利用的最大水量。

(2) 水资源可利用总量的计算，可采取地表水资源可利用量与浅层地下水资源可开采量相加再扣除地表水资源可利用量与地下水资源可开采量两者之间重复计算量的方法估算。两者之间的重复计算量主要是平原区浅层地下水的渠系渗漏和渠灌田间入渗补给量的开采利用部分，可采用式 (2-9) 估算：

$$Q_{总} = Q_{地表} + Q_{地下} - Q_{重} \tag{2-9}$$

其中

$$Q_{重} = \rho(Q_{渠} + Q_{田}) \tag{2-10}$$

上二式中　$Q_{总}$——水资源可利用总量；

$Q_{地表}$——地表水资源可利用量；

$Q_{地下}$——浅层地下水资源可开采量；

$Q_{重}$——重复计算量；

$Q_{渠}$——渠系渗漏补给量；

$Q_{田}$——田间地表水灌溉入渗补给量；

ρ——可开采系数，是地下水资源可开采量与地下水资源量的比值。

第二节　区域水资源开发利用现状调查与分析

通过水资源及其开发利用情况的调查评价，可为其他部分工作提供水资源数量、质量和可利用量的基础成果；提供对现状用水方式、水平、程度、效率等方面的评价成果；提供现状水资源问题的定性与定量识别和评价结果；为需水预测、节约用水、水资源保护、供水预测、水资源配置等部分的工作提供分析成果。

根据《全国水资源综合规划技术细则》中的水资源开发利用情况调查评价，其主要调查内容如下：

一、经济社会资料调查分析

收集统计与用水密切关联的经济社会指标，是分析现状用水水平和预测未来需水的基础，其指标主要有人口、工农业产值、灌溉面积、牲畜头数、国内生产总值 (GDP)、耕地面积、粮食产量等。应结合用水项目分类，进一步对有关指标划分为与用水项目分类相对应的细目。不同部门数据相差较大时，应先分析其原因，再决定取舍；一般情况下，除灌溉面积采用水利部门统计数据外，其他数据应以统计部门为准。

二、供水基础设施调查统计

（1）调查统计地表水源、地下水源和其他水源等三类供水工程的数量和供水能力，以反映供水基础设施的现状情况。供水能力是指现状条件下相应供水保证率的可供水量，与来水状况、工程条件、需水特性和运行调度方式有关。除了对水利部门所属的水源工程进行统计外，对其他部门所属的水源工程及工矿企业的自备水源工程均需进行统计。

（2）地表水源工程分为蓄水工程、引水工程、提水工程和调水工程，应按供水系统分别统计，要避免重复计算。蓄水工程指水库和塘坝（不包括专为引水、提水工程修建的调节水库），按大、中、小型水库和塘坝分别统计。引水工程指从河道、湖泊等地表水体自流引水的工程（不包括从蓄水、提水工程中引水的工程），按大、中、小型规模分别统计。提水工程指利用扬水泵站从河道、湖泊等地表水体提水的工程（不包括从蓄水、引水工程中提水的工程），按大、中、小型规模分别统计。调水工程指水资源一级区或独立流域之间的跨流域调水工程，蓄、引、提工程中均不包括调水工程的配套工程。蓄、引、提工程规模按下述标准划分：

1）水库工程按总库容 V 划分：大型为 $V \geqslant 1.0$ 亿 m^3，中型为 1.0 亿 $m^3 > V \geqslant 0.1$ 亿 m^3，小型为 0.1 亿 $m^3 > V \geqslant 0.001$ 亿 m^3。

2）引、提水工程按取水能力 P 划分：大型为 $P \geqslant 30m^3/s$，中型为 $30m^3/s > P \geqslant 10m^3/s$，小型为 $P < 10m^3/s$。

3）塘坝指蓄水量不足 10 万 m^3 的蓄水工程，不包括鱼池、藕塘及非灌溉用的涝池或坑塘。

（3）地下水源工程指利用地下水的水井工程，按浅层地下水和深层承压水分别统计。浅层地下水是指与当地降水、地表水体有直接补排关系的潜水和与潜水有紧密水力联系的弱承压水。

（4）其他水源工程包括集雨工程、污水处理再利用和海水利用等供水工程。集雨工程指用人工收集储存屋顶、场院、道路等场所产生径流的微型蓄水工程，包括水窖、水柜等。污水处理再利用工程指城市污水集中处理厂处理后的污水回用设施，要统计其座数、污水处理能力和再利用量。海水利用包括海水直接利用和海水淡化，分开统计，并单列。海水直接利用指直接利用海水作为工业冷却水及城市环卫用水等。

（5）供水基础设施根据工程所在地按水资源三级区和地级行政区分别统计。

三、供水量调查统计

供水量指各种水源工程为用户提供的包括输水损失在内的毛供水量，按受水区统计。对于跨流域跨省区的长距离调水工程，以省（自治区、直辖市）收水口作为毛供水量的计量点，水源至收水口之间的输水损失单独统计。其他跨区供水工程的供水量从水源地计量，其区外输水损失应单独核算。在受水区内，按取水水源分为地表水源供水量、地下水源供水量和其他水源供水量三种类型统计。

（1）地表水源供水量按蓄、引、提、调四种形式统计。为避免重复统计，①从水库、塘坝中引水或提水，均属蓄水工程供水量；②从河道或湖泊中自流引水的，无论有闸或无闸，均属引水工程供水量；③利用扬水站从河道或湖泊中直接取水的，属提水工程供水量；④跨流域调水是指水资源一级区或独立流域之间的跨流域调配水量，不包括在蓄、引、提水量中。

地表水源供水量应以实测引水量或提水量作为统计依据，无实测水量资料时可根据灌溉面积、工业产值、实际毛取水定额等资料进行估算。

(2) 地下水源供水量指水井工程的开采量，按浅层淡水、深层承压水和微咸水分别统计。浅层淡水指矿化度不大于2g/L的潜水和弱承压水，坎儿井的供水量计入浅层淡水开采量中。混合开采井的供水量，各地可根据实际情况按比例划分为浅层淡水和深层承压水，并作说明。微咸水指矿化度为2～3g/L的浅层水。

城市地下水源供水量包括自来水厂的开采量和工矿企业自备井的开采量。缺乏计量资料的农灌井开采量，可根据配套机电井数和调查确定的单井出水量（或单井灌溉面积、单井耗电量等资料）估算开采量，但应进行平衡分析校验。

(3) 其他水源供水量包括污水处理再利用、集雨工程、海水淡化的供水量。对利用未经处理的污水和海水的直接利用量也需调查统计，但要求单列，不计入总供水量中。

四、供水水质调查分析

根据地表水取水口、地下水开采井的水质监测资料及其供水量，分析统计供给生活、工业、农业不同水质类别的供水量。

地表水供水量的水质按GB 3838—2002《地面水环境质量标准》评价；地下水供水量的水质按国家GB/T 14848—93《地下水质量标准》评价。原则上，供水水质按取水口水质统计，若缺乏取水口的水质监测资料，有条件的地区可以进行必要的补测，也可以按相应水功能区的水质类别替代；农村生活及小型灌区等分布较广的取水水质，可按水资源调查评价中相应地区的水质类别代替。

五、用水量调查统计

用水量指分配给用户的包括输水损失在内的毛用水量。按用户特性分为农业用水、工业用水和生活用水三大类，并按城（镇）乡分别进行统计。

(1) 农业用水包括农田灌溉和林牧渔业用水。农田灌溉是用水大户，应考虑灌溉定额的差别按水田、水浇地（旱田）和菜田分别统计。林牧渔业用水按林果地灌溉（含果树、苗圃、经济林等）、草场灌溉（含人工草场和饲料基地等）和鱼塘补水分别统计。

(2) 工业用水量按用水量（新鲜水量）计，不包括企业内部的重复利用水量。各工业行业的万元产值用水量差别很大，而各年统计年鉴中对工业产值的统计口径不断变化，应将工业划分为火（核）电工业和一般工业进行用水量统计，并将城镇工业用水单列。在调查统计中，对于有用水计量设备的工矿企业，以实测水量作为统计依据，没有计量资料的可根据产值和实际毛取水定额估算用水量。

(3) 生活用水按城镇生活用水和农村生活用水分别统计，应与城镇人口和农村人口相对应。城镇生活用水由居民用水、公共用水（含服务业、商饮业、货运邮电业及建筑业等用水）和环境用水（含绿化用水与河湖补水）组成。农村生活用水除居民生活用水外，还

包括牲畜用水在内。

六、用水消耗量分析估算

用水消耗量（简称耗水量）是指毛用水量在输水、用水过程中，通过蒸腾蒸发、土壤吸收、产品带走、居民和牲畜饮用等多种途径消耗掉而不能回归到地表水体或地下含水层的水量，主要包括以下四个方面：

（1）农田灌溉耗水量包括作物蒸腾、棵间蒸散发、渠系水面蒸发和浸润损失等水量，一般可通过灌区水量平衡分析方法推求。对于资料条件差的地区，可用实灌亩次乘以次灌水净定额近似作为耗水量。水田与水浇地、渠灌与井灌的耗水率差别较大，应分别计算耗水量。

（2）工业耗水量包括输水损失和生产过程中的蒸发损失量、产品带走的水量、厂区生活耗水量等。一般情况可用工业用水量减去废污水排放量求得。废污水排放量可以在工业区排污口直接测定，也可根据工厂水平衡测试资料推求。直流式冷却火电厂的耗水率较小，应单列计算。

（3）生活耗水量包括输水损失以及居民家庭和公共用水消耗的水量。城镇生活耗水量的计算方法与工业基本相同，即由用水量减去污水排放量求得。农村住宅一般没有给排水设施，用水定额低，耗水率较高（可近似认为农村生活用水量基本是耗水量）；对于有给排水设施的农村，应采用典型调查确定耗水率的办法估算耗水量。

（4）其他用户耗水量，各地可根据实际情况和资料条件采用不同方法估算。如果树、苗圃、草场的耗水量可根据实灌面积和净灌溉定额估算；城市水域和鱼塘补水可根据水面面积和水面蒸发损失量（水面蒸发量与降水量之差）估算耗水量。

七、废污水排放量调查分析

废污水排放量是工业企业废水排放量和城镇生活污水排放量的总称。要求对废污水排放量进行全面的调查统计，并根据工业、城镇生活用水量减去耗水量所推求的排放量，与调查结果进行对比分析，检验用水量、用水消耗量与废污水排放量的合理性。

排入河流、湖泊、水库等地表水体的废污水量（简称入河废污水量）为废污水排放量扣除废污水输送过程中的损失量，可由入河（湖库）排污口污水流量观测资料求得，或根据典型调查得到的入河系数（入河废污水量占废污水排放量的比值）进行估算。入河废污水量和入河主要污染物量的调查分析应以水功能区为基本单元，并把结果归并到水资源三级分区。

除按水功能区进行入河排污口的调查统计外，还要求对没有控制的入河废污水量按有关断面的通量推算各水功能区全口径的入河废污水量，并与陆域排污量相对应。

八、用水水平及效率分析

在经济社会资料收集整理和用水调查统计的基础上，对各水资源分区的综合用水指标、农业用水指标、工业用水指标和生活用水指标进行分析计算，评价其用水水平和用水效率及其变化情况。

（1）综合用水指标包括人均用水量和单位GDP用水量。有条件的流域、省（自治区、直辖市）还可以计算城市人均工业用水量、农村人均农业用水量等。并分析城市人均工业产值与人均工业用水量的相关关系，可根据高用水工业比重、供水情况（紧张与否）、节水情况进行综合分析。

（2）农业用水指标按农田灌溉、林果地灌溉、草场灌溉和鱼塘补水分别计算，统一用亩均用水量表示。对农田灌溉指标进一步细分为水田、水浇地和菜田（按实灌面积计算）。资料条件好的地区，可以分析主要作物的用水指标。由于作物生长期降水直接影响农业需水量，有条件的流域、省（自治区、直辖市）可建立年降水（或有效降水）与农田综合定额相关关系，灌溉期降水（或有效降水）与某农作物灌溉定额相关关系等，并进行地域性的综合。

（3）工业用水指标按火电工业和一般工业分别计算。火（核）电工业用水指标以单位装机容量用水量表示；一般工业用水指标以单位工业总产值用水量或单位工业增加值的用水量表示。资料条件好的地区，还应分析主要行业用水的重复利用率、万元产值用水量和单位产品用水量。重复利用率为重复用水量（包括二次以上用水和循环用水量）在包括循环用水量在内的总用水量中所占百分比，用下列公式表示：

$$\eta=\frac{Q_{重复}}{Q_{总}}\times 100\% \tag{2-11}$$

$$\eta=\frac{1-Q_{补}}{Q_{总}}\times 100\% \tag{2-12}$$

式中　η——工业用水重复利用率；

$Q_{重复}$——为重复利用水量；

$Q_{总}$——总用水量（新鲜水量与重复利用水量之和）；

$Q_{补}$——补充水量（即新鲜水量）。

（4）生活用水指标包括城镇生活和农村生活用水指标。城镇生活用水指标按城镇居民和公共设施分别计算，统一以人均日用水量表示。农村生活用水指标分别按农村居民和牲畜计算，居民用水指标以人均日用水量表示，牲畜用水指标以头均日用水量表示，并按大、小牲畜分别统计。城镇生活用水指标可按城市规模、卫生设施情况、用水习惯、用水管理情况（如有无按户计量、水价及计价方式等）等进行综合分析。

分析各地区综合用水指标和主要单项用水指标的变化趋势，结合 GDP、农业产值和工业产值的增长速度，分析总用水量、农业用水和工业用水的弹性系数。各种弹性系数计算公式如下：

$$总用水弹性系数=总水量年增长率/GDP年增长率$$

$$农业用水弹性系数=\frac{农业用水年增长率}{农业产值年增长率}$$

$$工业用水弹性系数=\frac{工业用水年增长率}{工业产值年增长率}$$

九、水资源开发利用程度分析

以独立流域或一级支流为单元，对地表水资源开发率、平原区浅层地下水开采率和水资源利用消耗率进行分析计算，以反映近期条件下水资源开发利用程度。

在开发利用程度分析中所采用的地表水资源量、平原区地下水资源量、水资源总量、地表水供水量、浅层地下水开采量、用水消耗量等基本数据，都应计算平均值。

地表水资源开发率指地表水源供水量占地表水资源量的百分比。为了真实反映评价流域内自产地表水的控制利用情况，在供水量计算中要消除跨流域调水的影响，调出水量应计入本流域总供水量中，调入水量则应扣除。

平原区浅层地下水开采率指浅层地下水开采量占地下水资源量的百分比。

水资源利用消耗率指用水消耗量占水资源总量的百分比。为了真实反映评价流域内自产水量的利用消耗情况，在计算用水消耗量时应考虑跨流域调水和深层承压水开采对区域用水消耗的影响，从评价流域调出水量而不能回归本区的应全部作为本流域的用水消耗量，区内用水消耗量应扣除由外流域调入水量和深层承压水开采量所形成的用水消耗量。

十、与水相关的生态环境问题调查评价

调查评价内容包括地表水不合理开发利用、地下水超采、水体污染等造成的与水相关的生态环境问题。各省（自治区、直辖市）应针对本辖区发生的主要生态环境问题，从形成原因、地域分布、危害程度及发展趋势等方面进行调查分析；对近年来为改善生态环境所采取的地下水限采、城市河湖整治、湿地补水以及山区退耕还林还草等措施，使生态环境状况明显改善的，也相应进行调查分析。

地表水不合理开发利用造成的生态环境问题包括河道断流（干涸）、湖泊与湿地萎缩、河流下游天然林草枯萎、次生盐渍化等。对河道断流（干涸）要调查统计断流（干涸）天数和河长；对湖泊萎缩要调查统计水面面积和蓄水的减少数量；对次生盐渍化要调查统计产生的面积以及变化趋势。

地下水超采造成的生态环境问题包括形成地下水降落漏斗、造成地面沉降、地面塌陷、地裂缝、海水入侵、咸水入侵、天然林草枯萎和土地沙化等。对地下水漏斗要调查统计漏斗面积、中心水位埋深、下降速率及累计超采量；对地面沉降要调查统计沉降面积、最大降深及沉降速率；对海水、咸水入侵要调查统计入侵面积、入侵层位及入侵速度；对土地沙化要调查统计沙化面积和扩展速度。

在地表水、地下水水质评价的基础上，调查分析地表水与地下水污染对生态环境的影响，估算主要水源地水质恶化所造成供水量的衰减情况。

十一、现状水资源供需分析

开发利用评价还需要进行现状条件下水资源供需分析。在此基础上，评价现状条件下各水资源计算分区相应的余缺水量，重点分析缺水量、缺水时空分布、缺水程度、缺水性质和缺水原因等，并对缺水造成的经济社会及生态环境的影响进行分析与评价。

第三节　水资源评价

水资源评价一般是针对某一特定区域而言，在水资源调查的基础上，研究特定区域内的降水、蒸发、径流等诸要素的变化规律和转化关系，阐明地表水、地下水资源数量、质

量及其时空分布特点，开展供水量调查和水资源开发利用评价，计算水资源可利用量为寻求水资源可持续利用最优方案提供基础资料，为区域经济、社会发展和国民经济各部门提供服务。水资源评价时保证水资源的可持续开发和管理的前提，是进行与水有关活动的基础。

本节的内容主要依据SL/T 238—1999《水资源评价导则》的内容编写。

一、水资源质量评价

（一）水资源质量评价的内容及要求

1. 评价内容

水资源质量的评价，就是根据评价目的、水体用途、水质特性，选用相关参数和相应的国家、行业或地方水质标准对水资源质量进行评价。

水资源质量评价的内容包括：河流泥沙分析、天然水化学特征分析、水资源污染状况评价。

2. 评价要求

（1）地表水资源质量评价应符合下列要求：

1）在评价区内，应根据河道地理特征、污染源分布、水质监测站网，划分成不同河段（湖、库区）作为评价单元。

2）在评价大江、大河水资源质量时，应划分成中泓水域与岸边水域，分别进行评价。

3）应描述地表水资源质量的时空变化及地区分布特征。

4）在人口稠密、工业集中、污染物排放量大的水域，应进行水体污染负荷总量控制分析。

（2）地下水资源质量评价应符合下列要求：

1）选用的监测井（孔）应具有代表性。

2）应将地表水、地下水作为一个整体，分析地表水污染、纳污水体、污水灌溉和固体废弃物的堆放、填埋等对地下水资源质量的影响。

3）应描述地下水资源质量的时空变化及地区分布特征。

（二）河流泥沙

河流泥沙是反映河川径流特性的一个重要因素，对水资源开发利用和江河治理有较大的影响。

1. 河流泥沙分析计算内容

河流泥沙分析计算的内容包括河流输沙量、含沙量及其时程分配和地区分布。

2. 河流泥沙分析计算要求

（1）资料系列较长的河流泥沙站，均可选为河流输沙量与含沙量分析的选用站，并应采用与径流同步的泥沙资料系列，缺测和不足的资料应予以插补延长。

（2）选用站以上引出或引入水量和分洪、决口水量中挟带的河流泥沙，以及选用站以上蓄水工程中淤积的河流泥沙，均应在选用站实测资料中进行修正。

（3）计算中小集水面积选用站的多年平均年输沙模数，绘制评价区的多年平均年输沙模数分区图，并用主要河流控制站的多年平均年输沙量实测值与输沙模数图量算值核对。

（4）对主要站不同典型年的河流输沙量、含沙量的年内分配地区分布特征进行分析。

（三）天然水化学特征

1. 天然水化学特征分析

天然水化学特征分析内容包括天然水化学类型及地区分布，天然水化学成分的年内、年际变化，河流离子径流量（包括入海、出境、入境离子径流量），河流离子径流模数及地区分布。

2. 天然水化学特征分析要求

（1）天然水化学特征分析参数一般选用pH值、矿化度、总硬度、钾、钠、钙、镁、硫酸盐、硝酸盐、碳酸盐、氯化物等，有条件地区可根据本地区的水质及水文地质特征增加必要的参数。

（2）凡具有长系列观测资料的地表天然水化学监测站和基本地下水化学监测井，可作为选用站，缺测和不足的资料应予以补测。

（3）天然水化学类型的分类方法、水化学特征值计算、分区图的绘制方法参见有关规范。

（4）地表水、地下水应分别进行天然水化学特征分析。

（四）水资源污染状况

（1）水资源污染状况评价内容。水资源污染状况评价内容包括污染源调查与评价，地表水资源质量现状评价，地表水污染负荷总量控制分析，地下水资源质量现状评价，水资源质量变化趋势分析及预测，水资源污染危害及经济损失分析，不同质量的可供水量估算及适用性分析。

（2）污染源调查和评价主要内容。污染源调查和评价主要内容有查明污染物的来源、种类、浓度、数量、排放地点、排放方式、排放规律，化肥、农药使用情况，固体废弃物堆放和处置情况，污水库及污水灌溉状况。在此基础上，根据污染物的危害性、排放量及对水体污染的影响程度，评定主要污染源和主要污染物。

（3）水资源质量的评价。水资源质量评价根据评价目的、水体用途、水质特性，选用相关参数和相应水质标准进行评价。水资源质量评价应分区进行，其分区应与地表水、地下水资源数量评价的分区一致。

（4）地表水资源质量现状评价要求：

1）在评价区内，应根据河道地理特征、污染源分布、水质监测站网，划分成不同河段（湖、库区）作为评价单元。

2）在评价大江、大河水资源质量时，应划分成中泓水域与岸边水域，分别进行评价。

3）应描述地表水资源质量的时空变化及地区分布特征。

（5）在人口稠密、工业集中、污染物排放量大的水域，应进行水体污染负荷总量控制分析。

（6）地下水资源质量现状评价要求：

1）选用的监测井（孔）应具有代表性。

2）应将地表水、地下水作为一个整体，分析地表水污染、污水库、污水灌溉和固体废弃物的堆放、填埋等对地下水资源质量的影响。

3）应描述地下水资源质量的时空变化及地区分布特征。

二、水资源综合评价

（一）水资源综合评价内容

水资源综合评价是在水资源数量、质量和开发利用现状评价以及对环境影响评价的基础上，遵循生态良性循环、资源永续利用、经济可持续发展的原则，对水资源时空分布特征、利用状况及与社会经济发展的协调程度所作的综合评价。水资源综合评价内容应包括：

（1）水资源供需发展趋势分析。

（2）评价区水资源条件综合分析。

（3）分区水资源与社会经济协调程度分析。

（二）水资源供需发展趋势分析

（1）不同水平年的选取应与国民经济和社会发展五年计划及远景规划目标协调一致。

（2）应以现状供用水水平和不同水平年经济、社会、环境发展目标以及可能的开发利用方案为依据，分区分析不同水平年水资源供需发展趋势及其可能产生的各种问题，其中包括河道外用水和河道内用水的平衡协调问题。

（三）评价区水资源条件综合分析

评价区水资源条件综合分析是对评价区水资源状况及开发利用程度的整体性评价，通常要从不同方面、不同角度选取有关社会、经济、资源、环境等各方面的指标，选用适当的评价方法对评价区进行全面综合的评价，并给出一个定性或定量的综合性结论。

（四）分区水资源与社会经济协调程度分析

分区水资源与社会经济协调程度分析包括建立评价指标体系、进行分区分类排序等两部分内容。

1. 评价指标体系

评价指标体系应能反映分区水资源对社会经济可持续发展的影响程度、水资源问题的类型及解决水资源问题的难易，主要包括以下内容：

（1）人口、耕地、产值等社会经济状况的指标。

（2）用水现状及需水情况的指标。

（3）水资源数量、质量的指标。

（4）现状供水及规划供水工程情况的指标。

（5）水环境状况的指标。

2. 评判内容

应对所选指标进行筛选和关联分析，确定重要程度，并在确定评价指标体系后，采用适当的技术理论与方法，建立数学模型对评价分区水资源与社会经济协调发展情况进行综合评判。

（1）按水资源与社会经济发展严重不协调区、不协调区、基本协调区、协调区对各评价分区进行分类。

（2）按水资源与社会经济发展不协调的原因，将不协调分区划分为资源短缺型、工程

短缺型、水质污染型等类型。

(3) 按水资源与社会经济发展不协调的程度和解决的难易程度，对各评价分区进行排序。

各评价指标的重要程度以及评判标准，应充分征求决策者和专家意见，有条件时应使用交互式技术，让决策者与专家参与排序工作全过程。

第四节　温岭市水资源调查评价案例

一、水资源分区及评价方法

(一) 水资源分区

1. 水资源分区的目的

水资源分区是水资源量计算和供需平衡分析的地域单元。水资源的开发利用和水环境的保护和治理受自然地理条件、社会经济情况、工农业布局、市镇发展、水资源特点以及水利工程设施等诸多因素的制约。为了因地制宜、合理开发利用水资源、保护和治理水环境，既反映各地区的特点，又探索共同的规律，展望同类型地区的开发前景，需要对水资源的开发利用进行合理的分区。按分区进行水资源供需分析，揭示其供需矛盾，提出解决不同类型供需矛盾的相应措施。

2. 水资源分区的原则

(1) 照顾流域、水系和供水工程供水系统的完整性。

(2) 分区要体现自然地理条件的相似性和水资源开发利用条件的类似性。

(3) 尽可能保持行政区的完整性，以利于水资源的统一管理、统一规划、统一调配和取水许可制度的实施。

(4) 考虑已建、在建水利工程和主要水文站的控制作用，有利于进行分区水资源量计算和供需平衡分析。

(5) 本次划分水资源调查评价按《浙江省水资源综合规划划分区手册》和有关规定执行。

3. 水资源分区

根据上述目的、原则和温岭市的实际情况，本次水资源综合规划将温岭市划分为两个水资源分区，即温黄平原区和玉环区。

温黄平原区位于温岭市北、中、东部区域，该区地势西部高，主要为山丘；中东部低而平坦，河网密布，土地肥沃，为温黄平原的主要产粮区；范围包括太平、城东、城西、城北、横峰五个街道，泽国、大溪 、松门、箬横、新河、石塘、滨海、石桥头、温峤(约占60%) 九个镇；土地面积737.0km^2，耕地面积47.44万亩，其中水田40.19万亩，旱地7.25万亩；有效灌溉面积39.88万亩，占耕地面积的84.1%。该区是金清水系的主区域，无大型骨干蓄水工程，旱涝灾害较频繁，是防旱防涝的重点。

玉环区位于温岭市西南部低山丘陵区域，地貌属沿海山区和小平原；范围包括城南、坞根、温峤(约占40%) 三个镇，土地面积188.8 km^2，耕地面积7.6万亩，其中水田

3.16万亩，旱地4.44万亩；有效灌溉面积5.20万亩，占耕地面积的68.4%。该区内蓄水工程小而分散，抗旱能力低，易发生旱灾。

（二）评价原理和方法

1. 评价原理

某一区域的水平衡计算中，对多年平均值而言，一般只计及降水、蒸发和河川径流，而不计及地下水。其主要原因在于地下水在地表层中的储量虽然有的年份多，有的年份少，但多年平均而言是一个常值，因此在多年平均的水量平衡中，就不计算地下水储量的变化，可用以下水量平衡方程表示：

对于某一年而言

$$P_i = R_i + E_i \pm \Delta W_{gi} \tag{2-13}$$

对于多年平均情况，由于$\Sigma \pm \Delta W_{gi} \approx 0$，则

$$P = R + E \tag{2-14}$$

式中　P_i、R_i、E_i、ΔW_{gi}——某一年的降水、径流、蒸发和地下水储量变化；

P、R、E——降水、径流和蒸发的多年平均值。

但是当地下水资源开始被采用后，地下水的消耗不限于通过潜水蒸发、地下水的实际开采量也是地下水的主要排泄量，因此就不能用上述简单的水量平衡方程计算。地下水位的下降同时引起潜水蒸发的减少，也引起地下水对河流补给的减少，也会引起地表水体入渗量的增加，因此，进一步将式（2-14）分解为

$$P = R_s + R_g + E_s + E_g + U_g \tag{2-15}$$

式中下标s代表地表水、下标g代表地下水，U代表地下潜流量。由于在天然情况下，地下水降水入渗补给量P_r是河川基流量R_g和地下潜流U_g之和，即

$$P_r = R_g + E_g + U_g \tag{2-16}$$

一个区域内多年平均水资源量为多年平均降雨量减多年平均陆面蒸发量，即

$$W = P - E_s \tag{2-17}$$

将式（2-15）代入得

$$W = R_s + R_g + E_g + U_g \tag{2-18}$$

将式（2-16）代入得

$$W = R_s + P_r \tag{2-19}$$

因$R_s = R - R_g$，代入式（2-19）后得水资源总量计算通式：

$$W = R + P_r - R_g \tag{2-20}$$

式中　W——水资源总量；

R——河川径流量；

P_r——降水入渗补给量（山丘区地下水总排泄量代替）；

R_g——河川基流量（平原区为降水入渗补给量形成的河道排泄量）。

2. 评价方法

根据多年平均情况的水量平衡方程式$P = R + E$中，降水和径流可以通过雨量站、水文站直接观测获得，而陆面蒸发E只能用多年平均降雨量与多年平均径流量之差间接求得。由于陆面蒸散发受气候和下垫面因素的共同影响，其空间变化相对降雨、径流而言

更为均匀。因此，在水资源评价时，往往先勾绘多年平均陆面蒸散发量等值线，再将多年平均降雨量等值线与多年平均陆面蒸散发等值线叠加相减，求得同一地点的径流深后，再勾绘多年平均径流深等值线，再利用泰森多边形法求得各分区河川径流量。

地下水资源量是根据总补给量等于总排泄量的水均衡原理求得。在山丘区地下水资源量通过计算排泄量代替，其排泄量即主要为水文站实测径流中的基流量部分，通过分割流量过程线的方法推求。平原地区则通过计算总补给量的方法求得，其主要补给量包括水稻田生长期降水、灌溉入渗补给量、水稻田旱作期降水入渗补给量和旱地降水、灌溉入渗补给量。

给定区域内的水资源量就是当地降水形成的地表径流和地下径流量，即地表径流量与降水入渗补给量（山丘区用地下总排泄量代替）之和。

水质评价包括地表水水质和地下水水质。地表水水质评价是以 2002 年为基准年进行现状评价，选择具有代表性的水质监测控制站进行水质变化趋势评价，以及水功能区达标情况评价。地下水质评价的对象为平原区浅层地下水以及进行了地下水资源可开采量评价的山丘区浅层地下水，评价的内容包括地下水化学分类、地下水水质现状、近期地下水质变化趋势及地下水污染分析。

二、降水

（一）基本资料

温岭境内现有大溪、泽国、金清闸、温岭、松门 5 个雨量站。大溪雨量站建于 1960 年，泽国雨量站建于 1956 年，金清闸雨量站建于 1931 年，温岭雨量站建于 1933 年，松门雨量站建于 1957 年，都具有较长系列的水文资料，详见表 2－1。

表 2－1　　温岭市雨量站概况表

站名	类别	地点	设立年份
大溪	降水量、水位	温岭市大溪镇	1960
泽国	降水量、水位	温岭市泽国镇	1956
金清闸	降水量、水位、蒸发	温岭市金清镇	1931
温岭	降水量、水位、蒸发	温岭太平街道	1933
松门	降水量、水位	温岭市松门镇	1957

根据《全国水资源综合规划技术细则》，在对水资源量进行计算之前，先将各站降雨资料进行整理，统一取 1956—2000 年。面雨量计算，用泰森多边形法和面积加权的方法计算 1956—2000 年逐年水资源分区平均面降雨量。

（二）水汽来源与降水成因

温岭市地处东亚副热带季风区，水汽来源与输送主要是南太平洋的东南季风和印度洋孟加拉湾的西南季风暖湿气流。由于地形和所处的地理位置，春夏季节南北冷暖气流交换频繁，常有大雨、暴雨发生。

春季是冬夏季风转变的季节，太阳辐射逐渐加强，极地大陆性气团开始衰退，太平洋副热带高压日益旺盛，盛吹东南风，气旋活动频繁，常形成锋面降雨，称为“春雨”。春末夏初，太平洋副热带高压进入和北方冷空气相对峙，冷暖空气交锋常形成大面积锋面雨，并产生气旋波，缓慢东移出海，造成阴雨连绵的天气，俗称“梅雨”，梅雨期是该市主要雨季。盛夏时，太平洋副热带高压控制全省，天气晴热，局部地区多雷阵雨。此外还受台风雨的影响，秋季太平洋副热带高压逐渐减弱，而北方冷空气加强南下，由于受到地形影响，极锋有时呈半静止状态，形成连日不断的阴雨，在9、10月间产生一些强度不大、历时较长的秋季降水。

温岭还受另一个天气系统——台风的影响。台风是发生于菲律宾以东洋面上的热带气旋。5—10月温岭为台风影响期，受台风影响或者登陆时，常伴随大暴雨，如遇冷空气入侵，则加大暴雨，易酿成洪涝灾害。冬季盛吹偏北风，在极地大陆性气团控制下，冷而干燥，以晴冷为主，冷空气以爆发形式南下，强度大者称寒潮，寒潮冷锋常形成温岭雨雹天气。

（三）降水的年际变化

根据温岭实测年降水量资料分析表明，降水量年际间存在明显的多雨期和少雨期，一般在8年左右。各站历年降水量系列存在一定的趋势变化，1956—1979年与1956—2000年系列比较，各雨量站降雨量呈增加趋势；经分析各站短系列统计参数和长系列统计参数的代表性比较，以1956—2000年长系列为最好。

温岭年平均降水量1609.4mm（1956—2000年），年最大降水量2514.9mm（1990年），年最小降水量1050.6mm（1979年），年最大与年最小降水量比值为2.39。温岭市平均年降水量详见表2-2。

表2-2　　温岭市1956—2000年平均降水量

年份	年平均降水量/mm	年份	年平均降水量/mm	年份	年平均降水量/mm
1956	1635.8	1971	1147.5	1986	1101.0
1957	1500.5	1972	1816.5	1987	1725.8
1958	1630.6	1973	2100.7	1988	1484.1
1959	1869.1	1974	1673.6	1989	2239.5
1960	1772.3	1975	2045.6	1990	2188.5
1961	2092.2	1976	1711.2	1991	1306.9
1962	1886.4	1977	1553.2	1992	1937.0
1963	1219.4	1978	1438.2	1993	1426.2
1964	1336.5	1979	1045.4	1994	1755.2
1965	1409.1	1980	1436	1995	1520.9
1966	1586.6	1981	1683.8	1996	1544.0
1967	1012.7	1982	1689.9	1997	1709.1
1968	1266.8	1983	1630.1	1998	1643.2
1969	1455.1	1984	1438.9	1999	1645.0
1970	1767.9	1985	1500.5	2000	1844.0
				多年平均	1609.4

（四）降水的年内分配

温岭降水空间分布，西北部大于东南沿海，山丘区大于平原区。降水的年内分配受季风进退迟早，台风活动影响，分配很不均匀，70%左右集中在汛期，以8月为最大（多年平均达221.1mm），以12月为最小（多年平均为50.9mm）。按降水成因划分，属台风雨主控区，降水在年内呈双峰型，第一个雨峰常出现在5—6月，主要受春雨和梅雨影响，第二个雨峰出现在8—9月，主要由台风雨形成，两个雨峰降水量占全年降水量百分率相当，均为26%左右。多年平均最大连续四个月降水量占年降水量一般在50%左右，一般出现在6—9月。在台风雨主控区内，如遇台风影响小，或“空梅”年份，降雨亦会出现单峰。

对温岭市年平均降雨量进行排频统计计算，结果见表2-3。

表2-3　温岭市年平均降水量频率表（X=1609.4mm，C_v=0.20，C_s/C_v=2.0）

频率	5%	20%	50%	75%	90%	95%
设计值/mm	2173.3	1872.2	1588.1	1382.0	1213.0	1118.7

三、蒸发能力及干旱指数

蒸发能力是指充分供水条件下的陆面蒸发量，可近似用E_{601}型蒸发皿观测的水面蒸发量代替。据温岭市1965—2002年的蒸发资料，温岭市蒸发量空间分布恰与降水相反，随地形高度的增加及向内陆风力的减小而减小，东部沿海平原大，西北部及山丘区小。蒸发时间分布与季节月份气温高低密切相关，夏季大，冬季小；最大为7月（气温最高），多年平均蒸发量达131.5mm，大于降水量（130.0mm），最小为2月，多年平均蒸发量为38.9mm。蒸发量年际变化也较大，多年平均蒸发量为922.5mm，温岭站最大年（1959年）蒸发量达1512.3mm，最小年（1952年）仅697.5mm，年差比达2.2倍。历年蒸发量见表2-4。

干旱指数为年蒸发能力与年降水量的比值，是反映气候干湿程度的指标。干旱指数越大表示气候越干旱，干旱指数越小表示气候越湿润。东部沿海区由于降水量偏小使得干旱指数略大，为相对干旱区；西南和西北部山区多年平均降水量较大，干旱指数略小，为相对湿润区。

温岭地区干旱从时空上分，主要有夏旱、秋旱和冬旱，春旱比较稀少，夏旱、秋旱和冬旱三者组合情况更少，而夏旱连秋旱出现较为频繁。从旱情发生的年内时间看，在7月初干旱露头，当7月受副高控制后，加上8、9月连续出现高温少雨，则全市出现重旱，如1967年。进入21世纪，温岭的社会需水格局也发生了根本变化，除维持传统的大量农业灌溉耗水外，由于经济迅速发展工业供水猛增，人民生活水平和城市化程度不断提高，生活用水也迅速俱增，兼之水污染造成可用水的减少，使温岭用水问题显得日渐突出。通过计算，温岭市多年平均（1965—2002年）干旱指数为0.58，略比全省（0.54）高。干旱指数偏大的原因主要有两点，一是受海洋性气候影响，降雨量较少；二是沿海风大，蒸发量大。

表 2-4　　温岭市历年蒸发量

年份	年蒸发量/mm	年份	年蒸发量/mm
1965	949.7	1985	885.6
1966	1031.7	1986	995
1967	1104.4	1987	940.2
1970	954.4	1988	962.3
1971	993.9	1989	857.5
1972	868.1	1990	913.6
1973	1034.6	1991	954.9
1974	896.8	1992	991.6
1975	837.6	1993	855.7
1976	901.7	1994	948.4
1977	875.8	1995	950.4
1978	932	1996	930.9
1979	885.6	1997	926.7
1980	964.3	1998	850.5
1981	967.3	1999	851.6
1982	879	2000	883.6
1983	879.3	2001	935.8
1984	826	2002	865.2
		多年平均	922.5

四、河流泥沙

河流泥沙是反映一个地区水土流失情况的重要指标，也是反映河川径流特性的一个主要因素。由于暴雨冲刷表土，导致泥沙随地表径流排入河流，并随水流向下游排泄。在河流中的泥沙运动形式有两种，一是颗粒较粗的泥沙（包括浮石）在水流的推动下沿河底移动，称为“推移质”泥沙；另一种是颗粒细的泥沙、悬浮于水中，被水携带着往下运动，称为“悬移质”泥沙。由于推移质泥沙的测验难度和方法上存在的问题，全省也很少开展这方面的测验工作，无这方面的系统资料。本节所指的泥沙指江河中的悬移质泥沙，含沙量和输沙量均未包括推移质泥沙。由于温岭市没有实测的泥沙资料，所以只能从各河段的淤积情况来定性地估计河流的含沙情况。

浙江省河流中的悬移质含沙量较小。据统计台州市各河流泥沙含量多年均值均低于 $0.2kg/m^3$。河口地区受海域来沙影响，其悬移质含沙量远大于河口以上地区。含沙量的季节变化与降雨径流季节变化、暴雨强度大小、土壤植被密切相关。汛期含沙量较大，枯季含沙量较小。

年平均悬移质含沙量减小的原因除水库工程建成截留部分泥沙原因外，各地植被条件的改善有直接关系。全省河流主要控制站不同统计期平均含沙量、输沙量，同样显示1956—1979年间年平均含沙量要大于1956—2000年间平均含沙量，而以1980—2000年间平均含沙量为最小。温岭市主要河道情况具体见表2-5。

表 2-5　　温岭市境内主要河道情况

水系	流域面积/km²	河道名称	河道起讫地点	河流特性		
				长/m	宽/m	平均深/m
金清水系	1172.6（境内504.0）	南官河	泽国—牧屿	5.30	34.0	3.28
		翁岙河	山市—南官河口			
		江洋河	南官河—麻车桥	11.00	45.0	3.71
		大溪河	大溪—潘郎	6.50	26.8	3.16
		潘郎河	潘郎—牧屿	6.00	50.0	2.87
		桐山溪	桐山—横峰	5.50	29.3	3.49
		横峰河	横峰—田洋	4.00	34.5	3.41
		温岭溪	温岭—横湖桥—田洋	6.50	31.4	3.40
		石粘河	田洋—石粘—麻车	4.50	35.1	3.45
		运粮河	金清港—箬横	11.50	17.0	2.19
		木城河	金清港—箬横	10.00	24.0	2.60
		老湾河	平安闸—娄江浦	7.00	14.7	2.00
		二湾河	火叉港—平溪浦	11.00	18.9	2.21
		三湾河	廿四弓河—平溪浦	9.70	17.0	2.20
		四湾河	廿四弓河—五湾河口	10.00	10.0	1.35
		五湾河	廿四弓河—平溪浦	11.65	26.3	2.80
		廿四弓河	蔡洋—永安闸	9.80	27.8	2.88
		娄江浦	木城河—八塘河	6.50	17.5	1.95
		平溪浦	箬松大河—南盘马闸	6.30	21.6	1.85
		严家浦	箬松大河—盘马塘	6.47	20.6	1.61
		箬松大河	箬横—松门	11.00	24.6	2.80
		二塘河	平溪浦—淋川	5.00	12.9	2.21
		三塘河	平溪浦—严家浦	1.70	13.0	1.90
		四塘河	平溪浦—五湾河	3.00	11.0	1.40
		五塘河	平溪浦—二塘横河	4.00	24.2	2.50
		车路横河	石桥—箬桥大河	8.23	20.1	2.26
		运粮河	松门—超英河—解放河	5.80	21.7	2.45
		超英河				
		解放河	上马—交陈闸	4.97	14.4	2.50
江厦港	46.6	江厦港	梅溪—乐清湾	10.45	450.0	5.00
坑潘溪	24.5	坑潘溪	坑潘—八一塘—入海	8.00	35.0	1.77
横山溪	33.01	横山溪	横山—玉环入海	12.15	55.0	1.90
大雷溪	22.17	大雷溪	岙环岙里—玉环入海	6.35	25.0	1.77

从表 2-5 可以看出，温岭市各河段的平均水深相差较大，它反映出不同河段有不同程度的泥沙淤积情况，周围地区的水土保持工作有待加强，河道疏浚整治工作需进一步落实。

五、径流量计算

统一采用浙江省多年平均径流深等值线图，利用网格法求各计算分区平均径流深。温岭市多年平均径流深为 879.9mm，以陆地总面积 925.8km^{2}计算，径流量为 8.146 亿 m^3。丰水年和特殊干旱年份径流量差异较大，年际分配很不均匀。各分区不同保证率的径流量计算成果见表 2-6。

表 2-6　　温岭市不同保证率径流量分析成果表

分区	面积/km^2	项目	多年平均值	保证率/%				
				20	50	75	90	95
温黄平原区	737	年径流深/mm	871.5	1155.0	820.8	605.0	447.4	368.2
		年径流量/亿 m^3	6.4132	8.515	6.049	4.459	3.297	2.714
玉环区	188.8	年径流深/mm	912.7	1210.0	866.5	636.1	468.8	388.1
		年径流量/亿 m^3	1.7327	2.285	1.636	1.201	0.885	0.7327
全市	925.8	年径流深/mm	879.90	1167.0	830.1	611.4	451.7	372.3
		年径流量/亿 m^3	8.146	10.8	7.685	5.66	4.182	3.447

六、地表水资源量分析

地表水资源量通常是指当地河川径流量，它包括河川基流量（为地下水资源量的一部分）。通过蓄满产流模型，温岭市多年平均地表水资源量为 8.146 亿 m^3，按 2002 年全市人口 117.00 万人（常住人口），人均地表水资源量为 696m^3，远低于全省人均水资源量水平。就温岭市空间分布而言，温黄平原区水资源量较少，玉环区人均水资源量较为充沛，详见表 2-7。

表 2-7　　温岭市地表水资源量空间分布（多年平均）

分区	径流深/mm	面积/km^2	水资源量/亿 m^3	人口/万人	人均/m^3
温原平原区	871.5	737	6.4132	106.50	602
玉环区	912.7	188.8	1.7327	10.50	1650
全市	879.9	925.8	8.146	117.00	696

地表水资源来源于大气降水，其时空分布特点与降雨时空分布基本一致，即年际变化大，最大径流量与最小径流量的比值为 3～4 倍。年内径流分布主要集中在 5—9 月，其间径流量占全年径流量的 60%～75%。山区径流量大于平原，西南部大于东部沿海。

七、地下水资源量分析

（一）地下水资源量

地下水资源量包括浅层和深层地下水资源量。浅层地下水靠降雨和河川径流补给，水体循环较快。深层地下水储量有限，水体循环缓慢。地下水资源量受地质、地貌条件控制，分布极不均匀。地下水资源量主要包括天然资源量、灌溉回归补给量、侧向补给量。

根据《浙江省温岭市地下水资源开发利用规划报告》（2001 年 5 月）统计，温岭市多年平均地下水资源量 13633.13 万 m^3。温岭市不同保证率地下水天然资源量见表 2－8，现状地下井情况见表 2－9。

表 2－8　　温岭市不同保证率地下水天然资源量计算成果表

保证率/%	Ⅰ区/(万 m^3/a)	Ⅱ区/(万 m^3/a)	全市/(万 m^3/a)
多年平均	11074	2559	13633
50	10630	2457	13087
75	8267	1901	10168
90	6490	1492	7982
95	5605	1287	6892

表 2－9　　温岭市现状地下井情况统计表

分区	浅层地下水			深层承压水			合计
	生产井数量/眼	其中：配套机电井数量/眼	现状年供水能力/万 m^3	生产井数量/眼	其中：配套机电井数量/眼	现状年供水能力/万 m^3	年供水能力/万 m^3
温黄平原区	2648	242	413	128	110	902	1315
玉环区	1053	97	164.38	6	5	43.65	208.03
全市	3701	339	577.38	134	115	945.65	1523.03

（二）地下水可开采量

地下水可开采量是指在经济合理的开采条件下，不发生因开采而造成地下水位持续下降，水质恶化，地面沉降等环境地质问题，不对生态环境造成不利影响的、有保证的、可供开采的地下水量。根据《浙江省温岭市地下水资源开发利用规划报告》计算，全市多年平均地下水可开采量 4004.85 万 m^3/a，不同保证率下的地下水可开采量见表 2－10。

表 2－10　　温岭市可开采地下水资源量统计表

保证率/%	温黄平原区/(万 m^3/a)	玉环区/(万 m^3/a)	全市/(万 m^3/a)
多年平均	3239.56	765.29	4004.85
75	2416.934	568.6	2985.534
90	1897.816	446.93	2344.746

八、水资源总量分析

（一）水资源总量计算

一定区域内的水资源总量是指当地降水形成的地表和地下产水量，即地表径流量与降雨入渗补给量之和。

水资源总量等于地表水资源量与地下水资源量之和再减去两者的重复计算量。计算公式如下：

$$W_{总}=W_{地表}+W_{地下}-W_{重复} \tag{2-21}$$

式中　$W_{总}$——水资源总量，万 m^3/a；

$W_{地表}$——地表水资源量，万 m^3/a；

$W_{地下}$——地下水资源量，万 m^3/a；

$W_{重复}$——重复量，万 m^3/a。

从上述第六、第七部分计算结果可以看出温岭市的地表水资源和地下水资源都比较匮乏，全市多年平均总水资源量为 85743 万 m^3，具体见表 2-11。

表 2-11　　温岭市多年平均总水资源量统计表

分区	面积 /km^2	水资源量（多年平均）				入境水量 /万 m^3	出境水量 /万 m^3
		地表水 /万 m^3	地下水 /万 m^3	重复量 /万 m^3	合计 /万 m^3		
温黄平原区	737	64132	11074	6790	68416		
玉环区	188.8	17327	2559	2559	17327		
全市	925.8	81460	13633	9349	85743		

（二）水资源可利用量分析

在水资源量的分析计算中，可利用量的概念是指从可持续发展的原则出发，扣除维持生态环境需水量和水资源总量中部分不能或难以控制的水资源量后，人类可获得的最大水量。

按照水总研〔2004〕8 号文件《水资源可利用量估算方法（试行）》，南方地区一般取多年平均径流量的 20%～30%作为河流最小生态环境需水量，因此河道内生态环境需水量按照多年平均径流量的 20%估算，这部分水量主要用于维持河道基本功能需要、河道冲淤、水生物保护等。河道内生态需水量主要包括航运、水力发电、旅游、水产养殖等用水。河道内生产用水一般不消耗水量，可以“一水多用”，但应通过在河道内生态环境需水量综合考虑，若超过河道内生态环境需水量，则应与河道外需水量统筹协调。

水资源可利用总量的计算，采取河川径流可利用量与浅层地下水水资源可开采量相加再扣除河川径流可利用量与浅层地下水水资源可开采量两者之间的重复计算量的方法估算，具体见表 2-12。

表 2 - 12　　温岭市多年平均水资源可利用总量表　　单位：万 m^3

分区	河川径流量	河川径流可利用量	地下水可开采量	重复利用量	可利用总量	可利用率
温黄平原区	64132	25653	3240	655	28238	44.0%
玉环区	17327	6064	765	42	6787	39.2%
全市	81459	31717	4005	697	35025	43.0%

复 习 思 考 题

1. 简述地表水资源评价的要求。
2. 简述流域平均降雨量的计算方法。
3. 如何使用泰森多边形法计算流域平均降水量?
4. 水面蒸发量如何测定?
5. 什么是干旱指数? 如何分级?
6. 简述水资源开发利用情况调查内容。
7. 简述为什么要进行水资源综合评价。

第三章　区域水资源估算

第一节　区域水循环和水平衡

一、自然界的水循环

在自然条件下，地球上的水以液态、固态和气态的形式分布在海洋、陆地、大气和生物机体，构成了地球的水圈。不同形态的水体，在水圈中不断运动和相互转换就形成了自然界的水文循环。水文循环的能量来源于太阳辐射，水分通过蒸发逸入大气，并随着大气环流输送到各地，并在一定条件下凝结，形成降水返回地面或海洋。地心引力为自然界水循环提供动力支持。在地心引力的作用下地表水通过下渗或径流回归海洋。

自然界的水循环按所涉及的地域和规模可分为大循环和小循环。从海洋蒸发的水汽，随大气环流运动输送回内陆，凝结后形成降水，到达地面以后，一部分被植物截留并蒸发返回大气，一部分形成地表或地下径流，最终汇入海洋，这种海陆间的水量交换，称为大循环。有些时候水汽交换并没有经过由海洋输送到陆地，再从陆地汇入海洋的过程，而是通过蒸发从海洋（或陆地）输送到大气，在空中形成降水又降落回海洋（或陆地），这种局部的水循环称为小循环。水循环过程如图 3－1 所示。

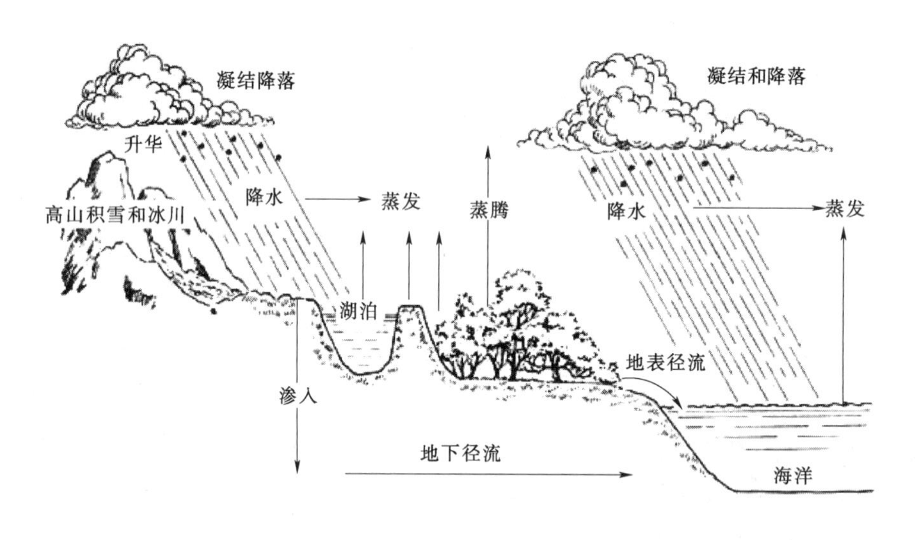

图 3－1　水循环示意图

二、影响水循环的因素

无论是大循环还是小循环，降水、蒸发、径流和水汽输送都是构成水循环不可或缺的环节。影响水循环的因素有很多，但都是通过影响水循环的某个环节起作用的。主要的影

响因素包括以下三个方面：

（1）气象因素：包括太阳辐射、风速、温度、湿度等。

（2）下垫面因素：包括地形、地貌、土壤、植被等。

（3）人类活动：包括水利设施的修建，对下垫面的改造等。

在这三类影响因素中，气象因素是最重要的因素，因为地球表面某一区域所收到的太阳辐射，以及大气环流的情况可以基本决定地区蒸发、降水和水汽输送情况。普遍意义上认为，某一地区的径流是该区域“降水—蒸发”过程的残留，所以径流过程虽然受到下垫面条件的影响，但气象要素依然是影响径流的主要因素。下垫面因素主要通过蒸发和径流来影响水循环的过程。随着人类改造自然环境的力度不断加大，人类活动因素在水循环过程中起到的作用越来越难以忽视。一方面，人类通过修建水利设施，如水库、跨流域调水等，直接影响到径流的调节；另一方面，通过对下垫面的改造影响了流域内水分的蒸发、入渗及产汇流过程，从而影响到水循环过程。

三、水平衡

水圈中的水通过水文循环作用，在多年平均的意义上，海洋中的水量保持平衡，陆地上各种水体的水量，经过不断地更新补充也基本上收支相抵，而地球上的水与地球以外的太空中的水量交换可以忽略不计。也就是说在一定历史时期地球上的水总量是保持不变的，而在不同介质中的水量在各年间会产生一定变化，即地球上的水量在不同年间的分配上会产生一定变化，但是总量不变，这就是地球上的水平衡的基础。

水量平衡方程式是水文科学中广泛应用的极其重要的基本方程式之一，它可以用来定量描述水循环要素间的相互关系和作用。就多年平均情况而言，地球上海洋系统和陆地系统的蓄水量变化为零，因此海洋系统的多年平均水量平衡方程式为：

$$\overline{E}_S = \overline{P}_S + \overline{R} \tag{3-1}$$

陆地系统的多年平均水量平衡方程式为：

$$\overline{E}_L = \overline{P}_L - \overline{R} \tag{3-2}$$

式中　$\overline{E}_S$、$\overline{E}_L$ ——海洋和陆地的多年平均年蒸发量，亿 m^3；

$\overline{P}_S$、$\overline{P}_L$ ——海洋和陆地的多年平均年降水量，亿 m^3；

$\overline{R}$ ——从陆地注入海洋的多年平均年径流量，亿 m^3。

将以上两式相加，可以得到全球多年平均水量平衡方程式为

$$\overline{E}_S + \overline{E}_L = \overline{P}_L + \overline{P}_S，即 E = P \tag{3-3}$$

即，全球的多年平均年蒸发量等于多年平均年降水量。

对于一闭合区域来说，水平衡体现在，总补给量与总排泄量之差等于区域内地表、地下、及土壤中的蓄水量的变化。如果把地表水、地下水及土壤水作为一个整体对待，那大气降水就是该区域水资源的总补给量；河川径流量、总蒸散发量及地下潜流量则是该区域水资源的总排泄量，则水量平衡方程式可表示为

$$P = R + E + U_g \pm \Delta V \tag{3-4}$$

式中　P ——年降水量，亿 m^3；

R——年河川径流量，亿 m^3；

E——年总蒸发量，亿 m^3；

U_g——年地下潜流量（包括周边流出量），亿 m^3；

ΔV——地表、地下、土壤水的年蓄水变化量，亿 m^3。

第二节　区域水资源量计算工作内容

一、降水量和蒸发量的计算

降水和蒸发都是水循环的重要因素。降水是陆地上水资源唯一的补给来源，蒸发是陆地上水资源排泄的主要途径之一，因此在水资源量计算过程中必须计算降水和蒸发量。具体计算方法见第二章。

二、地表水资量计算

地表水资源量是河流、湖泊、水库等地表水体中由当地降水形成的可以逐年更新的动态水量，通常人们把河流的动态资源——河川径流，即水文站测量的控制断面流量，近似的作为地表水资源，它包括上有径流流入量和当地地表水量。因此可通过分析河川径流量，计算地表水资源量，要求计算各典型年及多年平均径流量，同时研究河川径流的时空变化规律。具体计算方法见本章第三节。

三、地下水资源量计算

地下水资源是水资源的重要组成部分，计算其储藏量是进行水资源总量计算及评价的重要内容。具体计算方法见本章第四节。

四、入境与出境水量的计算

入境水量是天然河流经过某区域边界时流入该区域的河川径流量，出境水量是天然河流经过某区域边界时流出该区域的河川径流量。在水资源量分析计算中，一般应当计算多年平均和不同频率典型年的入境、出境水量，同时研究入境与出境水量的时空分布规律，以满足需要。具体计算方法见本章第六节。

五、区域水资源总量的估算

一定区域内的水资源总量是指当地降水形成的地表和地下水量，即地表径流量与降水入渗补给量之和，但水资源总量并不等于该地区的地表水资源量的简单相加，计算时需要扣除二者之间的重复部分。水资源总量计算的目的是分析评价在当前自然条件下可用水资源量的最大潜力，从而为水资源合理开发利用提供依据。一定区域内水资源总量的计算公式为

$$W_{总}=W_{地表}+W_{地下}-W_{重复} \tag{3-5}$$

式中　$W_{总}$——水资源总量，亿 m^3；

$W_{地表}$ ——地表水资源总量，亿 m^3；

$W_{地下}$ ——地下水资源总量，亿 m^3；

$W_{重复}$ ——地表水和地下水之间相互转化时重复的水量，亿 m^3。

在大多数情况下，区域水资源总量的计算项目包括多年平均水资源总量和不同频率典型年的水资源总量，具体计算方法见本章第五节。

第三节　河川径流量计算

为满足水资源分析评价的要求，对于河川径流量的计算，需要同时完成多年平均和不同典型年河川径流量的计算及其时空分布。

一、河川径流量的计算

根据研究区的气象、水文及下垫面条件，综合考虑区域内水文、气象站点的分布情况，河川径流量的计算可采用代表站法、等值线法、水文比拟法等。

（一）代表站法

代表站法是指在研究区域内选择有代表性的测站，计算其多年平均和不同典型年时的流量，然后采用面积加权或综合分析法将代表站的计算成果推广至整个研究区域的方法。代表站法适用于具有实测资料的区域。所选的代表站应具有较长的实测径流资料并满足足够的精度。

1. 单一代表站法

当区域内可以选择一个代表站，并且该站可以基本控制全区域，且上下游的产流条件差别不大时，可以通过式（3－6）、式（3－7）计算该区域的逐年或多年平均径流量。

$$W_d = \frac{F_d}{F_r} W_r \tag{3-6}$$

$$\overline{W}_d = \frac{F_d}{F_r} \overline{W}_r \tag{3-7}$$

式中　W_d、W_r ——研究区域、代表站的年径流量，亿 m^3；

$\overline{W}_d$、$\overline{W}_r$ ——研究区域、代表站的多年平均年径流量，亿 m^3；

F_d、F_r ——研究区域、代表站的控制面积，km^2。

如果研究区域内无法选择出一个控制该区域的大部分面积的代表站，或者上下游产汇流条件具有较大差别时，可选用与设计区域相似的部分代表流域的径流量及面积。

2. 多个代表站法

当研究区域内气候及下垫面条件差别较大时，可以按照气候、地形等条件，将研究区划分为两个或两个以上的子区域，在每个子区域内选择一个代表站，并按照式（3－6）、式（3－7）计算每个子区域的逐年径流量或多年平均径流量，再将所得结果相加后得到全区域的径流量。具体计算公式为

$$W_d = \frac{F_{d1}}{F_{r1}} W_{r1} + \frac{F_{d2}}{F_{r2}} W_{r2} + \cdots + \frac{F_{dn}}{F_{rn}} W_{rn} \tag{3-8}$$

式中　W_d——为研究区域的年径流量；

W_{r1}、W_{r2}、…、W_{rn}——各代表站的年径流量，亿 m^3；

F_{r1}、F_{r2}、…、F_{rn}——各代表站的控制面积，km^2；

F_{d1}、F_{d2}、…、F_{dn}——各子区域的控制面积，km^2。

如果研究区域内气候及下垫面条件差别不大，产汇流条件相似，单纯由于全区域面积过大而无法选择一个代表站时，式（3-8）可以改写为下面的形式：

$$W_d = \frac{F_d}{F_{r1} + F_{r2} + \cdots + F_{rn}}(W_{r1} + W_{r2} + \cdots + W_{rn}) \tag{3-9}$$

3. 代表站法的修正

当代表站的代表性不突出时，就不能简单的仅以面积作为权重计算区域的径流量，因此需要选取其他影响产汇流过程的指标，对研究区内径流计算进行修正。主要包括以下几种修正方式。

（1）引用多年平均年降水量进行修正。在面积为权重计算的基础上，再考虑代表站和研究区域的降水条件的差异，修正公式如下：

$$W_d = \frac{F_d \overline{P}_d}{F_r \overline{P}_r} W_r \tag{3-10}$$

式中　$\overline{P}_d$、$\overline{P}_r$——研究区域、代表站的多年平均年降水量，mm；

其他符号意义同前。

（2）引用多年平均年径流深进行修正。在面积为权重计算的基础上，再考虑代表站和研究区域的径流条件的差异，修正公式如下：

$$W_d = \frac{F_d \overline{R}_d}{F_r \overline{R}_r} W_r \tag{3-11}$$

式中　$\overline{R}_d$、$\overline{R}_r$——研究区域、代表站的多年平均年径流深，mm；

其他符号意义同前。

（3）引用多年平均年降水量及多年平均径流系数进行修正。

将年径流深用年降水量乘以年径流系数表示时，代表站法的修正公式就可以表示为：

$$W_d = \frac{F_d \overline{P}_d \overline{\alpha}_d}{F_r \overline{R}_r \overline{\alpha}_r} W_r \tag{3-12}$$

式中　$\overline{\alpha}_d$、$\overline{\alpha}_r$——研究区域、代表站的多年平均年径流系数，无因次；

其他符号意义同前。

这种修正方法的优点在于，不仅考虑到降雨量不同对径流计算的影响，同时考虑到下垫面的情况对产流过程的影响。

【例 3-1】　渭河流域河川径流量计算

收集渭河流域 1960—2010 年咸阳、张家山、状头 3 个水文站的流量资料。咸阳水文站控制了渭河干流西安以上流域，张家山为支流泾河流域控制站，状头为北洛河流域控制站，三个水文站可控制渭河流域绝大部分流域面积。各水文站的控制面积、多年平均径流量见表 3-1。

表 3-1 渭河流域水文站多年平均河川径流量资料表

站点	控制面积/km^2	流域面积/km^2	多年平均年径流量/亿 m^3
咸阳	46827	62474	37.9
张家山	43216	45421	9.72
状头	26700	26905	8.24

用代表站法计算渭河流域多年平均河川径流量为

$$W_d = \frac{F_{d1}}{F_{r1}}W_{r1} + \frac{F_{d2}}{F_{r2}}W_{r2} + \cdots + \frac{F_{dn}}{F_{rn}}W_{rn}$$

$$= \frac{62474}{46827} \times 37.9 + \frac{45421}{43216} \times 9.72 + \frac{26905}{26700} \times 8.24$$

$$= 69.08(\text{亿 } m^3)$$

(二) 等值线法

等值线法适用于设计区域面积不大，缺乏实测径流资料，但是在包括该区域的较大面积的区域范围内（气候一致区）上具有多个长期实测年径流资料的水文控制站的情况。

选择包含研究区域在内的一个中等流域面积的资料，计算出流域内各控制站的统计参数，包括多年平均径流深 R，变差系数 C_V，偏差系数 C_S；根据各统计参数绘制流域 R、C_V、C_V/C_S的等值线分区图；确定研究区域的重心(或形心)，根据重心所在的位置在不同参数等值线图上求得该区域的设计参数 R、C_V、C_V/C_S，再由设计标准和统计参数推求不同频率典型年时设计流域的径流深；最后将不同径流深乘以研究区域面积即可得到该区域在不同频率典型年时的年径流量。

在使用等值线法的时候应该注意流域面积的选取，流域面积过大或过小都会对结果产生影响。对于较大的流域，一般情况下具有长期的且精度较高的水文实测资料，采用等值线法的实际意义不大；而对于面积较小的流域，采用等值线法计算的精度较低，误差往往超出要求。在中等面积的流域应用等值线法的精度较高，更具有实用意义。

(三) 水文比拟法

水文比拟法适用于研究区域内缺乏实测的径流资料，但是在同一气候一致区内可以找到某一参照区域，两者之间的面积相差不大（一般在 10%～15%以内），下垫面条件相似，且参照流域具有长期完整的实测径流资料。在设计区域有降水资料时，可以采用以下公式计算径流量：

$$W_d = \frac{F_d P_d}{F_r P_r} W_r \tag{3-13}$$

式中 W_d、W_r——研究区域、参照区域的年径流量，亿 m^3；

P_d、P_r——研究区域、参照区域的多年平均年降水量，mm；

F_d、F_r——研究区域、参照区域的控制面积，km^2。

(四) 径流量的分析计算

1. 径流资料的插补延长

主要河流或干流控制站，流量资料年限较长，但有些站资料不连续，为了使之成为完整的连续系列，便于进行系列代表性的分析，对缺测年份的年径流量用适当方法插补。山丘区区域代表站，有一部分水文站实测径流系列较短，为便于绘制同时期径流各种等值线图，一般需将系列延长；年内部分月份缺测的测站，为使年径流量完整需进行插补。

（1）月径流资料的插补延长：

1）利用水位资料插补：对于有水位资料而未推流的月份，可借用相近年份的水位流量关系推流，但要分析水位流量关系的稳定性和外延精度。

2）枯季缺测月径流资料插补方法包括：①历年均值法——缺测月份的月流量历年变幅不大时，可用历年均值代替；②趋势法——枯季降水很少、退水过程比较稳定时，可根据前、后月资料的变化趋势插补；③上下游站月流量相关法。

3）汛期缺测月径流资料插补：可用上下游站或相邻流域月径流相关法、月降水量—月径流相关法等。

4）冰期缺测月径流资料插补：北方河流冰期退水规律受气温影响，可分别建立结冰前、结冰期、融冰期月径流以气温作为参变数的相关曲线，插补冰期缺测月径流资料。

（2）年径流资料的插补延长：

1）上、下游站的年径流相关法。

2）与自然地理条件相近的邻近流域站建立相关关系。

3）流域平均年降水量与年径流量相关。

4）汛期径流量与年径流量相关。

2. 径流一致性分析

人类活动对河川径流量的影响，主要表现在两个方面：①随着社会和经济的发展，河道外引用消耗的水量不断增加，直接造成河川径流量的减少；②由于工农业生产、基础设施建设和生态环境建设改变了流域的下垫面条件（包括植被、土壤、水面、耕地等因素），导致人渗、径流、蒸散发等水平衡要素的变化，从而造成产流量的减少或增加。上述人类活动的影响，改变了径流资料的一致性，在运用数理统计法计算地表水资源量时，必须对径流资料进行处理。对于上述第一方面的影响，可以用还原方法进行水量还原，但是对于第二方面的影响即下垫面变化对径流的影响，则无法作出定量的估算，所以，需要对还原后的天然径流系列进行一致性修正，以得到反映近期下垫面条件下的天然径流量系列。

径流还原基本采用分项调查还原法，径流还原以月为计算时段，即逐年、逐月还原。还原计算以分项调查为主，按河系自上而下并按水文站控制断面分段进行，再累计计算。

还原后天然月径流量 r，用下列水量平衡方程式计算（时段均为月）：

$$W_{天然}=W_{实测}+W_{灌耗}+W_{工耗}+W_{生耗}\pm\Delta V_{库变}+W_{库渗}\pm W_{引(排)}+W_{决口} \tag{3-14}$$

式中 $W_{天然}$——还原后的天然径流量，亿 m^3；

$W_{实测}$——水文站实测径流量，亿 m^3；

$W_{灌耗}$——灌溉耗水还原量，亿 m^3；

$W_{工耗}$——工业耗水还原量，亿 m^3；

$W_{生耗}$——生活耗水还原量，亿 m^3；

$\Delta V_{库变}$——时段始末水库蓄水变量（增加为正、减少为负），亿 m^3；

$W_{引(排)}$——跨流域引（排）水所增加或减少的水量，亿 m^3；

$W_{决口}$——分洪、决口水量，亿 m^3；

$W_{库渗}$ ——水库渗漏水量（库渗项对还原坝址断面径流而言，必须计算；对下游站而言，一般仍可回到断面上，可以不计），亿 m^3。

3. 年径流一致性修正

年径流一致性修正系列的确定：采用双累积相关法或其他方法，大致判断径流变化的转折年份，即用年降水量累积值与天然年径流量累积值关系线，其相关曲线斜率的转折点即为径流变化转折年份；此年份及其之后年段的年径流量系列为近期下垫面条件下的年径流系列，此年份之前年段的年径流量系列需要进行一致性修正。

作出拟修正站两个系列降水—径流相关图，用不同量级的降水 P_1、P_2、P_3、… 分别由两个系列年降水 — 径流相关图求出 R_1、R_2、R_3、… 和 r_1、r_2、r_3、…，并求出 R_i 与 P_i 的比值 K_i，再建立 $P—K$ 关系。用需要进行一致性修正系列的逐年的降水从 $P—K$ 关系图上求出逐年修正系数，逐年径流量分别与相应年的修正系数相乘求得修正后的年径流系列。

二、河川径流量的时空分布

（一）时间分布

受多种因素的影响，河川径流量在年内和年际间的分配具有很大差别，在水资源计算评价的过程中，研究径流的时间分配具有很重要的意义。

1. 多年平均径流量的年内分配

河川径流量的年内分配常用多年平均的月径流过程、多年平均的连续最大四个月径流百分率和枯水期径流百分率来表示。

多年平均的月径流过程，常用直方图表示，可以一目了然地表述该区域的月径流过程，如图 3-2 所示。

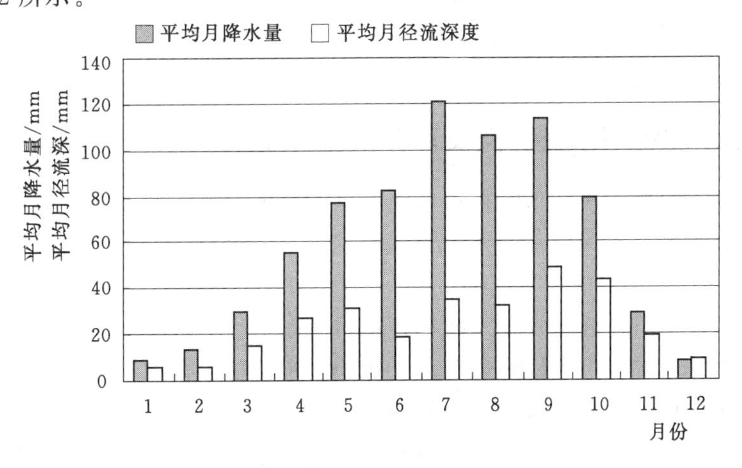

图 3-2　某区域多年平均月径流量过程图

连续最大四个月径流占多年平均径流量的百分率，可以用来表述径流量年内分配的不均匀程度，在北方地区该比例通常超过 70%，径流的年内分配高度集中，为水资源的合理利用带来困难。

枯水期径流百分率是指枯水期径流量占全年径流量的比例。根据不同用水户的需要，枯水期可以有不同的选择，如对于灌溉来说，枯水期可以选择 5—6 月；对于航运来说，枯水期可以选择11月至翌年4月。枯水期径流百分率可以反映对工程不利情况下水资源量的分配情况。

2. 不同频率典型年径流量的年内分配

根据实际应用的需要，有时单纯分析多年平均年径流量的年内分配是无法满足要求的，这时需要根据实际要求选取不同频率下的河川径流年内分配。通常的做法是，对年河川径流序列作频率分析，选择相应频率的典型年作为代表，分析该年度的径流年内分配，作为该频率典型年的径流年内分配。在选取典型年时要注意选取分配最不利的情况。

3. 河川径流量的年际变化

河川径流的年际变化，可以用变差系数C_V值表示。一般情况下，年径流变差系数越大说明径流量的年际变化越剧烈。除了用C_V值表示，径流量的年际变化还可以用极值比来表示，即在一定长度的年径流序列中最大值与最小值的比值。

径流序列的年际变化还可以通过分析周期变化来表示，小波分析、方差分析、滑动平均等方法都可以用来分析河川径流的周期变化。

（二）空间分布

研究区域内河川径流的空间分布很大程度上取决于该区域降水量的空间分布，以及下垫面的情况。通常采用区域内多年平均年径流深、变差系数C_V的等值线图，以及C_V/C_S的分区图来描述河川径流的空间分布特征。

第四节　地下水资源量计算

地下水资源量的计算过程比较复杂，涉及的水文地质参数较多，本节的内容主要依据《地下水资源量及可开采量补充细则（试行）》（水利部水利水电规划设计总院，2002年10月）的内容编写。

一、地下水和地下水资源量及可开采量的概念

（1）本节研究的地下水是指赋存于地表面以下岩土空隙中的饱和重力水。储存在包气带中非饱和状态的重力水（即土壤水）以及在含水层中饱和状态的非重力水（如结合水等），都不属于本节界定的地下水。

（2）地下水在垂向上分层发育。赋存在地表面以下第一含水层组内、直接受当地降水和地表水体补给、具有自由水位的地下水，称为潜水；赋存在潜水以下、与当地降水和地表水体没有直接补排关系的各含水层组的地下水，称为承压水。

（3）浅层地下水。埋藏相对较浅、由潜水及与当地潜水具有较密切水力联系的弱承压水组成的地下水称为浅层地下水。

（4）深层承压水。埋藏相对较深、与当地浅层地下水没有直接水力联系的地下水，称为深层承压水。

（5）地下水资源量。指地下水中参与水循环且可以更新的动态水量（不含井灌回归补给量）。

（6）地下水可开采量。指在可预见的时期内，通过经济合理、技术可行的措施，在不

引起生态环境恶化条件下允许从含水层中获取的最大水量。

二、基础资料

(1) 地形、地貌及水文地质资料。
(2) 水文气象资料。
(3) 地下水水位动态监测资料。
(4) 地下水实际开采量资料(要求分别列出浅层地下水和深层承压水的各项用水量)。
(5) 因开发利用地下水引发的生态环境恶化状况。
(6) 引灌资料。
(7) 水均衡试验场、抽水试验等成果,前人有关研究、工作成果。
(8) 其他有关资料。

三、地下水类型区的划分

地下水类型区(以下简称"类型区")要求按3级划分,同一类型区的水文及水文地质条件比较相近,不同类型区之间的水文及水文地质条件差异明显。各级类型区名称及划分依据见表3-2。

表3-2 地下水资源计算类型区名称及划分依据

<table>
<tr><th colspan="2">Ⅰ级类型区</th><th colspan="2">Ⅱ级类型区</th><th colspan="2">Ⅲ级类型区</th></tr>
<tr><th>划分依据</th><th>名称</th><th>划分依据</th><th>名称</th><th>划分依据</th><th>名称</th></tr>
<tr><td rowspan="12">区域地形地貌特征</td><td rowspan="8">平原区</td><td rowspan="12">次级地形地貌特征、含水层岩性及地下水类型</td><td rowspan="2">一般平原区</td><td rowspan="12">水文地质条件、地下水埋深、包气带岩性及厚度</td><td>均衡计算区</td></tr>
<tr><td>……</td></tr>
<tr><td rowspan="2">内陆盆地平原区</td><td>均衡计算区</td></tr>
<tr><td>……</td></tr>
<tr><td rowspan="2">山间平原区(包括山间盆地平原区、山间河谷平原区和黄土高原台塬区)</td><td>均衡计算区</td></tr>
<tr><td>……</td></tr>
<tr><td rowspan="2">沙漠区</td><td>均衡计算区</td></tr>
<tr><td>……</td></tr>
<tr><td rowspan="4">山丘区</td><td rowspan="2">一般山丘区</td><td>均衡计算区</td></tr>
<tr><td>……</td></tr>
<tr><td rowspan="2">岩溶山区</td><td>均衡计算区</td></tr>
<tr><td>……</td></tr>
</table>

四、水文地质参数的确定方法

水文地质参数是各项补给量、排泄量以及地下水蓄变量计算的重要依据。各地应根据有关基础资料(包括已有资料和开展观测、试验、勘查工作所取得的新成果资料)进行综合分析、计算，确定出适合于当地近期的参数值。

（一）给水度 μ 值

给水度是指饱和岩土在重力作用下自由排出的重力水的体积与该饱和岩土体积的比值。μ 值大小主要与岩性及其结构特征（如岩土的颗粒级配、孔隙裂隙的发育程度及密实度等）有关；此外，第四系孔隙水在浅埋深（地下水埋深小于地下水毛细管上升高度）时，同一岩性其 μ 值随地下水埋深减小而减小。

确定给水度的方法很多，目前在区域地下水资源量评价工作中常用的方法有如下几种。

1. 抽水试验法

抽水试验法适用于典型地段特定岩性给水度测定。在含水层满足均匀无限（或边界条件允许简化）的地区，可采用抽水试验测定的给水度成果。

2. 地中渗透仪测定法和筒测法

通过均衡场地中渗透仪测定（测定的是特定岩性给水度）或利用特制的测筒进行筒测，即利用测筒（一般采用截面积为 $3000cm^2$ 的圆铁筒）在野外采取原状土样，在室内注水令土样饱和后，测量自由排出的重力水体积，以排出的重力水体积与饱和土样体积的比值定量为该土样的给水度。这两种测定方法直观、简便，特别是筒测法，可测定黏土、亚黏土、亚砂土、粉细砂、细砂等岩土的给水度 μ 值。

3. 实际开采量法

该方法适用于地下水埋深较大（此时，潜水蒸发量可忽略不计）且受侧向径流补排、河道补排和渠灌入渗补给都十分微弱的井灌区的给水度 μ 值测定。根据无降水时段（称计算时段）内观测区浅层地下水实际开采量、潜水水位变幅，采用下式计算给水度 μ 值：

$$\mu = \frac{Q_{开}}{F\Delta h} \tag{3-15}$$

式中　$Q_{开}$ ——计算时段内观测区浅层地下水实际开采量，m^3；

Δh ——计算时段内观测区浅层地下水平均水位降幅，m；

F ——观测区面积，m^2。

在选取计算时段时，应注意避开动水位的影响。为提高计算精度，可选取开采强度较大、能观测到开采前和开采后两个较稳定的地下水水位且开采前后地下水水位降幅较大的集中开采期作为计算时段。

（二）降水入渗补给系数 α 值

降水入渗补给系数 α 是指降水入渗补给量 P_r 与相应降水量 P 的比值，即 $\alpha = P_r/P$ 。影响 α 值大小的因素很多，主要有包气带岩性、地下水埋深、降水量大小和强度、土壤前期含水量、微地形地貌、植被及地表建筑设施等。目前，确定 α 值的方法主要有地下水水位动态资料计算法、地中渗透仪测定法和试验区水均衡观测资料分析法等。具体计算方法可参考相关书籍，本节中不在叙述。

（三）潜水蒸发系数 C 值

潜水蒸发系数是指潜水蒸发量 E 与相应计算时段的水面蒸发量 E_0 的比值，即 $C = E/E_0$。水面蒸发量 E_0、包气带岩性、地下水埋深 Z 和植被状况是影响潜水蒸发系数 C 的

主要因素。可利用浅层地下水水位动态观测资料通过潜水蒸发经验公式拟合分析计算：

$$E=kE_0\left(1-\frac{z}{z_0}\right)^n \tag{3-16}$$

式中　z_0——极限埋深，m，即潜水停止蒸发时的地下水埋深，黏土 $z_0=5$m 左右，亚黏土 $z_0=4$m 左右，亚砂土 $z_0=3$m 左右，粉细砂 $z_0=2.5$m 左右；

n——经验指数，无因次，一般为1.0～2.0，应通过分析，合理选用；

k——作物修正系数，无因次，无作物时 k 取0.9～1.0，有作物时 k 取1.0～1.3；

z——潜水埋深，m；

E、E_0——潜水蒸发量和水面蒸发量，mm。

还可根据水均衡试验场地中渗透仪对不同岩性、地下水埋深、植被条件下潜水蒸发量 E 的测试资料与相应水面蒸发量 E_0 计算潜水蒸发系数 C。分析计算潜水蒸发系数 C 时，使用的水面蒸发量 E_0 一律为 E_{601} 型蒸发器的观测值，应用其他型号的蒸发器观测资料时，应换算成 E_{601} 型蒸发器的数值(换算系数可采用本次规划中蒸发能力评价成果)。

（四）灌溉入渗补给系数 β 值

灌溉入渗补给系数（包括渠灌田间入渗补给系数 $\beta_{渠}$ 和井灌回归补给系数 $\beta_{井}$）是指田间灌溉入渗补给量 h_r 与进入田间的灌水量 $h_{灌}$（渠灌时，$h_{灌}$ 为进入斗渠的水量；井灌时，$h_{灌}$ 为实际开采量）的比值，即 $\beta=h_r/h_{灌}$。影响 β 值大小的因素主要是包气带岩性、地下水埋深、灌溉定额及耕地的平整程度。

（五）渠系渗漏补给系数 m 值

渠系渗漏补给系数是指渠系渗漏补给量 $Q_{渠系}$ 与渠首引水量 $Q_{渠首引}$ 的比值，即 $m=Q_{渠系}/Q_{渠首引}$。渠系渗漏补给系数 m 值的主要影响因素是渠道衬砌程度、渠道两岸包气带和含水层岩性特征、地下水埋深、包气带含水量、水面蒸发强度以及渠系水位和过水时间。

（六）渗透系数 K 值

渗透系数为水力坡度（又称水力梯度）等于1时的渗透速度（单位：m/d）。影响渗透系数 K 值大小的主要因素是岩性及其结构特征。确定渗透系数 K 值有抽水试验、室内仪器(吉姆仪、变水头测定管)测定、野外同心环或试坑注水试验以及颗粒分析、孔隙度计算等方法。其中，采用稳定流或非稳定流抽水试验，并在抽水井旁设有水位观测孔，确定 K 值的效果最好。上述方法的计算公式及注意事项、相关要求等可参阅有关水文地质书籍。

（七）导水系数、弹性释水系数、压力传导系数及越流系数

导水系数 T 是表示含水层导水能力大小的参数，在数值上等于渗透系数 K 与含水层厚度 M 的乘积（单位：m^2/d），即 $T=KM$。T 值大小的主要影响因素是含水层岩性特征和厚度。

弹性释水系数 μ^*（又称弹性储水系数，无因次）是表示当承压含水层地下水水位变化1m时从单位面积（$1m^2$）含水层中释放（或贮存）的水量。μ^* 的主要影响因素是承压含水层的岩性及埋藏部位。μ^* 的取值范围一般为 10^{-4}～10^{-5} 左右。

压力传导系数 a(又称水位传导系数)是表示地下水的压力传播速度的参数，在数值上

等于导水系数 T 与释水系数（潜水时为给水度 μ，承压水时为弹性释水系数 μ^*）的比值（单位：m^2/d），即：$a=T/\mu$ 或 $a=T/\mu^*$。a 值大小的主要影响因素是含水层的岩性特征和厚度。

越流系数 k_e 是表示弱透水层在垂向上的导水性能，在数值上等于弱透水层的渗透系数 K' 与该弱透水层厚度 M' 的比值，即 $k_e=K'/M'$（式中，k_e 的单位为 m/(d·m) 或 1/d，K' 的单位为 m/d，M' 的单位为 m）。影响 k_e 值大小的主要因素是弱透水层的岩性特征和厚度。

T、μ^*、a、k_e 等水文地质参数均可用稳定流抽水试验或非稳定流抽水试验的相关资料分析计算，计算公式等可参阅有关水文地质书籍。

（八）缺乏有关资料地区水文地质参数的确定

缺乏地下水水位动态观测资料、水均衡试验场资料和其他野外或室内试验资料的地区，可根据类比法原则，移用条件相同或相似地区的有关水文地质参数。移用时，应根据移用地区与被移用地区间在水文气象、地下水埋深、水文地质条件等方面的差异，进行必要的修正。

五、平原区各项补给量、排泄量、地下水总补给量、地下水资源量、地下水蓄变量的计算方法和水均衡分析

要求计算各地下水Ⅲ级类型区（或均衡计算区）近期条件下各项补给量、排泄量以及地下水总补给量、地下水资源量和地下水蓄变量，并将这些计算成果分配到各计算分区（即水资源三级区套地级行政区）中。

（一）各项补给量的计算方法

补给量包括降水入渗补给量、河道渗漏补给量、库塘渗漏补给量、渠系渗漏补给量、渠灌田间入渗补给量、人工回灌补给量、山前侧向补给量和井灌回归补给量。

1. 降水入渗补给量

降水入渗补给量是指降水（包括坡面漫流和填洼水）渗入到土壤中并在重力作用下渗透补给地下水的水量。降水入渗补给量一般采用下式计算：

$$P_r=10^{-1}P\alpha F \tag{3-17}$$

式中　P_r——降水入渗补给量，万 m^3；

P——降水量，mm；

α——降水入渗补给系数，无因次；

F——均衡计算区计算面积，km^2。

2. 河道渗漏补给量

当河道水位高于河道岸边地下水水位时，河水渗漏补给地下水，要求计算出河道对地下水的补给量。

河道渗漏补给量可采用水文分析法和地下水动力学（剖面法）方法计算。

（1）水文分析法。该法适用于河道附近无地下水水位动态观测资料但具有完整的计量河水流量资料的地区：

$$Q_{河补}=(Q_{上}-Q_{下}+Q_{区入}-Q_{区出})(1-\lambda)\frac{L}{L'} \quad (3-18)$$

式中 $Q_{河补}$——河道渗漏补给量，万 m^3；

$Q_{上}$，$Q_{下}$——河道上、下水文断面实测河川径流量，万 m^3；

$Q_{区入}$——上、下游水文断面区间汇入该河段的河川径流量，万 m^3；

$Q_{区出}$——上、下游水文断面区间引出该河段的河川径流量，万 m^3；

λ——修正系数，即上、下两个水文断面间河道水面蒸发量、两岸浸润带蒸发量之和占（$Q_{上}-Q_{下}+Q_{区入}-Q_{区出}$）的比率，无因次，可根据有关测试资料分析确定；

L——计算河道或河段的长度，m；

L'——上、下两水文断面间河段的长度，m。

(2) 地下水动力学法（剖面法）。当河道水位变化比较稳定时，可沿河道岸边切割剖面，通过该剖面的水量即为河水对地下水的补给量。单侧河道渗漏补给量采用达西公式计算：

$$Q_{河补}=10^{-4}\cdot K\cdot I\cdot A\cdot L\cdot t \quad (3-19)$$

式中 $Q_{河补}$——单侧河道渗漏补给量，万 m^3；

K——剖面位置的渗透系数，m/d；

I——垂直于剖面的水力坡度，无因次；

A——单位长度河道垂直于地下水流向的剖面面积，m^2/m；

L——河道或河段长度，m；

t——河道或河段过水（或渗漏）时间，d。

若河道或河段两岸水文地质条件类似且都有渗漏补给时，则式（3-18）计算的 $Q_{河补}$ 的 2 倍即为该河道或河段两岸的渗漏补给量。剖面的切割深度应是河水渗漏补给地下水的影响带（该影响带的确定方法参阅有关水文地质书籍）的深度；当剖面为多层岩性结构时，K 值应取用计算深度内各岩土层渗透系数的加权平均值。

计算多年平均单侧河道渗漏补给量时，I、A、L、t 等计算参数应采用多年平均值。

3. 库塘渗漏补给量

当位于平原区的水库、湖泊、塘坝等蓄水体的水位高于岸边地下水水位时，库塘等蓄水体渗漏补给岸边地下水，要求对位于平原区的、总库容大于 1000 万 m^3 的大中型水库和湖泊的渗漏补给量进行计算，并将跨水资源一级区调水形成的库塘渗漏补给量单独列出。计算方法有下列两种：

(1) 地下水动力学法（剖面法）。沿库塘周边切割剖面，利用公式（3-18）计算，技术要求基本与计算河道渗漏补给量时相同，只是库塘不存在两岸补给情况。

(2) 出入库塘水量平衡法。计算公式：

$$Q_{库}=Q_{入库}+P_{库}-E_0-Q_{出库}-E_{浸}\pm Q_{库蓄} \quad (3-20)$$

式中 $Q_{库}$——库塘渗漏补给量；

$Q_{入库}$、$Q_{出库}$——入库塘水量和出库塘水量；

E_0——库塘的水面蒸发量（采用 E_{601} 蒸发器的观测值或换算成 E_{601} 型蒸发器的

蒸发量)；

$P_{库}$ ——库塘水面的降水量；

$E_{浸}$ ——库塘周边浸润带蒸发量；

$Q_{库蓄}$ ——库塘蓄变量（即年初、年末库塘蓄水量之差，当年初库塘蓄水量较大时取“+”值，当年末库塘蓄水量较大时取“－”值）。

计算多年平均库塘渗漏补给量时，各单位均为万 m^3，相关计算参数应采用多年平均值。

4. 渠系渗漏补给量

渠系是指干、支、斗、农、毛各级渠道的统称。渠系水位一般均高于其岸边的地下水水位，故渠系水一般均补给地下水。渠系水补给地下水的水量称为渠系渗漏补给量。本次评价要求只计算干、支两级渠道的渗漏补给量，并要求将跨水资源一级区调水形成的渠系渗漏补给量单独列出。计算方法有下列两种：

(1) 地下水动力学法（剖面法）。沿渠系岸边切割剖面，计算渠系水通过剖面补给地下水的水量，采用式（3－19）计算，技术要求与河道渗漏补给量时相同。

(2) 渠系渗漏补给系数法。计算公式：

$$Q_{渠系}=mQ_{渠首引} \tag{3-21}$$

式中　$Q_{渠首引}$ ——渠首引水量，万 m^3；

m ——渠系渗漏补给系数，无因次。

利用地下水动力学法或渠系渗漏补给系数法，计算多年平均渠系渗漏补给量 $Q_{渠系}$ 时，相关计算参数应采用多年平均值。

5. 渠灌田间入渗补给量

渠灌田间入渗补给量是指渠灌水进入田间后，入渗补给地下水的水量。本次评价要求将斗、农、毛三级渠道的渗漏补给量纳入渠灌田间入渗补给量。要求将跨水资源一级区调水形成的渠灌田间入渗补给量单独列出。渠灌田间入渗补给量可利用下式计算：

$$Q_{渠灌}=\beta_{渠}\cdot Q_{渠田} \tag{3-22}$$

式中　$Q_{渠灌}$ ——渠灌田间入渗补给量，万 m^3；

$\beta_{渠}$ ——渠灌田间入渗补给系数，无因次；

$Q_{渠田}$ ——渠灌水进入田间的水量，应用斗渠渠首引水量，万 m^3。

计算多年平均渠灌田间入渗补给量时，$Q_{渠田}$ 采用多年平均值，$\beta_{渠}$ 采用近期地下水埋深和灌溉定额条件下的分析成果。

6. 人工回灌补给量

人工回灌补给量是指通过井孔、河渠、坑塘或田面等方式，人为地将地表水等灌入地下且补给地下水的水量。可根据不同的回灌方式采用不同的计算方法，例如井孔回灌，可采用调查统计回灌量的方法；河渠、坑塘或田面等方式的人工回灌补给量，可分别按计算河道渗漏补给量、渠系渗漏补给量、库塘渗漏补给量或渠灌田间入渗补给量的方法进行计算。要求将跨水资源一级区调水为回灌水源所形成的人工回灌补给量单独列出。

7. 地表水体补给量

地表水体补给量是指河道渗漏补给量、库塘渗漏补给量、渠系渗漏补给量、渠灌田间

入渗补给量及以地表水为回灌水源的人工回灌补给量之和。要求将跨水资源一级区调水形成的地表水体补给量单独列出。为计算平原区地下水资源量与上游山丘区地下水资源量间的重复计算量，要求将本水资源一级区引水中由河川基流形成的地表水体补给量区分出来。由河川基流量形成的地表水体补给量，可根据地表水体中河川基流量占河川径流量的比率确定。

8. 山前侧向补给量

山前侧向补给量是指发生在山丘区与平原区交界面上，山丘区地下水以地下潜流形式补给平原区浅层地下水的水量。山前侧向补给量可采用剖面法利用达西公式计算：

$$Q_{山前侧} = 10^{-4} \cdot K \cdot I \cdot A \cdot t \tag{3-23}$$

式中　$Q_{山前侧}$——年山前侧向补给量，万 m^3；

K——剖面位置的渗透系数，m/d；

I——垂直于剖面的水力坡度，无因次；

A——剖面面积，m^2；

t——时间，采用 365d。

9. 井灌回归补给量

井灌回归补给量是指井灌水（系浅层地下水）进入田间后，入渗补给地下水的水量，井灌回归补给量包括井灌水输水渠道的渗漏补给量。井灌回归补给量可利用下式计算：

$$Q_{井灌} = \beta_{井} \cdot Q_{井田} \tag{3-24}$$

式中　$Q_{井灌}$——井灌回归补给量，万 m^3；

$\beta_{井}$——井灌回归补给系数，无因次；

$Q_{井田}$——井灌水进入田间的水量，使用浅层地下水实际开采量中用于农田灌溉的部分，万 m^3。

计算多年平均井灌回归补给量时，$Q_{井田}$ 采用多年平均值，$\beta_{井}$ 采用近期地下水埋深和灌溉定额条件下灌溉入渗补给系数的分析成果。

（二）地下水总补给量和地下水资源量的计算方法

计算区域内各项多年平均补给量之和为多年平均地下水总补给量。多年平均地下水总补给量减去多年平均井灌回归补给量，其差值即为多年平均地下水资源量。

（三）各项排泄量的计算方法

排泄量包括潜水蒸发量、河道排泄量、侧向流出量和浅层地下水实际开采量，均要求计算多年平均值。

1. 潜水蒸发量

潜水蒸发量是指潜水在毛细管作用下，通过包气带岩土向上运动造成的蒸发量，包括棵间蒸发量和被植物根系吸收造成的叶面蒸散发量两部分。计算方法主要有以下两种。

（1）潜水蒸发系数法：

$$E = 10^{-1} \cdot E_0 \cdot C \cdot F \tag{3-25}$$

式中　E——潜水蒸发量，万 m^3；

E_0——水面蒸发量，采用 E_{601} 型蒸发器的观测值或换算成 E_{601} 型蒸发器的蒸发量，mm；

C ——潜水蒸发系数，无因次；

F ——计算面积，km^2。

计算多年平均潜水蒸发量时，计算参数 E_0、C 应采用多年平均值。

(2) 经验公式计算法。采用潜水蒸发经验公式，即式 (3-15)，计算用深度表示的潜水蒸发量，mm，再根据均衡计算区的计算面积，换算成用体积表示的潜水蒸发量，万 m^3。采用此法计算均衡计算区多年平均潜水蒸发量时，Δh、Z、E_0 等计算参数应采用多年平均值。

2. 河道排泄量

当河道内河水水位低于岸边地下水水位时，河道排泄地下水，排泄的水量称为河道排泄量。计算方法、计算公式和技术要求同河道渗漏补给量的计算。

3. 侧向流出量

以地下潜流形式流出评价计算区的水量称为侧向流出量。一般采用地下水动力学法（剖面法）计算，即沿均衡计算区的地下水下游边界切割计算剖面，利用式 (3-22) 计算侧向流出量。

4. 浅层地下水实际开采量

各计算区的浅层地下水实际开采量应通过调查统计得出。可采用各计算区的多年平均浅层地下水实际开采量调查统计成果作为各相应均衡计算区的多年平均浅层地下水实际开采量。

(四) 总排泄量的计算方法

各计算区内各项多年平均排泄量之和为该均衡计算区的多年平均总排泄量。

(五) 浅层地下水蓄变量的计算方法

浅层地下水蓄变量是指均衡计算区计算时段初浅层地下水储存量与计算时段末浅层地下水储存量的差值。通常采用下式计算：

$$\Delta W = 10^2 \cdot (h_1 - h_2) \cdot \mu \cdot \frac{F}{t} \tag{3-26}$$

式中　ΔW ——年浅层地下水蓄变量，万 m^3；

h_1 ——计算时段初地下水水位，m；

h_2 ——计算时段末地下水水位，m；

μ ——地下水水位变幅带给水度，无因次；

F ——计算面积，km^2；

t ——计算时段长度，a。

计算多年平均浅层地下水蓄变量时，h_1、h_2 应分别采用计算序列起、迄年份的年均值。当 $h_1 > h_2$（或 $Z_1 < Z_2$）时，ΔW 为“+”；当 $h_1 < h_2$（或 $Z_1 > Z_2$）时，ΔW 为“-”；当 $h_1 = h_2$（或 $Z_1 = Z_2$）时，$\Delta W = 0$。

(六) 水均衡分析

水均衡是指均衡计算区或计算分区内多年平均地下水总补给量与总排泄量的均衡关系，即 $Q_{总补} = Q_{总排}$。在人类活动影响和均衡期间代表多年的年数并非足够多的情况下，水均衡还与均衡期间的浅层地下水蓄变量（ΔW）有关，因此，在实际应用水均衡理论

时，一般指均衡期间多年平均地下水总补给量、总排泄量和浅层地下水蓄变量三者之间的均衡关系，即

$$\left.\begin{aligned}&Q_{总补}-Q_{总排}\pm\Delta W=X\\&\frac{X}{总补}\times100\%=\delta\end{aligned}\right\}\tag{3-27}$$

式中　X——绝对均衡差，万 m^3；

δ——相对均衡差，无因次，用%表示。

$|X|$ 值或 $|\delta|$ 值较小时，可近似判断为 $Q_{总补}$、$Q_{总排}$、ΔW 三项计算成果的计算误差较小，亦即计算精确程度较高；$|X|$ 值或 $|\delta|$ 值较大时，可近似判断为 $Q_{总补}$、$Q_{总排}$、ΔW 三项计算成果的计算误差较大，亦即计算精确程度较低。

为提高计算成果的可靠性，本次评价要求对平原区的各个水资源三级区逐一进行水均衡分析，当水资源三级区的 $|\delta|>20\%$ 时，要求对该水资源三级区的各项补给量、排泄量和浅层地下水蓄变量进行核算，必要时，对某个或某些计算参数做合理调整，直至其 $|\delta|\leqslant20\%$ 为止。

六、平原区浅层地下水可开采量的计算方法

（一）实际开采量调查法

实际开采量调查法适用于浅层地下水开发利用程度较高、浅层地下水实际开采量统计资料较准确、完整且潜水蒸发量不大的地区。若某地区在1990—2015年期间、1990年年初、2015年年末的地下水水位基本相等，则可以将该期间多年平均浅层地下水实际开采量近似确定为该地区多年平均浅层地下水可开采量。

（二）可开采系数法

可开采系数法适用于含水层水文地质条件研究程度较高的地区。这些地区，浅层地下水含水层的岩性组成、厚度、渗透性能及单井涌水量、单井影响半径等开采条件掌握得比较清楚。

所谓可开采系数 ρ，是指某地区的地下水可开采量（$Q_{可开}$）与同一地区的地下水总补给量（$Q_{总补}$）的比值，即 $\rho=Q_{可开}/Q_{总补}$，无因次。ρ 应不大于1。确定了可开采系数 ρ，就可以根据地下水总补给量 $Q_{总补}$，确定出相应的可开采量 $Q_{可开}$，即 $Q_{可开}=\rho Q_{总补}$。可开采系数 ρ 是以含水层的开采条件为定量依据：ρ 值越接近1，说明含水层的开采条件越好；ρ 值越小，说明含水层的开采条件越差。

确定可开采系数 ρ 时，应遵循以下基本原则：

（1）由于浅层地下水总补给量中，可能有一部分要消耗于水平排泄和潜水蒸发，故可开采系数 ρ 应不大于1。

（2）对于开采条件良好，特别是地下水埋藏较深、已造成水位持续下降的超采区，应选用较大的可开采系数，参考取值范围为0.8～1.0。

（3）对于开采条件一般的地区，宜选用中等的可开采系数，参考取值范围为0.6～0.8。

（4）对于开采条件较差的地区，宜选用较小的可开采系数，参考取值范围为不大于0.6。

（三）多年调节计算法

多年调节计算法适用于已求得不同岩性、地下水埋深的各个水文地质参数，且具有为水利规划或农业区划制订的井、渠灌区的划分以及农作物组成和复种指数、灌溉定额和灌溉制度、连续多年降水过程等资料的地区。

地下水的调节计算，是将历史资料系列作为一个循环重复出现的周期看待，并在多年总补给量与多年总排泄量相平衡的原则基础上进行的。所谓调节计算，是根据一定的开采水平、用水要求和地下水的补给量，分析地下水的补给与消耗的平衡关系。通过调节计算，既可以探求在连续枯水年份地下水可能降到的最低水位，又可以探求在连续丰水年份地下水最高水位的持续时间，还可以探求在丰、枯交替年份在以丰补欠的模式下开发利用地下水的保证程度，从而确定调节计算期（可近似代表多年）适宜的开采模式、允许地下水水位降深及多年平均可开采量。

多年调节计算法有长系列和代表周期两种。前者选取长系列作为调节计算期，以年为调节时段，并以调节计算期间的多年平均总补给量与多年平均总废弃水量之差作为多年平均地下水可开采量；后者选取包括丰、平、枯在内的8～10年一个代表性降水周期作为调节计算期，以补给时段和排泄时段为调节时段，并以调节计算期间的多年平均总补给量与难以夺取的多年平均总潜水蒸发量之差作为多年平均地下水可开采量。具体调节计算方法可参见有关专著。

（四）类比法

缺乏资料的地区，可根据水文及水文地质条件类似地区的可开采量计算成果，采用类比法估算可开采量。

在生态环境比较脆弱的地区，应用上述各种方法（特别是应用多年调节计算法）计算平原区可开采量时，必须注意控制地下水水位。例如，为防止荒漠化，应以林草生长所需的极限地下水埋深作为约束条件；为预防海水入侵（或咸水入侵），应始终保持地下淡水水位与海水水位（或地下咸水水位）间的平衡关系。

除平原区外，山丘区、山丘-平原混合区地下水资源量，及可开采量均有相应的计算方法，由于篇幅的关系，本节不作详细介绍，具体方法可参照《地下水资源量及可开采量补充细则（试行）》（水利部水利水电规划设计总院，2002年10月）的内容。

第五节 区域水资源量的估算

一、水资源总量的计算

一定区域内的水资源总量是指当地降水形成的地表和地下水量，即河川径流量与降水入渗补给量之和。水资源总量并不是地表水资源量和地下水资源量的简单相加，在计算的过程中，需要扣除两者之间相互转化所产生的重复水量，计算公式见（3-5）。区域水资源总量的计算项目包括多年平均水资源总量和不同频率典型年的水资源总量。

（一）多年平均水资源总量的计算

对于不同的地形地貌条件，多年平均水资源量的计算略有差异，但基本的计算原理都是对公式（3－5）的引申。

在平原区，地表水和地下水相互转化的重复水量为平原区河川基流和地表水体的渗漏补给，计算平原地区多年平均水资源量时，公式（3－5）可以改写为如下形式：

$$\overline{W}_{总}=\overline{W}_{地表}+\overline{W}_{地下}-\overline{W}_{基流}-\overline{W}_{渗漏} \tag{3-28}$$

在山丘区，地表水和地下水相互转化的重复水量为河川基流，计算山丘地区多年平均水资源量时，公式（3－5）可以改写为如下形式：

$$\overline{W}_{总}=\overline{W}_{地表}+\overline{W}_{地下}-\overline{W}_{基流} \tag{3-29}$$

式中　$\overline{W}_{基流}$——平原区或山丘区的多年平均河川基流量，亿 m^3；

$\overline{W}_{渗漏}$——平原区的多年平均地表水体渗流量，亿 m^3；

其他符号同前。

（二）不同频率水资源总量的计算

不同频率水资源总量的计算不能简单采用典型年的水资源总量计算，必须先求得区域内水资源总量的系列，然后通过频率分析计算。

二、水资源可利用量的估算

水资源可利用量是水资源总量的一部分，分为地表水可利用量和地下水可利用量。在计算时，水资源可利用量为扣除重复水量的地表水资源可利用量和地下水资源可开采量，其中地下水可开采量的计算见本章第五节。本节主要介绍地表水资源可利用量的估算，主要依据《水资源可利用量估算方法（试行）》《地表水资源可利用量计算补充技术细则》。

地表水资源可利用量是指在可预见的时期内，在统筹考虑河道内生态环境和其他用水的基础上，通过经济合理、技术可行的措施，在流域（或水系）地表水资源量中，可供河道外生活、生产、生态用水的一次性最大水量（不包括回归水的重复利用）。水资源可利用总量是指在可预见的时期内，在统筹考虑生活、生产和生态环境用水的基础上，通过经济合理、技术可行的措施，在流域水资源总量中可以一次性利用的最大水量。

（一）地表水资源可利用量的分析计算方法

1. 不可以被利用水量与不可能被利用水量

地表水资源量包括不可以被利用水量和不可能被利用的水量。

不可以被利用水量是指不允许利用的水量，以免造成生态环境恶化及被破坏的严重后果，即必须满足的河道内生态环境用水量。

不可能被利用水量是指受种种因素和条件的限制，无法被利用的水量，主要包括：超出工程最大调蓄能力和供水能力的洪水量；在可预见时期内受工程经济技术性影响不可能被利用的水量；以及在可预见的时期内超出最大用水需求的水量等。

2. 倒算法与正算法（倒扣计算法与直接计算法）

多年平均水资源可利用量计算可采用倒算的方法或正算的方法。

倒算法是用多年平均水资源量减去不可以被利用水量和不可能被利用水量中的汛期下泄洪水量的多年平均值，得出多年平均水资源可利用量，可用式（3－30）表示：

$$W_{地表水可利用量}=W_{地表水资源量}-W_{河道内最小生态环境需水量}-W_{洪水弃水} \quad (3-30)$$

倒算法一般用于北方水资源紧缺地区。

正算法是根据工程最大供水能力或最大用水需求的分析成果，以用水消耗系数（耗水率）折算出相应的可供河道外一次性利用的水量。可用式（3－31）或式（3－32）表示：

$$W_{地表水可利用量}=k_{用水消耗系数}\times W_{最大供水能力} \quad (3-31)$$

或

$$W_{地表水可利用量}=k_{用水消耗系数}\times W_{最大用水需求} \quad (3-32)$$

正算法用于南方水资源较丰沛的地区及沿海独流入海河流，其中式（3－30）一般用于大江大河上游或支流水资源开发利用难度较大的山区，以及沿海独流入海河流，式（3－31）一般用于大江大河下游地区。

（二）各项水量计算

可利用量计算涉及的各项水量包括：河道内生态环境需水量、河道内生产需水量、汛期下泄洪水量、工程最大供水能力相应的供水量和最大用水需求量等。

1. 河道内生态环境需水分类及其计算

河道内生态环境需水量主要包括下列需水量：河流最小生态环境需水量、城市河湖景观需水量、湿地生态环境需水量、环境容量需水量、冲沙输沙及冲淤保港水量、水生生物保护水量、最小入海水量等。各类生态环境需水量的计算方法等可参阅《水资源可利用量估算方法（试行）》、《地表水资源可利用量计算补充技术细则》。

（1）河流最小生态环境需水量。河流最小生态环境需水量即维持河道基本功能（防止河道断流、保持水体一定的稀释能力与自净能力）的最小流量，是维系河流的最基本环境功能不受破坏所必须在河道中常年流动着的最小水量阈值，需要考虑使河流水体维持原有自然景观，河流不萎缩断流，并能基本维持生态平衡的水量。

（2）城市河湖景观需水量。城市景观河道内生态环境需水量是与水的流动有关联的穿城河道与通河湖泊，为改善城市景观需要保持河湖水体流动的河道内水量，根据改善城市生态环境的目标和水资源条件确定。

（3）湿地生态环境需水量。湿地生态环境需水一般是为维持湿地生态和环境功能所消耗的、需补充的水量。这些水量是靠天然河道的水量自然补充的，可以作为河道内需水考虑。湿地生态环境需水量包括湿地蒸发渗漏损失的补水量、湿地植物需水量、湿地土壤需水量、野生生物栖息地需水量等。根据湿地、湖泊洼地的功能确定满足其生态功能的最低生态水位，具有多种功能的湿地需进行综合分析确定，据此确定相应的水面和容量，并推算出在维持最低生态水位情况下的水面蒸发耗水量（水面蒸发量与水面降水量之差值）及渗漏损失水量，确定湖泊、洼淀最小生态需水量。在计算出湿地的各项需水量后，分析确定湿地恢复与保护需水量。

（4）环境容量需水量。环境容量需水量是维系和保护河流的最基本环境功能（保持水体一定的稀释能力、自净能力）不受破坏，必须在河道中常年流动着的最小水量。因人类活动影响所造成的水污染，导致河流的基本环境功能衰退，有些地区采取清水稀释的办法改善水环境状况，这不是倡导的办法，不在环境需水量的考虑范畴之列。环境容量需水计算方法同河流最小生态环境需水量计算。

（5）冲沙输沙及冲淤保港水量。冲沙输沙水量是为了维持河流中下游冲刷与侵蚀的动态平衡，须在河道内保持的水量。输沙需水量主要与输沙总量和水流的含沙量的大小有关，水流的含沙量则取决于流域产沙量的多少、流量的大小以及水沙动力条件。一般情况下，根据来水来沙条件，可将全年冲沙输沙需水分为汛期和非汛期输沙需水。对于北方河流而言，汛期的输沙量约占全年输沙总量的80%左右，但汛期含沙量大，输送单位泥沙的用水量比非汛期小得多。根据对黄河的分析，汛期输送单位泥沙的用水量为30～40m^3/t，非汛期为100m^3/t。

（6）水生生物保护水量。维持河流系统水生生物生存的最小生态环境需水量，是指维系水生生物生存与发展，即保存一定数量和物种的生物资源，河湖中必须保持的水量。采用河道多年平均年径流量的百分数法计算需水量，百分数应不低于30%。此外，还应考虑河道水生生物及水生生态保护对水质和水量的一些特殊要求，以及稀有物种保护的特殊需求。对于较大的河流，不同河段水生生物物种及对水质、水量的要求不一样，可分段设定最小生态需水量。

（7）最小入海水量。入海水量是指为维持河流系统水沙平衡、河口水盐平衡和生态平衡的入海水量。保持一定的入海水量是维持河口生态平衡（包括保持一定的生物数量与物种）所必需的。

最小入海水量，重点分析枯水年入海水量，在历史系列中选择未出现较大河口生态环境问题的最小月入海水量做参照。非汛期入海水量与河道基本流量分析相结合，汛期入海水量应与洪水弃水量分析相结合。

感潮河流为防止枯水期潮水上溯，保持河口地区不受海水入侵的影响，必须保持河道一定的防潮压咸水量。可根据某一设计潮水位上溯的影响，分析计算河流的最小入海压咸水量。也可在历史系列中，选择河口地区未受海水入侵影响的最小月入海水量，计算相应的入海月平均流量，作为防潮压咸的控制流量。

（三）水资源可利用总量估算

水资源可利用总量估算可采取下列两种方法：

（1）地表水资源可利用量与浅层地下水资源可开采量相加再扣除两者之间重复计算量，两者之间的重复计算量主要是平原区浅层地下水的渠系渗漏和田间入渗补给量的开采利用部分，估算公式为

$$W_{可利用总量}=W_{地表水可利用量}+W_{地下水可开采量}-W_{重复量} \tag{3-33}$$

$$W_{重复量}=\rho(W_{渠渗}+W_{田渗}) \tag{3-34}$$

式中　ρ——可开采系数，是地下水资源可开采量与地下水资源量的比值；

其他符号意义同前。

（2）地表水资源可利用量加上降水入渗补给量与河川基流量之差的可开采部分。估算公式：

$$W_{可利用总量}=W_{地表水可利用量}+\rho(P_r-R_g) \tag{3-35}$$

式中　P_r——降水入渗补给量，亿m^3；

R_g——河川基流量，亿m^3。

内陆河流不计算地表水资源可利用量，而直接计算水资源可利用总量。

第六节　入境与出境水量的计算

入境和出境水量，是针对特定区域边界而言的。入境流量是天然河流流经区域边界流入区域内的河川径流量；出境水量是指天然河流流经区域边界流出区域外的河川径流量。在实测河川径流资料进行还原计算之后，可用于推求入境与出境水量，计算内容包括：

（1）多年平均年入境、出境水量及年内分配。

（2）不同保证率年入境、出境水量及年内分配。

（3）入境、出境水量的空间分布。

一、多年平均及不同保证率年入境、出境水量的计算

应当根据过境河流的特点和水文测站分布情况采用不同的计算方法，计算区域多年平均及不同保证率的年入境、出境水量。

（一）代表站法

1．代表站在入境（或出境）处

（1）当区域内只有一条河流过境时，其入境（或出境）设有一个代表站，该站径流资料比较完整，精度足够且年限较长时，则该站的多年平均或不同保证率下的年河川径流量即为计算区域的入境（或出境）水量。

（2）若入境（或出境）处代表站的径流资料年限较长，或代表性不好时，需要对径流序列插补延长，使其具有足够的长度和代表性，然后根据延长后的径流序列计算该站的多年平均或不同保证率下的入境（或出境）水量。具体计算方法可参阅有关水文水力计算书籍。

2．代表站不在入境（或出境）处

（1）入境代表站位于区域内，其集水面积与研究区域有一部分重复。这种情况，需要首先计算重复面积上的逐年产水量，然后从代表站相应年份的径流量中扣除重复部分的产流，组成研究区域的逐年入境水量，然后计算多年平均或不同保证率下的年入境水量。

（2）入境代表站位于区域上游，其集水面积小于实际入境边界处的集水区域。这种情况，需要首先计算代表站至实际入境边界处的集水区域面积上的逐年产水量，将该区域的水量加至代表站相应年份的径流量上，组成研究区域的逐年入境水量，然后计算多年平均或不同保证率下的年入境水量。

上述计算方法同样适用于出境代表站的情况。

3．区域内有多条河流入境、一条以上河流出境

对于面积较大的研究区域，可能存在同时多条河流过境，形成多处的入境、出境水量；或者多条河流入境，在研究区域内汇集成一条河流出境，形成多处入境水量和一个出境水量。这种情况需要在每个入境（或出境）河流上选择代表站，按照上述两种方法计算每个代表站的入境（或出境）水量，然后将各站的水量逐年相加，组成该研究区域的逐年入境（或出境）水量，然后计算多年平均或不同保证率下的年入境（或出境）水量。

（二）水量平衡法

根据水量平衡原理，河流上、下游断面年径流量平衡方程式可以表示为

$$W_{下}=W_{上}+W_{区间}-W_{蒸发}-W_{渗漏}+W_{地下}-W_{引}+W_{回归}\pm\Delta W_{槽蓄} \tag{3-36}$$

式中　$W_{上}$、$W_{下}$——上、下游断面年径流量，亿 m^3；

$W_{区间}$——区间的年产水量，亿 m^3；

$W_{蒸发}$——区间内河段的年水面蒸发量，亿 m^3；

$W_{渗漏}$——区间内河段的年渗漏量，亿 m^3；

$W_{地下}$——区间内地下水的年补给量，亿 m^3；

$W_{引}$——区间内河段的年引水量，亿 m^3；

$W_{回归}$——区间内河段的年回归水量，亿 m^3；

$W_{槽蓄}$——区间内河槽年蓄水的变化量，亿 m^3。

二、入境、出境水量的时空分布

入境水量是特定区域地表可利用水资源的组成部分，出境水量是下游区域地表可利用水资源量的组成部分，是区域水资源开发利用和供需平衡分析的重要依据，因此需要分析其时空分布以满足要求，具体包括入境（或出境）水量的年内分配、年际变化及空间变化规律。分析方法与地表水资源时空分布的研究方法基本一致。

第七节　水资源量估算实例

为说明水资源量估算的内容，本节以北京地区水资源量评价为实例。具体实例参考许拯民等编著的《水资源利用与可持续发展》一书。

一、北京地表水可利用量

按现有工程设施，根据历年来地表水资源可供量估算北京地表水可利用量。在不考虑密云水库为多年调节运用和官厅水库上游来水逐年减少及因淤积导致库容减少的情况，依据密云、官厅两大水库和北京地区中小型水库的资料，对每年可供水资源量进行频率计算，得到各种保证率的地表水可利用量，见表 3-3。

表 3-3　北京各种保证率地表水资源可利用量　　单位：亿 m^3

地表水水源	保证率 P		
	50%	75%	95%
官厅	9.10	6.50	3.70
密云	10.90	7.76	4.47
大型水库小计	20.00	14.26	8.17
中小型水库	2.38	1.40	0.60
河道基流（可利用量）	1.62	1.22	0.59
总计	24.00	16.88	9.36

考虑到密云水库具有多年调节、以丰补欠的作用，平水年及丰水年的供水量有所减少，偏枯水年及枯水年的供水量可能有所增加；同时结合官厅水库供水量逐年减少的情况，需对北京地区地表水资源量进行调整，见表3-4。

表3-4　调整后北京各种保证率地表水资源可利用量　单位：亿m^3

地表水水源	保证率P		
	50%	75%	95%
官厅	6.80	3.00	1.10
密云	10.00	9.00	8.00
大型水库小计	16.80	12.00	9.10
中小型水库	2.70	1.70	0.70
河道基流（可利用量）	1.20	0.50	0
总计	20.70	14.20	9.80

二、北京地下水可开采量

1. 北京地下水天然补给资源

地下水天然补给资源是指在天然条件下含水层可以获得的季节性地下水补给量。北京平原地区地下水的主要补给来源是降水入渗、河流的侧向补给、河水渗透、灌溉补给等，是北京地区地下水流入和流出、渗入补给与蒸发消耗、开采等综合利用的均衡结果量。根据北京1959—1980年中12个实测资料计算的年地下水补给资源$Q_{补}$，并通过相关分析插补延长了另外10年的地下水天然补给资源，见表3-5。据统计，全市平原地下水天然补给资源多年平均值为24.97亿m^3，最大30.94亿m^3（1969年），最小14.46亿m^3（1960年）。地下水天然补给量的年际变化与降水量的年际变化有很好的相关性，说明大气降水是本地区地下水补给的主要来源。

表3-5　北京平原历年地下水天然补给量$Q_{补}$　单位：$10^6 m^3$

年份	北京市全市		中心地区		密怀顺地区	
	实测	查算	实测	查算	实测	查算
1959	3010		603.9		750.8	
1960	1446		272.6		289.1	
1961		2315		531.2		548.4
1962		2107		459.1		524.5
1963	2342		514.6		586.7	
1964	2674		589.7		721.8	
1965		1923		442.2		499.5
1966	2814		591.1		795.9	
1967		2629		555.3		673.0
1968		2165		479.6		548.2

续表

年份	北京市全市		中心地区		密怀顺地区	
	实测	查算	实测	查算	实测	查算
1969		3094		614.9		806.1
1970		2586		546.3		675.4
1971		2286		492.7		561.5
1972		2130		487.8		546.7
1973		2779		590.7		684.6
1974	3029		631.0		777.4	
1975	2074		453.9		555.4	
1976	3032		578.2		762.7	
1977	3002		711.9		618.8	
1978	2617		556.3		551.8	
1979	2986		769.9		681.5	
1980	1896		471.8		473.5	
合计	54936		11943.8		13642.2	
平均值	2497		542.9		620.1	
极值比 Q_{max}/Q_{min}	2.14		2.82		2.7	

2. 北京地下水天然补给资源的保证率

地下水天然补给资源 $Q_{补}(t)$ 是一随机的时间序列，可通过 P－Ⅲ 分布曲线配线的方法计算不同保证率的地下水天然补给资源量，结果见表 3－6。

表 3－6　北京市平原地区地下水天然补给资源 $Q_{补}$ 保证率及参数计算结果汇总表（$Q_{补}$ =2479.1　C_V =0.183　C_S =0.37）　单位：$10^6 m^3$

P	1%	5%	10%	20%	30%	40%	50%
$Q_{补}$	3680.9	3291.2	3096.4	2871.7	2711.9	2584.5	2469.6
P	60%	70%	80%	90%	95%	99%	
$Q_{补}$	2359.8	2242.4	2172.7	1953.3	1797.9	1578.2	

地下水可开采量不应超过地下水天然补给量，或者可以把一个地区的地下水天然补给量看作可开采量，可以看出北京平原地区地下水可开采量的多年平均值约为 25 亿 m^3。

三、北京水资源可利用总量

按照前文所述，可以用不同保证率的可用地表水资源量和地下水可开采量的和，作为不同保证率下的北京可利用水资源总量，见表 3－7。

由于地下水具有多年调节、以丰补欠的作用，在实际预测未来年水资源可利用总量时，对于不同保证率的地下水可开采量可以按多年平均量或 25 亿 m^3 计算，则北京地区不同保证率的水资源可利用总量见表 3-8。

表 3-7　不同保证率下北京可利用水资源总量　单位：亿 m^3

项目	保证率 P		
	50%	75%	95%
地表水可利用量	24.00	16.88	9.36
地下水可开采量	25.00	21.70	18.00
水资源可利用总量	49.00	36.80	27.40

表 3-8　修正后不同保证率下北京可利用水资源总量　单位：亿 m^3

项目	保证率 P		
	50%	75%	95%
地表水可利用量	24.00	16.88	9.36
地下水可开采量	25.00	25.00	25.00
水资源可利用量	49.00	41.9	34.3

复 习 思 考 题

1. 如何分析河川径流量的时空分布？请以自己所在地区的实际情况为例，分析某河流河川径流量的时空分布规律。

2. 在使用代表站法计算河川径流量时，如果代表站的代表性不够，需要如何修正？

3. 在估算区域水资源总量的时候，重复水量产生的原因是什么？

第四章 水环境管理与评价

第一节 水功能区与纳污能力

一、水功能区划

为满足水资源合理开发、利用、节约和保护的需求，根据水资源的自然条件和开发利用现状，按照流域综合规划、水资源保护规划和经济社会发展要求，依其主导功能划定水功能区并执行相应水环境质量标准。

水功能区采用两级区划的分级分类系统（图 4-1）。一级水功能区分为保护区、保留区、缓冲区和开发利用区四级，二级水功能区在开发利用区中划分为饮用水源区、工业用水区、农业用水区、渔业用水区、景观娱乐用水区、过渡区和排污控制区七类。

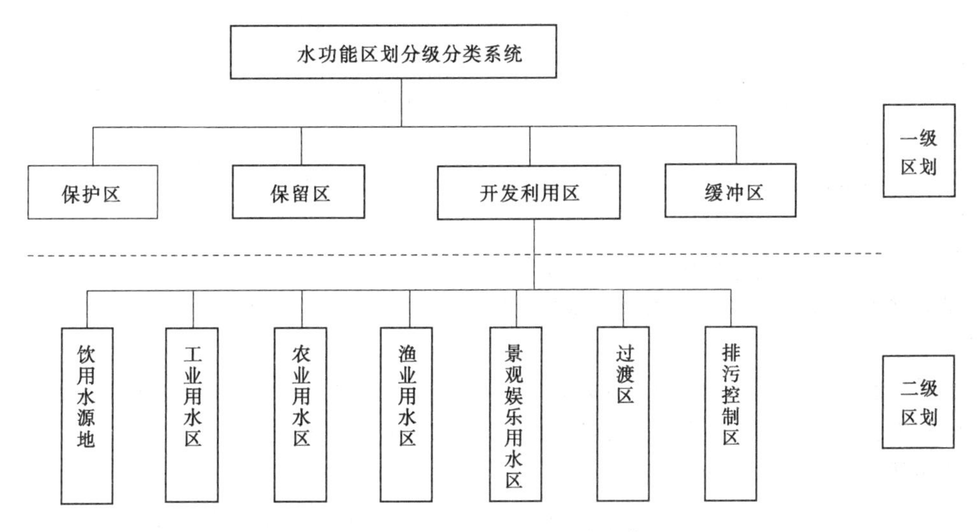

图 4-1 水功能区划分分级分类体系图

（一）水功能区划条件及标准

1. 一级水功能区划

（1）保护区。保护区指对水资源保护、自然生态及珍稀濒危物种的保护有重要意义的水域。该区内严格禁止进行其他开发活动。

功能区划分指标：集水面积、保护级别、调（供）水量等。

划区条件：①源头水保护区，是指以保护水资源为目的，在重要河流的源头河段划出专门涵养保护水源的区域；②国家级和省级自然保护区范围内的水域；③跨流域、跨省的大型调水工程水源地，主要指已建（包括规划水平年建成）调水工程的水源区。

水质标准：根据需要分别执行 GB 3838—2002《地面水环境质量标准》Ⅰ～Ⅱ类水质

标准或维持现状水质。

（2）保留区。保留区指目前开发利用程度不高，为今后开发利用和保护水资源而预留的水域。该区应维持现状不遭破坏。

功能区划分指标：水资源开发利用程度、产值、人口、水量、水质等。

划区条件：①受人类活动影响较少，水资源开发利用程度较低的水域；②目前不具备开发条件的水域；③考虑到可持续发展的需要，为今后的发展预留的水域。

水质标准：按现状水质类别控制。

（3）开发利用区。开发利用区指具有满足工农业生产、城镇生活、渔业和游乐等多种需水要求的水域。该区内的具体开发活动必须服从二级区划功能分区要求。

功能区划分指标：水资源开发利用程度、产值、人口、水质及排污状况等。

划区条件：取（排）水口较集中，取（排）水量较大的水域。

水质标准：按二级区划要求分别确定。

（4）缓冲区。缓冲区指为协调省际间、矛盾突出的地区间用水关系，为满足保护区水质要求而划定的水域。

功能区划分指标：跨界断面水域，矛盾突出的水域。

划区条件：①跨省（自治区、直辖市）河流、湖泊的边界水域；②省际边界河流、湖泊的边界附近水域；③用水矛盾突出地区之间的水域。

水质标准：按实际需要执行相关水质标准或按现状控制。

2. 二级水功能区划

（1）饮用水源区。饮用水源区指城镇生活用水需要的水域。

功能区划分指标：人口、取水总量、取水口分布等。

划区条件：已有的城市生活用水取水口分布较集中的水域，或在规划水平年内城市发展设置的供水水源区。每个用水户取水量需符合水行政主管部门实施取水许可制度的细则规定。

水质标准：GB 3838—2002《地表水环境质量标准》Ⅱ～Ⅲ类水质标准。

（2）工业用水区。工业用水区指城镇工业用水需要的水域。

功能区划分指标：工业产值、取水总量、取水口分布等。

划区条件：现有的或规划水平年内需设置的工矿企业生产用水取水点集中的水域。每个用水户取水量需符合水行政主管部门实施取水许可制度的细则规定。

水质标准：GB 3838—2002《地表水环境质量标准》Ⅳ类水质标准。

（3）农业用水区。农业用水区指农业灌溉用水需要的水域。

功能区划分指标：灌区面积、取水总量、取水口分布等。

划区条件：已有的或规划水平年内需要设置的农业灌溉用水取水点集中的水域。每个用水户取水量需符合水行政主管部门实施取水许可制度的细则规定。

水质标准：GB 5084—2005《农田灌溉水质》的规定，并可参照 GB 3838—2002《地表水环境质量标准》Ⅴ类水质标准。

（4）渔业用水区。渔业用水区指具有鱼、虾、蟹、贝类产卵场、索饵场、越冬场及洄游通道功能的水域，养殖鱼、虾、蟹、贝、藻类等水生动植物的水域。

功能区划分指标：渔业生产条件及生产状况。

划区条件：①具有一定规模的主要经济鱼类的产卵场、索饵场、洄游通道，历史悠久或新辟人工放养和保护的渔业水域；②水文条件良好，水交换畅通；③有合适的地形、底质。

水质标准：GB 3838—2002《地表水环境质量标准》Ⅱ～Ⅲ类水质标准，并可参照GB 11607—89《渔业水质标准》。

（5）景观娱乐用水区。景观娱乐用水区指以景观、疗养、度假和娱乐需要为目的的水域。

功能区划分指标：景观娱乐类型及规模。

划区条件：①休闲、度假、娱乐、运动场所涉及的水域；②水上运动场；③风景名胜区所涉及的水域。

水质标准：GB 12941—91《景观娱乐用水水质标准》，并可参照 GB 3838—2002《地表水环境质量标准》Ⅲ～Ⅳ类水质标准。

（6）过渡区。过渡区指为使水质要求有差异的相邻功能区顺利衔接而划定的区域。

功能区划分指标：水质与水量。

划区条件：①下游用水要求高于上游水质状况；②有双向水流的水域，且水质要求不同的相邻功能区之间。

水质执行标准：按出流断面水质达到相邻功能区的水质要求选择相应的水质控制标准。

（7）排污控制区。排污控制区指接纳生活、生产污废水比较集中，所接纳的污废水对水环境无重大不利影响的区域。排污控制区是结合我国水污染的实际情况，按治理水污染的经济技术实力，合理利用江河自净能力而划定的水域，在区划时应严格控制。

功能区划分指标：排污量、排污口分布。

划区条件：接纳废水中污染物可稀释降解，水域的稀释自净能力较强，其水文、生态特性适宜于作为排污区。

水质标准：按出流断面水质达到相邻功能区的水质要求选择相应的水质控制标准。

（二）水功能区划分方法

1. 一级功能区划分的方法

（1）资料收集。根据功能区分类指标要求，按省级行政区收集流域内有关资料，主要应包括：

1）基础资料：流域水系图；流域水资源基本状况等。

2）划分保护区所需资料：国家级和地方级自然保护区的名称、地点、范围、保护区类型、主要保护对象、保护区等级和主管部门；河流主要水系长度、水文和水质等基本数据；大型调水水源工程水源地的位置、范围、调水规模、供水任务等。

3）划分缓冲区所需资料：跨省区河流、湖泊的取排水量，以及离省（自治区、直辖市）界最近的取水口和排污口的位置；省际边界河流、湖泊取、排水量；地区之间水污染纠纷突出的河流、湖泊；水污染纠纷事件发生地点、纠纷起因、解决办法、结果等。

4）划分开发利用区和保留区所需资料：区划水域的水质资料、排污资料等；基准年的产值，非农业人口，工业及生活取水量和主要水源地（河流、湖泊、水库）的统计资料；规划水平年的产值，非农业人口，工业及生活取水量的预测资料，流域水资源利用分区资料；排污（包括排污量及集中退水地点）等反映开发利用程度的资料。

上述资料应在选定的水资源利用分区单元内，以县级以上（含县级）行政区为单元分别统计，大城市所辖郊县的数据不计在内。

（2）资料分析与评价：

1）保护区通过资料分析，分别确定涉及区划水域的省级以上（含省级）自然保护区和地县级自然保护区。根据主要水系确定需要建立源头水保护区的主要河流。

2）缓冲区通过资料分析，确定省际边界水域、跨省水域的具体位置和范围，结合水污染纠纷事件分析，确定行政区之间水污染纠纷突出的水域。

3）开发利用区和保留区，通过资料分析评价，划分开发利用程度。开发利用程度高低的标准，可通过对产值、非农业人口、取水量、排污量等指标的分析测算来确定。每一单项指标确定一个限额，任一单项指标超过限额，均可视为开发利用程度较高，限额以下则为开发利用程度较低。限额的确定方法是将各城市的各项指标分别从大到小依次排列，每一单项顺序累加，当第 n 个值对应的累加结果超过统计单元相应指标累加总和的 50%（具体百分数各流域可根据管理的实际需要确定）时，则可将第 n 个值确定为该单项指标的限额。由于流域内地区经济发展不平衡，为了适应不同地区开发利用和管理的需要，同一流域内，应按水资源利用分区范围，划分成若干独立的统计单元，分别排序。具体采用哪一级分区作为统计单元，可根据各流域的具体情况决定。

（3）功能区划分的步骤：首先划定保护区，然后划定缓冲区和开发利用区，其余的水域基本可划为保留区。

1）保护区的划分：自然保护区应按选定的国家和省级自然保护区所涉及的水域范围划定。源头水保护区可划在重要河流上游的第一个城镇或第一个水文站以上未受人类开发利用的河段，也可根据流域综合利用规划中划分的源头河段或习惯规定的源头河段划定。跨流域、跨省及省内大型调水工程水源地应将其水域划为保护区。

2）缓冲区的划分：跨省水域和省际边界水域可划为缓冲区。省区之间水质要求差异大时，划分缓冲区范围应较大，省区之间水质要求差异小，缓冲区范围应较小。缓冲区范围可根据水体的自净能力确定。依据上游排污影响下游水质的程度，缓冲区长度的比例划分可为省界上游占 2/3，省界下游占 1/3，以减轻上游排污对下游的影响。在潮汐河段，缓冲区长度的比例划分可按上下游各占 1/2 划定。在省际边界水域及矛盾突出地区，应根据需要参照交界的长度划分缓冲区范围。

3）开发利用区的划分：以现状为基础，考虑发展的需要，将任一单项指标在限额以上的城市涉及的水域中用水较为集中，用水量较大的区域划定为开发利用区，根据需要其主要退水区也应划入开发利用区。区界的划分应尽量与行政区界或监测断面一致。对于远离城区，水质受开发利用影响较小，仅具有农业用水功能的水域，可不划为开发利用区。

4）保留区的划分：除保护区、缓冲区、开发利用区以外，其他开发利用程度不高的水域均可划为保留区。地县级自然保护区涉及的水域应划为保留区。

2. 二级功能区划分的方法

（1）根据功能区分类指标要求，在一级区划确定的开发利用区范围收集有关的资料。

1）基本资料：开发利用区水域图；水域水质监测资料。

2）划分饮用水源区所需的资料：现有城市生活用水取水口的位置、取水能力；规划水平年内新增生活用水的取水地点及规模。

3）划分工业用水区所需资料：现有工矿企业生产用水取水口的位置、取水能力、供水对象；规划水平年内新增工业用水的取水地点及规模。

4）划分农业用水区所需资料：现有农业灌溉取水口的位置、取水能力、灌溉面积；规划水平年内新增农业灌溉用水的取水地点及规模。

5）划分渔业用水区所需资料：鱼类重要产卵场、栖息地的位置及范围：水产养殖场的位置、范围和规模。

6）划分景观娱乐用水区所需资料：风景名胜的名称、涉及水域的位置、范围；现有休闲、度假、娱乐、运动场所的名称、规模、涉及水域的位置、范围。

7）划分排污控制区所需资料：现有排污口的位置、排放污水量及主要污染物量；规划水平年内排污口位置的变化情况。

8）划分过渡区可利用以上收集的资料。

（2）资料分析与评价。水质评价，应根据开发利用区的水质监测资料，按 GB 3838—2002《地表水环境质量标准》对水质现状进行评价，部分特殊指标应参照有关标准进行评价。

取排水口资料分析与评价，应根据统计资料和规划资料，结合当地水利部门取水许可实施细则规定的取水限额标准，确定开发利用区内主要的生活、工业和农业取水口，以及污水排放口，并在地理底图中标明其位置。对于零星散布的取水口应根据其取水量在当地同行业取水总量中所占比重等因素评价其重要性。

渔业用水区资料分析，应根据资料分析，找出鱼类重要产卵场、栖息地和重要的水产养殖场，并在地理底图中标明其位置。

景观娱乐用水区资料分析，根据资料分析，确定当地重要的风景名胜、度假、娱乐和运动场所涉及的水域，并在地理底图中标明其位置。

（3）划分规定：

1）饮用水源区的划分，应根据已建生活取水口的布局状况，结合规划水平年内生活用水发展需求，尽量选择开发利用区上段或受开发利用影响较小的水域，生活取水口设置相对集中的水域。在划分饮用水源区时，应将取水口附近的水源保护区涉及的水域一并划入。对于零星分布的一般生活取水口，可不单独划分为饮用水区，但对特别重要的取水口则应根据需要单独划区。

2）工、农业用水区的划分，应根据工、农业取水口的分布现状，结合规划水平年内工、农业用水发展要求，将工业取水口和农业取水口较为集中的水域划为工业用水区和农业用水区。

3）排污控制区的划分，对于排污口较为集中，且位于开发利用区下段或对其他用水影响不大的水域，可根据需要划分排污控制区。对排污控制区的设置应从严控制，分区范围不宜过大。

4）渔业用水和景观娱乐用水区的划分，应根据现状实际涉及的水域范围，结合发展规划要求划分相应的用水区。

5）过渡区的划分，应根据两个相邻功能区的用水要求确定过渡区的设置。低功能区对高功能区的水质影响较大时，以能恢复到高功能区水质标准要求来确定过渡区的长度。具体范围可根据实际情况决定，必要时可按目标水域纳污能力计算其范围。为减小开发利用区对下游水质的影响，根据需要，可在开发利用区的末端设置过渡区。

6）两岸分别设置功能区的划分，对于水质难以达到全断面均匀混合的大江大河，当两岸对用水要求不同时，应以河流中心线为界，根据需要在两岸分别划区。

（三）水功能区复核

在进行某流域（区域）水资源保护规划时，由于其批复时间和规划时间的不确定性，需要对规划范围内已有的水功能区划进行复核。

复核内容：①水功能区主导功能；②水功能区名称；③功能区起止断面、长度；④规划水平年水质管理目标；⑤水质代表断面等。

复核对象：①国家确定重要河流湖泊水功能区划成果；②跨省、自治区、直辖市的其他江河、湖泊的水功能区划；③各级地方人民政府批准的水功能区划成果。

1. 水功能一级区复核

首先复核保护区，然后缓冲区和开发利用区，最后复核保留区。具体方法如下：

（1）保护区：将国家级和省级自然保护区水域全部划为保护区；对于地（市）级、县级自然保护区，则根据区内水域范围的大小，及其对水质有无严格要求等方面确定是否将其划为保护区。对于已经建设或在规划水平年内将会实施的大型调水工程水源地、调蓄水库及其主要输水线路，划为保护区；对于在规划水平年内不会实施的，则划为保留区。重要河流的源头一般划为源头水保护区，大型集中式饮用水源地应划为保护区。

（2）缓冲区：省界（际）水域或用水矛盾突出的地区水域划为缓冲区。用水矛盾突出的地区是指上下游地区间或部门间矛盾比较突出、存在争议的水域。如上游开发利用区与下游保护区相接时，两区之间应以缓冲区连接。

（3）开发利用区：将水资源开发利用程度高，对水域有各种用水和排水要求的城市江（河）段划为开发利用区。水资源开发利用程度可采用“三项指标法”衡量，即以工业总产值、非农业人口和城镇生产生活用水量等三项指标的排序来衡量开发利用程度。对于指标排序结果虽然靠后，但现状排污量大，水质污染严重、现状水质劣于Ⅳ类的，或在规划水平年内有大规模开发计划的城镇河段也可划为开发利用区。

（4）保留区：划定保护区、缓冲区和开发利用区后，其余的水域均划为保留区。保留区是指目前开发利用程度比较低，为将来可持续发展预留的后备资源水域。国界河流的出、入境河段划为保留区。

2. 水功能二级区复核

首先，确定区划具体范围，包括城市现状水域范围以及城市在规划水平年2030年涉及的水域范围。同时收集划分功能区的资料：水质资料；取水口和排污口资料；特殊用水要求，如鱼类产卵场、越冬场，水上运动场等；收集陆域和水域有关规划资料，如城区的

发展规划，码头规划等。然后，对各功能区的位置和长度进行协调和平衡，避免出现低功能到高功能跃变等情况。最后，考虑与规划衔接，进行合理性检查，对不合理的水功能区进行调整。具体方法如下：

（1）饮用水源区：主要根据已建生活取水口的布局状况，结合规划水平年内生活用水发展要求，将取水口相对集中的水域划为饮用水源区。划区时，尽可能选择上游或受其他开发利用影响较小的水域。

（2）工业用水区：根据工业取水口的分布现状，结合规划水平年内工业用水发展要求，将工业取水口较为集中的水域划为工业用水区。

（3）农业用水区：根据农业取水口的分布现状，结合规划水平年内农业用水发展要求，将农业取水口较为集中的水域划为农业用水区。

（4）渔业用水区：根据鱼类重要产卵场、栖息地和重要的水产养殖场位置及范围划分。

（5）景观娱乐用水区：根据当地是否有重要的风景名胜、度假、娱乐和运动场所涉及的水域划分。

（6）过渡区：根据相邻功能区的用水要求确定是否设置过渡区。其范围，现阶段可根据实际情况和经验来确定，低功能区对下游高功能区水质影响较大时，过渡区的范围应适当大一些，规划时根据纳污能力计算结果对范围进行复核。

（7）排污控制区：排污口较为集中，且位于开发利用区下游或对其他用水影响不大的水域可设置排污控制区。排污控制区的设置和范围应从严掌握。

（四）水功能区水质目标拟定

（1）水功能区划定后，应根据水功能区的水质现状、排污状况、水功能区水质类别要求以及当地技术经济等条件，拟定各一、二级水功能区的水质目标值，水功能区的水质目标值是水质控制指标的确定浓度值。

（2）保护区、保留区和缓冲区的水质目标为保持现状水质。现状水质是指枯水期的平均值。当现状水质较差时，根据当地社会经济条件和需求，可适当提高水质目标值。

（3）拟定水质目标依据的水质标准是GB 3838—2002《地表水环境质量标准》，同时参照GB 11607—89《渔业水质标准》、GB 12941—91《景观娱乐用水水质标准》等。

（4）开发利用区各二级水功能区水质目标值的拟定应综合考虑：①水功能区水质类别；②水功能区水质现状；③相邻水功能区的水质要求；④水功能区排污现状与相应的规划；⑤用水部门对水功能区水质的要求，包括现状和规划；⑥社会经济状况及特殊要求。具体方法是，将水功能区水质现状与功能区主导功能水质类别指标进行比较后，按下述情况进行处理：

1）当现状水质未满足功能区水质类别时，在综合考虑上述因素后，拟定水质目标值，该目标值可在不同规划水平年实现。

2）当现状水质满足水功能区水质类别时，原则上按照水体污染负荷不增加的原则，拟定规划水质目标值。

（5）注意的问题：

1）COD、氨氮和当地主要特征污染物，均应拟定水质目标值。

2）对于排污控制区，应根据水质现状和下游功能区水质要求拟定出口断面的水质目标值。

3）注意同一水功能区现状与规划目标值之间的协调，相邻功能区水质目标值的协调。

4）无水质现状资料的功能区，原则上需补测。区间无大的入河排污口时，也可用相邻水域水质资料推算。源头水可根据天然水的化学背景值推求。

二、水功能区纳污能力

（一）基本概念

水功能区纳污能力指对确定的水功能区，在满足水域功能要求的前提下，按给定的水功能区水质目标值、设计水量、排污口位置及排污方式，功能区水体所能容纳的最大污染物量，以 t/a 表示。

按照水资源综合规划要求，河道内用水的成果以 2010 年为界。因此，水功能区纳污能力要按现状水量和规划条件水量分别计算，即 2010 年以前（含 2010 年）用现状水量计算纳污能力，称现状纳污能力；2010 年以后，用水资源 2030 年规划条件计算纳污能力，称为规划纳污能力。

保护区和保留区的水质目标原则上是维持现状水质。在设计流量（水量）不变的情况下，保护区和保留区的纳污能力采用其现状污染物入河量。对于需要改善水质的保护区，需提出污染物入河量、污染物排放量的削减量。

缓冲区纳污能力分为两种情况：①在实际工作中，水质较好、用水矛盾不突出的缓冲区，可采用污染负荷法确定水域纳污能力；②需要改善水质的保护区，可采用数学模型法计算水域纳污能力。

开发利用区纳污能力需根据各二级水功能区的设计条件和水质目标，选择合适的水质模型进行计算。

水资源三级区纳污能力由三级区内所有水功能区的纳污能力相加而得。三级区的纳污能力也分为现状纳污能力和规划纳污能力。

（二）纳污能力计算基本程序

1. 数学模型计算法

数学模型计算法指根据水域特性、水质状况、设计水文条件和水功能区水质目标值，应用数学模型计算水域纳污能力的方法。

（1）水功能区基本资料的调查收集和分析整理。

（2）根据规划和管理需求，分析水域污染特性、入河排污口状况，确定计算水域纳污能力的污染物种类。

（3）确定设计水文条件。

（4）根据水域扩散特性，选择计算模型。

（5）确定水质目标浓度 C_S 和初始断面的污染物浓度 C_0 值。

（6）确定模型参数。

（7）计算水域纳污能力。

（8）合理性分析和检验。

2. 污染负荷计算法

污染负荷计算法指根据影响水功能区水质的陆域范围内入河排污口、污染源和经济社会状况，计算污染物入河量，确定水域纳污能力的方法。

（1）实测法：

1）根据规划和管理要求，确定计算水域纳污能力的污染物。

2）根据入河排污口的排放方式，拟定入河排污口监测方案。

3）实测入河排污口水量和污染物浓度。

4）计算污染物入河量，确定水域纳污能力。

5）合理性分析和检验。

（2）调查统计法：

1）根据规划和管理要求，确定计算水域纳污能力的污染物。

2）调查统计污染源及其排放量。

3）分析确定污染物入河系数。

4）计算污染物入河量，确定水域纳污能力。

5）合理性分析和检验。

（3）估算法：

1）根据规划和管理要求，确定计算水域纳污能力的污染物。

2）调查影响水功能区水质的陆域范围内人口、工业产值、第三产业年产值等。

3）调查分析单位人均万元工业产值和第三产业万元产值污染物排放系数。

4）估算污染物排放量。

5）分析确定污染物入河系数。

6）计算污染物入河量，确定水域纳污能力。

7）合理性分析和检验。

（三）纳污能力计算

纳污能力计算应根据需要和可能选择合适的数学模型，确定模型的参数，包括扩散系数、综合衰减系数等，并对计算成果进行合理性检验。

1. 河流纳污能力数学模型计算法

河流水域纳污能力计算以水功能区为单元，而水功能区是按河段或岸边划分的。对一条河流而言，不同河段的断面形态和水力特性、污染物扩散特征差异较大，各河段的水体功能和水质管理目标也不相同，计算水域纳污能力的数学模型适用条件也有不同，需要区别对待。

采用数学模型计算河流水域纳污能力，应根据污染物扩散特性，结合我国河流具体情况，按计算河段的多年平均流量 Q 划分为三种类型：大型，$Q \geqslant 150m^3/s$ 的河段；中型，$15m^3/s < Q < 150m^3/s$ 的河段；小型，$Q \leqslant 15m^3/s$ 的河段。

（1）基本资料调查收集。数学模型计算河流水域纳污能力的基本资料应包括水文资料，水质资料，入河排污口资料，入流资料及河道断面资料等。

1）水文资料包括计算河段的流量、流速、比降、水位等。资料应能满足设计水文条件及数学模型参数的计算要求。

2）水质资料包括计算河段内各水功能区的水质现状、水质目标等。资料应能反映计算河段主要污染物，又能满足计算水域纳污能力对水质参数的要求。

3）入河排污口资料包括计算河段内入河排污口分布、排放量、污染物浓度、排放方式、排放规律以及入河排污口所对应的污染源等。

4）旁侧出、入流资料包括计算河段内旁侧出、入流的位置、水量、污染物种类及浓度等。

5）河道断面资料包括计算河段的横断面和纵剖面资料。资料应能反映计算河段河道简易地形现状。

6）基本资料应出自有相关资质的单位。当相关资料不能满足计算要求时，可通过扩大调查收集范围和现场监测获取。

（2）污染物的确定。根据流域或区域规划要求，应以规划管理目标所确定的污染物作为计算河段水域纳污能力的污染物；根据计算河段的污染特性，应以影响水功能区水质的主要污染物作为计算水域纳污能力的污染物；根据水资源保护管理要求，应以对相邻水域影响突出的污染物作为计算水域纳污能力的污染物。

（3）设计水文条件。计算河流水域纳污能力，应采用90%保证率最枯月平均流量或近10年最枯月平均流量作为设计流量。季节性河流、冰封河流，宜选取不为零的最小月平均流量作为样本，应采用90%保证率最枯月平均流量或近10年最枯月平均流量作为设计流量。有水利工程控制的河段，可采用最小下泄流量或河道内生态基流作为设计流量。以岸边划分水功能区的河段，计算纳污能力时，应计算岸边水域的设计流量。设计水文条件的计算可参照SL 278—2002《水利水电工程水文计算规范》的规定执行。

2. 湖（库）纳污能力数学模型计算法

不同类型的湖（库）应采用不同的数学模型计算水域纳污能力。根据湖（库）的污染特性，结合我国具体情况，将湖（库）划分为大、中、小型，富营养化型和分层型。根据湖（库）枯水期的平均水深和水面面积，将其划分为以下类型：

平均水深不小于10m：大型湖（库），水面面积＞25km^2；中型湖（库），水面面积2.5～25km^2；小型湖（库），水面面积＜2.5km^2。

平均水深小于10m：大型湖（库），水面面积＞50km^2；中型湖（库），水面面积5～50km^2；小型湖（库），水面面积＜5km^2。

（1）基本资料调查收集。数学模型计算湖（库）水域纳污能力的基本资料应包括水文资料、水质资料、排污口资料、库周入流和出流的水量水质资料、湖（库）水下地形资料等。

1）水文资料包括湖（库）水位、库容曲线、流速、入库流量和出库流量等。资料应能满足设计水文条件及数学模型参数的计算要求。

2）水质资料包括湖（库）水功能区水质现状、水质目标等。资料应能反映计算湖（库）的主要污染物，又能满足计算水域纳污能力对水质参数的要求。

3）入湖（库）排污口资料包括排污口分布、排放量、污染物浓度、排放方式、排放规律以及入湖（库）排污口所对应的污染源资料等。

4）湖（库）周入流、出流资料包括湖（库）入、出流位置、水量、污染物种类及浓

度等。

5）湖（库）水下地形资料应能够反映湖（库）简要地形现状。

基本资料应出自有相关资质的单位。当相关资料不能满足计算要求时，可通过扩大调查范围和现场监测获取。

（2）污染物的确定。根据流域或区域规划要求，应以规划管理目标所确定的污染物作为计算湖（库）水域纳污能力的污染物；根据湖（库）污染物特性及水域特征，应以影响湖（库）水质的主要污染物作为计算水域纳污能力的污染物。

（3）设计水文条件：湖（库）应采用近10年最低月平均水位或90%保证率最枯月平均水位相应的蓄水量作为设计水量。水库也可采用死库容相应的蓄水量作为设计水量。计算湖（库）部分水域纳污能力时，应采用相应水域的设计水量。设计水文条件的计算可参照SL 278—2002的规定执行。

3. 水域纳污能力污染负荷计算法

污染负荷计算法是根据当地经济社会发展指标，如国民生产总值，生产、生活和第三产业供、用、耗、排水量，单位产值（品）排水量，居民生活人均用水量，污染物种类和排放浓度等，计算污染负荷的方法；主要有三种方法，即实测法、调查统计法和估算法。其实质是将计算的污染物入河量作为水功能区纳污能力，没有考虑水体对污染物的稀释、扩散和降解作用。

基本资料调查收集。实测法所需资料应包括入河排污口位置、分布、排放量、污染物浓度、排放方式、排放规律以及入河排污口所对应的污染源等。调查统计法所需资料应符合下列要求：①工矿企业地理位置、生产工艺、废水和污染物产生量、排放量以及排放方式、排放去向和排放规律等；②城镇生活污水排放量、污染物种类及浓度等。估算法所需资料应符合下列要求：①工矿企业产品、产量，单位产品用、耗、排水量等；②城镇人口数量、人均生活用水量等；③第三产业产值、万元产值废污水排放量等。

污染物的确定。应根据管理和规划要求，确定计算水域纳污能力的污染物；应根据工矿企业类型、城镇生活污水的主要污染物确定计算水域纳污能力的污染物。

（1）实测法。实测法应拟定监测方案，对水质、水量进行同步监测，计算入河排污口污染物入河量，确定水域纳污能力。监测方案应根据入河排污口位置和排放方式拟定。入河排污口水量、水质同步监测的方法可参照SL 219—98《水环境监测规范》的规定执行。污染物入河量应根据水质、水量同步监测成果分析计算。水域纳污能力应根据污染物入河量分析确定。

（2）调查统计法。调查统计法应通过调查统计影响水功能区水质的陆域范围内的工矿企业、城镇废污水排放量，分析确定污染物入河系数，计算污染物入河量，确定水域纳污能力。污染物排放量应根据工矿企业及城镇废污水排放量分析计算。

（3）估算法。估算法应根据影响水功能区水质的陆域范围内的工矿企业和第三产业产值、城镇人口，分析拟定万元产值和人口的废污水排放系数，计算污染物排放量，再根据入河系数估算污染物入河量，确定水域纳污能力。

第二节 水污染物入河量调查与估算

入河排污口是指直接排入水功能区水域的排污口。由排污口进入功能区水域的废污水量和污染物量，统称废污水入河量和污染物入河量。污染严重的小支流，可按排污口处理。

汇入水功能区的较大支流，如果支流口水质好于功能区的水质目标，则不考虑该支流上的污染源；如果支流口水质劣于功能区的规划水质目标，则需考虑支流上的污染源。

一、污染物入河量调查

以入河排污口为对象，调查水资源三级区内各水功能区的废污水入河量和主要污染物入河量。

通过实地勘察和收集资料，查清各水功能区内入河排污口。入河污染物资料的收集以2000年入河排污口监测资料为基础，若2000年资料不全，可用2000年前后1～2年的数据或进行入河排污口补充监测。调查内容主要为入河排污口的分布、位置、类型，对应的污染源的名称、污染源距入河排污口的距离等。重点分析流经大中城市的河段和水域的入河排污口及其排污情况。

调查各水功能区内入河排污口的废污水入河量和主要污染物排放量，如排污口众多，全部调查有困难，可调查主要排污口，污水量或污染物排放量较大的入河排污口必须查清。将调查的入河排污口资料同相关部门的入河排污口资料进行对比分析，检验所调查的资料的合理性和正确性。

排入水功能区的废污水量和主要污染物量是污染源排放量扣除废污水输送过程中的损失量，可由入河排污口污水流量和污水水质观测资料求得。

无资料的入河排污口，原则上需进行补充监测。监测指标包括污水量、COD、BOD_5、pH值、SS、氨氮、挥发酚、总氮、总磷、汞、镉及区域特征污染物，其中污水量、COD和氨氮为必选项。

二、污染物入河量估算

1. 污染物入河系数

水功能区对应的陆域范围内的污染源所排放的污染物，仅有一部分能最终流入功能区水域，进入功能区水域的污染物量占污染物排放总量的比例即为污染物入河系数，按下式计算：

$$\text{入河系数}=\frac{\text{污染物入河量}}{\text{污染物排放量}} \tag{4-1}$$

可通过对不同地区典型污染源的污染物排放量和入河量的监测、调查，充分利用各职能部门的污染物排放量和污染物入河量资料确定污染物入河系数。影响入河系数的因素众多，情况复杂，区域差异大。在确定现状污染物入河系数时，应考虑已建成的污水处理厂的效应。

在其他条件不变的情况下，集中排污比分散排污大；短距离排污比长距离排污大；不易降解的污染物比易降解的污染物大。

根据资料情况，可分三种情况计算污染物入河系数：

（1）排污口污染物入河系数：入河排污口的污染物入河量及其对应的陆域污染源污染物排放量资料都具备时，则可按上式计算该排污口的污染物入河系数。

（2）水功能区污染物入河系数：不具备每个排污口的污染物入河量及其对应的陆域污染源污染物排放量资料，但具备水功能区的污染物入河量及其对应的陆域污染源污染物排放量资料时，则可按水功能区为单元，按上式计算水功能区的污染物入河系数。

（3）水资源三级区污染物入河系数：不具备每个排污口及功能区的污染物入河量及其对应的陆域污染源污染物排放量资料，则可按水资源三级区计算污染物入河系数。

2．污染物入河量

对有水质水量资料的入河排污口，根据废污水排放量和水质监测资料，按下式估算主要污染物排放量：

$$W = Q \times C \tag{4-2}$$

式中　W——污染物入河量；

Q——废污水入河量；

C——污染物的入河浓度。

对于有污染源排污资料而无入河排污口资料的排污口，其污染物入河量用入河系数法确定：

$$\text{污染物入河量} = \text{入河系数} \times \text{污染物排放量} \tag{4-3}$$

根据资料情况，可分三种情况计算水资源三级区规划水平年废污水入河量和主要污染物入河量：

（1）如果排污口调查和相应污染源调查资料比较详尽，则首先计算该排污口的污染物入河量。

（2）如果不具备排污口的资料，但具备水功能区与对应陆域污染源的资料，则计算该水功能区的污染物入河量。

（3）对其他不具备资料的排污口和水功能区，则以水资源三级区为单元，以上述工作为基础，估算水资源三级区污染物入河量。

显然，计算单元越小，则污染物入河量预测的精确度越高，所以应尽量查清各功能区入河排污口及污染源的资料。

第三节　规划水平年污染物控制量与削减量

2012年1月12日，国务院以国发〔2012〕3号文件发布了《国务院关于实行最严格水资源管理制度的意见》。这一制度的核心问题是水资源管理“三条红线”，其中之一就是“确立水功能区限制纳污红线，严格控制入河排污总量”。

一、污染物入河控制量和削减量

污染物入河控制量。根据纳污能力和规划水平年污染物入河量，综合考虑水功能区水质状况、当地技术经济条件和经济社会发展，确定水功能区各规划水平年污染物入河控制量。

(1) 对于规划水平年污染物入河量小于纳污能力的水功能区，一般是经济欠发达、水资源丰沛、现状水质良好的地区，可采用小于纳污能力的入河控制量进行控制。

(2) 对于规划水平年污染物入河量大于纳污能力的水功能区，①2030 水平年统一采用规划纳污能力作为入河控制量；②饮用水源区和保护区各水平年入河控制量均采用现状纳污能力进行控制；③对开发利用区各水功能二级区、需改善水质的保护区及水质污染严重的缓冲区，应综合考虑功能区水质状况、功能区达标计划和当地社会经济状况等因素确定 2010 年、2020 年水平年入河控制量。

污染物入河削减量。各规划水平年水功能区的污染物入河量与其入河控制量相比较，如果污染物入河量超过污染物入河控制量，其差值即为该水功能区的污染物入河削减量。

污染物入河控制量和入河削减量必须对应到水功能区，原则上应分配到入河排污口。

二、陆域污染物排放控制量和削减量

(1) 污染物排放控制量。规划水平年功能区相应陆域的污染物排放控制量等于该功能区入河控制量除以规划条件下的入河系数。

(2) 污染物排放削减量。规划水平年功能区相应陆域的污染物预测排放量与排放控制量之差，即为该功能区陆域污染物排放削减量。

(3) 考虑面源污染影响。在制定陆域污染物排放控制量和削减量时应结合面源污染估算成果，对面源污染所占比例较大、对水质影响程度较高的区域，其陆域污染物排放控制量制定要留有余地。

第四节　水质模型计算纳污能力的方法

一、水质模型概述

(一) 水质模型的定义、研究目的及分类

1. 水质模型的定义

水质模型是一个用于描述污染物质在水环境中的混合、迁移过程的数学方程或方程组。

2. 水质模型的研究目的

主要是用于点源排放的纳污问题，但是随着社会的发展，非点源污染的影响变得越来越重要，水质模型也向其发展。

3. 水质模型的分类

(1) 根据水域类型，水质模型可分为四类：①河流水质模型；②河口水质模型；③湖泊（水库）水质模型；④地下水水质模型。

（2）根据水质组分，水质模型可以分为三类：①单一组分；②耦合；③多重组分。

（3）根据水体的水力学和排放条件是否随时间变化，可以把水质模型分为稳态模型和非稳态模型。

（4）根据研究水质精度，可把水质模型分为零维、一维、二维、三维水质模型。

（二）水质模型建立的步骤

1. 准备工作

收集和分析与建模有关的资料。

2. 模型概化

（1）针对所研究污染的性质，选择变量。

（2）明确这些变量的变化趋势以及变量的相互作用。

（3）所建模型尽可能简单。

3. 模型性质研究

（1）模型的稳定性：指模型是否能够收敛，其平衡性如何。

（2）模型的灵敏性：指参数的变化对模型的影响。

4. 参数估计

参数估计是水质模型中重要的一环。对于实测或试验得出数据进行参数的确定，要考虑这些数据是否齐全、是否全面。如果实测数据无法反算参数，则重新选取参数。

5. 模型验证

为了使模型具有预测功能，需用一套或几套实测数据来验证所建模型。如果检验得出结果具有一致性，则说明模型具有预测功能，否则需要调整参数。

6. 模型应用

（1）选择求解技术。

（2）为了适应于求解形式，需要变更数学表达式。

（3）模型输入和输出。

（4）应用已建模型解决问题。

二、河流水质模型

河流水质描述污染物质进入河流后随河水流动的稀释、扩散等物理运动，以及伴随着发生的化学与生物化学等现象。

（一）零维水质模型（完全混合模型）

零维是一种理想状态，适用于污染物均匀混合的小型河段。

河段的污染物浓度按式（4－4）计算：

$$C=\frac{C_PQ_P+C_0Q}{Q_P+Q} \tag{4-4}$$

式中　C——污染物浓度，mg/L；

C_P——排放的废污水污染物浓度，mg/L；

C_0——初始断面的污染物浓度，mg/L；

Q_P——废水的流量，m^3/s；

Q ——初始断面的入流流量，m^3/s。

相应的水域纳污能力计算公式为：

$$M=(C_S-C_0)\times(Q+Q_P) \tag{4-5}$$

式中 M ——水域纳污能力，kg/s；

C_S ——水质目标浓度值，mg/L。

【例4-1】 某河段的上断面处有一岸边排放口稳定地向河流排放污水，其污水排放特征为：$Q_P=43200m^3/d$，$BOD_5(P)=60mg/L$；河流水环境特征参数为 $Q=25.0m^3/s$，$BOD_5(O)=2.6mg/L$。假设污水一进入河流就与河水均匀混合，试计算在排污口断面 BOD_5 的浓度。

【解】 单位换算：$Q_P=43200m^3/d=43200/(24\times3600)=0.5m^3/s$

将数值代入得

$$C=(C_PQ_P+C_0Q)/(Q_P+Q)=(60\times0.5+2.6\times25)/(0.5+25)=3.72(mg/L)$$

排污口断面 BOD_5 浓度为3.72mg/L。

(二) 一维水质模型

一维模型是目前应用最广的水质模型，适用于污染物在横断面上均匀混合的中、小型河段。

(1) 河段的污染物浓度按式(4-6)计算：

$$C_x=C_0\exp\left(-k\frac{x}{u}\right) \tag{4-6}$$

式中 C_x ——流经Z距离后的污染物浓度，mg/L；

C_0 ——初始断面的污染物浓度，mg/L；

u ——设计流量下河道断面的平均流速，m/s；

K ——污染物综合衰减系数，1/d；

x ——沿河段的纵向距离，m。

相应的水域纳污能力计算公式为

$$M=(C_S-C_x)\times(Q+Q_P) \tag{4-7}$$

(2) 当入河排污口位于计算河段的中部时（即 $x=L/2$），水功能区下断面的污染物浓度按式(4-8)计算：

$$C_{x=L}=C_0\exp\left(-\frac{kL}{\mu}\right)+\frac{m}{Q}\exp\left(-\frac{kL}{\mu}\right) \tag{4-8}$$

式中 m ——污染物入河速率，g/s

L ——计算河段长度，m；

其余符号意义同前。

相应的水域纳污能力计算公式为：

$$[m]=\left[C_s-C_0\exp\left(-\frac{kL}{\mu}\right)\right]\exp\left(\frac{kL}{2\mu}\right)Q \tag{4-9}$$

【例4-2】 有一条比较浅而窄的河流，有一段长5km的河段，稳定排放含酚废水 $Q_p=0.10m^3/s$，含酚浓度为 $C_p=5mg/L$，上游河水流量为 $Q=9m^3/s$，河水含酚浓度为 $C_0=0$，河流的平均流速为 $v=40km/d$，酚的衰减速率系数为 $k=2d^{-1}$，求河段出口处的

含酚浓度为多少？

【解】 较浅而窄的河流可以按照一维河流模型进行分析。可以认为污水与河水可迅速地混合均匀，排放点的酚浓度就等于：

$$C=(C_PQ_P+C_0Q)/(Q_P+Q)=(0.1\times5+9\times0)/(0.1+9)=0.055(\text{mg/L})$$

对于一维河流模型，在忽略扩散时，可降解污染物的变化规律可表示为：

$$C_x=C_0\exp\left(-k\frac{x}{u}\right)=0.055\exp\left(-\frac{2\times5}{40}\right)=0.0428(\text{mg/L})$$

河段出口处的含酚浓度为 0.0428mg/L。

（三）二维水质模型

对于具有较大宽深比的河段，可采用二维水质模型预测混合过程中的水质情况。

对于顺直河段，忽略横向流速及纵向离散作用，且污染物排放不随时间变化时，二维对流扩散方程为

$$u\frac{\partial C}{\partial x}=\frac{\partial}{\partial y}\left(E_y\frac{\partial C}{\partial y}\right)-KC \tag{4-10}$$

式中　E_y——污染物的横向扩散系数，m^2/s；

y——计算点到岸边的横向距离，m；

K——污染物综合衰减常数，1/s；

C——污染物浓度，m^3/s。

（1）河道断面为矩形，式（4-6）的解析解按式（4-11）计算：

$$C(x,\ y)=\left[C_0+\frac{m}{h\sqrt{\pi E_yxv}}\exp\left(-\frac{v}{4x}\frac{y^2}{E_y}\right)\right]\exp\left(-K\frac{x}{v}\right) \tag{4-11}$$

式中　$C(x,\ y)$——计算水域代表点的污染物平均浓度，mg/L；

其余符号意义同前。

（2）以岸边污染物浓度作为下游控制断面的控制浓度时，即 $y=0$，岸边污染物浓度按式（4-12）计算：

$$C(x,\ 0)=\left[C_0+\frac{m}{h\sqrt{\pi E_{yxv}}}\right]\exp\left(-K\frac{x}{v}\right) \tag{4-12}$$

式中　$C(x,\ 0)$——纵向距离为 x 的断面岸边（$y=0$）污染物浓度，mg/L；

v——设计流量下计算水域的平均流速，m/s；

h——设计流量下计算水域的平均水深，m。

相应的水域纳污能力计算公式为

$$M=[C_S-C(x,\ y)]Q \tag{4-13}$$

当 $y=0$ 时　　$M=[C_S-C(x,\ 0)]Q$

式中符号意义同前。

三、湖（库）水质模型

（1）湖（库）均匀混合模型适用于污染物均匀混合的小型湖（库）。

污染物平均浓度按式（4-14）计算：

$$C(t)=\frac{m+m_0}{K_h V}+\left(C_h-\frac{m+m_0}{K_h V}\right)\exp(-K_h t) \tag{4-14}$$

$$K_h=\frac{Q_L}{V}+K \tag{4-15}$$

$$m_0=C_0 Q_L \tag{4-16}$$

式中　K_h——中间变量，1/s；

Q_h——湖（库）现状污染物浓度，mg/L；

M_0——湖（库）入流污染物排放速率，g/s；

V——设计水文条件下的湖（库）容积，m^3；

Q_L——湖（库）出流量，m^3/s；

t——计算时段长，s；

$C(t)$——计算时段 t 内的污染物浓度，mg/L；

其余符号意义同前。

相应的水域纳污能力计算公式为

$$M=(C_S-C_0)V \tag{4-17}$$

式中各参数意义同前。

（2）湖（库）非均匀混合模型适用于污染物非均匀混合的大、中型湖（库）。

当污染物入湖（库）后，污染仅出现在排污口附近水域时，按式（4-18）计算距排污口 r 处的污染物浓度：

$$M=(C_S-C_0)\exp\left(\frac{K\varphi h_L r^2}{2Q_P}\right)Q_P \tag{4-18}$$

式中　φ——扩散角，由排放口附近地形决定。当排放口在开阔的岸边垂直排放时，$\varphi=\pi$；排放口在湖（库）中排放时，$\varphi=2\pi$；

h_L——扩散区湖（库）平均水深，m；

r——计算水域外边界到入河排污口的距离，m；

其余符号意义同前。

第五节　水源的水质特点

一、原水中的杂质

1. 原水中的杂质来源

（1）自然过程：地层矿物质在水中的溶解物（如 Ca^{2+}、Mg^{2+}、Fe^{2+} 等）、水生微生物及残核（大肠杆菌、H_2S、臭和味等）。

（2）人为因素：工业废水、农业污水及生活污水的污染。

2. 原水中杂质的分类

按尺寸大小可分为溶解物、胶体和悬浮物三类。

溶解物：直径在 0.1～1nm 之间，需要电子显微镜才能看见，它们是在水中存在的无

机低分子和离子。

胶体：直径在10～100nm之间，需要超显微镜才能看见。黏土、某些细菌及病毒、腐殖质、蛋白质。有的胶体颗粒尺寸很小，难以下沉或上浮，如黏土、细菌、病毒、腐殖质、有机高分子等。

悬浮物：直径在1～1mm之间，1～10μm用一般的显微镜可以看到，直径在100μm以上的用肉眼就能看到；易于上浮或下沉，大颗粒无机矿物质易沉，小颗粒无机矿物质与有机物易于上浮。

胶体和悬浮物是饮用水处理的主要去除对象。

二、各种天然水源的水质特点

1. 地下水

地下水在地层渗滤过程中，悬浮物和胶体、细菌已基本或大部分去除，水质清澈，而且不易受到外界污染和气温影响，一般宜作饮用水和工业冷却水的水源。

地下水硬度高于地表水，总硬度在60～300mg/L（以CaO计）。

作为生活饮用水的水源一般水质较好，只有部分地区，由于地下水经过含有可溶性矿物质的地层，水的含盐量有时会高于规定标准，对人们的生产生活会带来一定的影响，这样的水就需要进行有针对性的处理。

2. 江河水

江河水易受自然条件影响，水中悬浮物和胶体杂质含量较多，浊度高于地下水。

由于我国自然地理条件相差悬殊，故各地区江河水的浊度也相差很大。只有土质、植被和气候条件较好的地区，浊度均较低，除雨季外一年中大部分时间内水质较清。

江河水的含盐量和硬度普遍较低，一般无碍于生活饮用。

江河水的最大缺点是易受到工业废水、生活污水及其他人为污染，色、臭、味变化较大，有毒有害物质容易进入水体，水温不稳定。

3. 湖泊及水库水

湖泊及水库水主要由河水供给，水质与河水类似。湖泊或水库的水流动性小，储存时间长，经过长期的自然沉淀，浊度较低。只有在风浪和暴雨时节，由于底部沉积物或泥沙泛起，才会产生浑浊现象。水的流动性小和透明度高，又给水中浮游生物特别是藻类的繁殖创造了良好条件，因而水中一般含藻类微生物较多。

由于湖泊不断得到补给又不断蒸发浓缩，因此含盐量往往比河水高。

4. 海水

海水含盐量高，成分组成稳定。海水一般须经淡化处理才可作为居民生活用水。

第六节 水环境标准体系

水环境质量是评价水资源优劣及其可利用性的基本指标之一。水环境标准，是根据各类水域功能，为控制水污染，保护水资源，保障人体健康，维护生态平衡，促进经济建设而制定的水环境质量评判标准。

水环境标准分为国家水环境标准和地方水环境标准两级。

国家水环境标准指在全国或某个特定专业或特定地区范围内统一使用的标准。

地方水环境标准指具有地方特点，在规定地区内同意使用的标准。它是以国家水环境标准为依据，是国家水环境标准在当地的补充与具体化，但其内容不得与之相抵触且必须严于国家标准。

水环境标准一般分为水环境质量标准、水污染物排放标准、环境基础标准、水环境分析方法标准、环境保护仪器设备标准及环境样品标准6类。

现就主要环境标准简述如下。

（1）水环境质量标准：为了控制和消除污染物对水体的污染，根据水环境长期和近期目标而提出的质量标准。除制订全国水环境质量标准外，各地区还可参照实际水体的特点、水污染现状、经济和治理水平，按水域主要用途，会同有关单位共同制订地区水环境质量标准。

（2）水污染物排放标准：水污染物排放标准是为满足水环境标准的要求，对排污浓度、数量所规定的最高允许值。

（3）环境基础标准：指在环境标准化工作范围内，对有指导意义的符号、代号、指南、程序、规范等所做的统一规定，它是制定其他环境标准的基础。

（4）水环境分析方法标准：是环境保护工作中，以试验、分析、抽样、统计、计算等方法为对象而制定的标准，是制定和执行环境质量标准与污染物排放标准，实现统一管理的基础。

（5）环境保护仪器设备标准：为了保护污染物监测仪器所监测数据的可比性和可靠性，保证污染治理设备运行的各项效率，对有关环境保护仪器设备的各项技术要求编制统一规范和规定。

（6）环境样品标准：对环境标准样品必须达到的要求所作的规定。

一、水环境质量标准

水环境质量标准，按水体类型划分，有地表水环境质量标准、海水水质标准、地下水质量标准；按水资源用途划分，有生活饮用水卫生标准、城市供水水质标准、渔业水质标准、农田灌溉水质标准、生活杂用水水质标准、景观娱乐用水水质标准、各种工业用水水质标准等。

（一）CJ 3020—93《生活饮用水水源水质标准》

1. 范围

本标准规定了生活饮用水水源的水质指标、水质分级、标准限值、水质检验以及标准的监督执行。

本标准适用于城乡集中式生活饮用水的水源水质（包括各单位自备生活饮用水的水源）。分散式生活饮用水水源的水质，亦应参照使用。

2. 生活饮用水水源水质分级

生活饮用水水源水质分为二级，其两极标准的限值见表4-1。

表 4－1　　生活饮用水水源水质标准限值

项目	标准限值	
	一级	二级
色	色度不超过 15 度，并不得呈现其他异色	不应有明显的其他异色
浑浊度（度）	≤3	
嗅和味	不得有异臭、异味	不应有明显的异臭、异味
pH 值	6.5～8.5	6.5～8.5
总硬度（以碳酸钙计）/(mg/L)	≤350	≤450
溶解铁/(mg/L)	≤0.3	≤0.5
锰/(mg/L)	≤0.1	≤0.1
铜/(mg/L)	≤1.0	≤1.0
锌/(mg/L)	≤1.0	≤1.0
挥发酚（以苯酚计）/(mg/L)	≤0.002	≤0.004
阴离子合成洗涤剂/(mg/L)	≤0.3	≤0.3
硫酸盐/(mg/L)	<250	<250
氯化物/(mg/L)	<250	<250
溶解性总固体/(mg/L)	<1000	<1000
氟化物/(mg/L)	≤1.0	≤1.0
氰化物/(mg/L)	≤0.05	≤0.05
砷/(mg/L)	≤0.05	≤0.05
硒/(mg/L)	≤0.01	≤0.01
汞/(mg/L)	≤0.001	≤0.001
镉/(mg/L)	≤0.01	≤0.01
铬（六价）/(mg/L)	≤0.05	≤0.05
铅/(mg/L)	≤0.05	≤0.07
银/(mg/L)	≤0.05	≤0.05
铍/(mg/L)	≤0.0002	≤0.0002
氨氮（以 N 计）/(mg/L)	≤0.5	≤1.0
硝酸盐（以 N 计）/(mg/L)	≤10	≤20
耗氧量（$KMnO_4$ 法）/(mg/L)	≤3	≤6
苯并（α）芘/(μg/L)	≤0.01	≤0.01
滴滴涕/(μg/L)	≤1	≤1
六六六/(μg/L)	≤5	≤5
百菌清/(mg/L)	≤0.01	≤0.01
总大肠菌群/(个/L)	≤1000	≤10000
总 α 放射性/(bq/L)	≤0.1	≤0.1
总 β 放射性/(bq/L)	≤1	≤1

（1）一级水源水：水质良好。地下水只需消毒处理，地表水经简易净化处理（如过滤）、消毒后即可供生活饮用者。

（2）二级水源水：水质受轻度污染。经常规净化处理（如絮凝、沉淀、过滤、消毒等），其水质即可达到GB 5749规定，可供生活饮用者。

（3）水质浓度超过二级标准限值的水源水，不宜作为生活饮用水的水源。若限于条件需加以利用时，应采用相应的净化工艺进行处理。处理后的水质应符合GB 5749规定，并取得省、直辖市、自治区卫生厅（局）及主管部门批准。

3. 标准的限值

（1）生活饮用水水源的水质，不应超过表4－1所规定的限值。

（2）水源水中如含有表4－1中未列入的有害物质时，应按有关规定执行。

（二）GB 5749—2006《生活饮用水卫生标准》

1. 范围

本标准规定了生活饮用水水质卫生要求、生活饮用水水源水质卫生要求、集中式供水单位卫生要求、二次供水卫生要求、涉及生活饮用水卫生安全产品卫生要求、水质监测和水质检验方法。

本标准适用于城乡各类集中式供水的生活饮用水，也适用于分散式供水的生活饮用水。

2. 生活饮用水水质卫生要求

（1）生活饮用水中不得含有病原微生物。

（2）生活饮用水中化学物质不得危害人体健康。

（3）生活饮用水中放射性物质不得危害人体健康。

（4）生活饮用水的感官性状良好。

（5）生活饮用水应经消毒处理。

（6）生活饮用水水质应符合表4－2和表4－4卫生要求。集中式供水出厂水中消毒剂限值、出厂水和管网末梢水中消毒剂余量均应符合表4－3要求。

（7）农村小型集中式供水和分散式供水的水质因条件限制，部分指标可暂按照表4－5执行，其余指标仍按表4－2～表4－4执行。

（8）当发生影响水质的突发性公共事件时，经市级以上人民政府批准，感官性状和一般化学指标可适当放宽。

表4－2　　水质常规指标及限值

指标	限值
1. 微生物指标[①]	
总大肠菌群（MPN）/100mL或（CFU）/100mL	不得检出
耐热大肠菌群（MPN）/100mL或（CFU）/100mL	不得检出
大肠埃希氏菌（MPN）/100mL或（CFU）/100mL	不得检出
菌落总数（CFU）/mL	100

续表

指标	限值
2. 毒理指标	
砷/(mg/L)	0.01
镉/(mg/L)	0.005
铬（六价）/(mg/L)	0.05
铅/(mg/L)	0.01
汞/(mg/L)	0.001
硒/(mg/L)	0.01
氰化物/(mg/L)	0.05
氟化物/(mg/L)	1.0
硝酸盐（以N计）/(mg/L)	10 地下水源限制时为20
三氯甲烷/(mg/L)	0.06
四氯化碳/(mg/L)	0.002
溴酸盐（使用臭氧时）/(mg/L)	0.01
甲醛（使用臭氧时）/(mg/L)	0.9
亚氯酸盐（使用二氧化氯消毒时，mg/L）	0.7
氯酸盐（使用复合二氧化氯消毒时，mg/L）	0.7
3. 感官性状和一般化学指标	
色度（铂钴色度单位）	15
浑浊度/NTU②	1 水源与净水技术条件限制时为3
臭和味	无异臭、异味
肉眼可见物	无
pH值	不小于6.5且不大于8.5
铝/(mg/L)	0.2
铁/(mg/L)	0.3
锰/(mg/L)	0.1
铜/(mg/L)	1.0
锌/(mg/L)	1.0
氯化物/(mg/L)	250
硫酸盐/(mg/L)	250
溶解性总固体/(mg/L)	1000
总硬度（以 $CaCO_3$ 计）/(mg/L)	450
耗氧量（COD_{Mn} 法，以 O_2 计）/(mg/L)	3 水源限制，原水耗氧量>6mg/L时为5

续表

指标	限值
挥发酚类（以苯酚计）/(mg/L)	0.002
阴离子合成洗涤剂/(mg/L)	0.3
4. 放射性指标③	指导值
总 α 放射性/(Bq/L)	0.5
总 β 放射性/(Bq/L)	1

① MPN 表示最可能数；CFU 表示菌落形成单位。当水样检出总大肠菌群时，应进一步检验大肠埃希氏菌或耐热大肠菌群；水样未检出总大肠菌群，不必检验大肠埃希氏菌或耐热大肠菌群。

② NTU 为散射浊度单位。

③ 放射性指标超过指导值，应进行核素分析和评价，判定能否饮用。

表 4-3　饮用水中消毒剂常规指标及要求

消毒剂名称	与水接触时间	出厂水中限值	出厂水中余量	管网末梢水中余量
氯气及游离氯制剂（游离氯）/(mg/L)	至少 30min	4	≥0.3	≥0.05
一氯胺（总氯）/(mg/L)	至少 120min	3	≥0.5	≥0.05
臭氧（O_3）/(mg/L)	至少 12min	0.3		0.02 如加氯， 总氯≥0.05
二氧化氯（ClO_2）/(mg/L)	至少 30min	0.8	≥0.1	≥0.02

表 4-4　水质非常规指标及限值

指标	限值
1. 微生物指标	
贾第鞭毛虫（个/10L）	<1
隐孢子虫（个/10L）	<1
2. 毒理指标	
锑/(mg/L)	0.005
钡/(mg/L)	0.7
铍/(mg/L)	0.002
硼/(mg/L)	0.5
钼/(mg/L)	0.07
镍/(mg/L)	0.02
银/(mg/L)	0.05
铊/(mg/L)	0.0001
氯化氰（以 CN^- 计）/(mg/L)	0.07
一氯二溴甲烷/(mg/L)	0.1

续表

指标	限值
二氯一溴甲烷/(mg/L)	0.06
二氯乙酸/(mg/L)	0.05
1，2-二氯乙烷/(mg/L)	0.03
二氯甲烷/(mg/L)	0.02
三卤甲烷（三氯甲烷、一氯二溴甲烷、二氯一溴甲烷、三溴甲烷的总和)/(mg/L)	该类化合物中各种化合物的实测浓度与其各自限值的比值之和不超过1
1，1，1-三氯乙烷/(mg/L)	2
三氯乙酸/(mg/L)	0.1
三氯乙醛/(mg/L)	0.01
2，4，6-三氯酚/(mg/L)	0.2
三溴甲烷/(mg/L)	0.1
七氯/(mg/L)	0.0004
马拉硫磷/(mg/L)	0.25
五氯酚/(mg/L)	0.009
六六六（总量)/(mg/L)	0.005
六氯苯/(mg/L)	0.001
乐果/(mg/L)	0.08
对硫磷/(mg/L)	0.003
灭草松/(mg/L)	0.3
甲基对硫磷/(mg/L)	0.02
百菌清/(mg/L)	0.01
呋喃丹/(mg/L)	0.007
林丹/(mg/L)	0.002
毒死蜱/(mg/L)	0.03
草甘膦/(mg/L)	0.7
敌敌畏/(mg/L)	0.001
莠去津/(mg/L)	0.002
溴氰菊酯/(mg/L)	0.02
2，4-滴/(mg/L)	0.03
滴滴涕/(mg/L)	0.001
乙苯/(mg/L)	0.3
二甲苯/(mg/L)	0.5
1，1-二氯乙烯/(mg/L)	0.03
1，2-二氯乙烯/(mg/L)	0.05
1，2-二氯苯/(mg/L)	1

续表

指标	限值
1，4－二氯苯/(mg/L)	0.3
三氯乙烯/(mg/L)	0.07
三氯苯（总量）/(mg/L)	0.02
六氯丁二烯/(mg/L)	0.0006
丙烯酰胺/(mg/L)	0.0005
四氯乙烯/(mg/L)	0.04
甲苯/(mg/L)	0.7
邻苯二甲酸二（2－乙基己基）酯/(mg/L)	0.008
环氧氯丙烷/(mg/L)	0.0004
苯/(mg/L)	0.01
苯乙烯/(mg/L)	0.02
苯并（a）芘/(mg/L)	0.00001
氯乙烯/(mg/L)	0.005
氯苯/(mg/L)	0.3
微囊藻毒素－LR/(mg/L)	0.001
3. 感官性状和一般化学指标	
氨氮（以N计）/(mg/L)	0.5
硫化物/(mg/L)	0.02
钠/(mg/L)	200

表4－5　　农村小型集中式供水和分散式供水部分水质指标及限值

指标	限值
1. 微生物指标	
菌落总数（CFU/mL）	500
2. 毒理指标	
砷（mg/L）	0.05
氟化物（mg/L）	1.2
硝酸盐（以N计，mg/L）	20
3. 感官性状和一般化学指标	
色度（铂钴色度单位）	20
浑浊度/NTU*	3 水源与净水技术条件限制时为5
pH值	不小于6.5且不大于9.5
溶解性总固体/(mg/L)	1500
总硬度（以 $CaCO_3$ 计）/(mg/L)	550

续表

指标	限值
耗氧量（COD_{Mn}法，以 O_2 计）/(mg/L)	5
铁/(mg/L)	0.5
锰/(mg/L)	0.3
氯化物/(mg/L)	300
硫酸盐/(mg/L)	300

* NTU 为散射浊度单位。

（三）GB 3838—2002《地表水环境质量标准》

为贯彻《中华人民共和国环境保护法》和《中华人民共和国水污染防治法》，防治水污染，保护地表水水质，保障人体健康，维护良好的生态系统，制定本标准。

本标准将标准项目分为地表水环境质量标准基本项目，集中式生活饮用水地表水源地补充项目，以及集中式生活饮用水地表水源地特定项目。地表水环境质量标准基本项目适用于全国江河、湖泊、运河、渠道、水库等具有使用功能的地表水水域。集中式生活饮用水地表水源地补充项目和特定项目适用于集中式生活饮用水地表水源地一级保护区和二级保护区，集中式生活饮用水地表水源地特定项目由县级以上人民政府环境保护行政主管部门根据本地区地表水水质特点和环境管理的需要进行选择，集中式生活饮用水地表水源地补充项目和选择确定的特定项目作为基本项目的补充指标。

本标准项目共计 109 项，其中地表水环境质量标准基本项目 24 项，集中式生活饮用水地表水源地补充项目 5 项，集中式生活饮用水地表水源地特定项目 80 项。

1. 范围

(1) 本标准按照地表水环境功能分类和保护目标，规定了水环境质量应控制的项目及限值，以及水质评价、水质项目的分析方法和标准的实施与监督。

(2) 本标准适用于中华人民共和国领域内江河、湖泊、运河、渠道、水库等具有使用功能的地表水水域。具有特定功能的水域，执行相应的专业用水水质标准。

2. 水域功能和标准分类

依据地表水水域环境功能和保护目标，按功能高低依次划分为五类。

Ⅰ类主要适用于源头水、国家自然保护区。

Ⅱ类主要适用于集中式生活饮用水地表水源地一级保护区、珍稀水生生物栖息地、鱼虾类产卵场、仔稚幼鱼的索饵场等。

Ⅲ类主要适用于集中式生活饮用水地表水源地二级保护区、鱼虾类越冬场、洄游通道、水产养殖区等渔业水域及游泳区。

Ⅵ类主要适用于一般工业用水区及人体非直接接触的娱乐用水区。

Ⅴ类主要适用于农业用水区及一般景观要求水域。

对应地表水上述五类水域功能，将地表水环境质量标准基本项目标准值分为五类，不同功能类别分别执行相应类别的标准值。水域功能类别高的标准值严于水域功能类别低的标准值；同一水域兼有多类使用功能的，执行最高功能类别对应的标准值。实现水域功能与达功能类别标准为同一含义。

3. 标准值

(1) 地表水环境质量标准基本项目标准限值见表 4-6。

(2) 集中式生活饮用水地表水源地补充项目标准限值见表 4-7。

(3) 集中式生活饮用水地表水源地特定项目标准限值见表 4-8。

表 4-6　　地表水环境质量标准基本项目标准限值　　单位：mg/L

序号	标准值分类项目	Ⅰ类	Ⅱ类	Ⅲ类	Ⅳ类	Ⅴ类
1	水温/℃	人为造成的环境水温变化应限制在： 周平均最大温升≤1 周平均最大温降≤2				
2	pH 值（无量纲）	6～9				
3	溶解氧，≥	饱和率 90% （或 7.5）	6	5	3	2
4	高锰酸盐指数，≤	2	4	6	10	15
5	化学需氧量（COD），≤	15	15	20	30	40
6	五日生化需氧量（BOD_5），≤	3	3	4	6	10
7	氨氮（NH_3-N），≤	0.15	0.5	1.0	1.5	2.0
8	总磷(以 P 计),≤	0.02 (湖、库 0.01)	0.1 (湖、库 0.025)	0.2 (湖、库 0.05)	0.3 (湖、库 0.1)	0.4 (湖、库 0.2)
9	总氮(湖、库,以 N 计),≤	0.2	0.5	1.0	1.5	2.0
10	铜，≤	0.01	1.0	1.0	1.0	1.0
11	锌，≤	0.05	1.0	1.0	2.0	2.0
12	氟化物（以 F^- 计），≤	1.0	1.0	1.0	1.5	1.5
13	硒，≤	0.01	0.01	0.01	0.02	0.02
14	砷，≤	0.05	0.05	0.05	0.1	0.1
15	汞，≤	0.00005	0.00005	0.0001	0.001	0.001
16	镉，≤	0.001	0.005	0.005	0.005	0.01
17	铬（六价），≤	0.01	0.05	0.05	0.05	0.1
18	铅，≤	0.01	0.01	0.05	0.05	0.1
19	氰化物，≤	0.005	0.05	0.02	0.2	0.2
20	挥发酚，≤	0.002	0.002	0.005	0.01	0.1
21	石油类，≤	0.05	0.05	0.05	0.5	1.0
22	阴离子表面活性剂，≤	0.2	0.2	0.2	0.3	0.3
23	硫化物，≤	0.05	0.1	0.2	0.5	1.0
24	粪大肠菌群/(个/L)，≤	200	2000	10000	20000	40000

表 4-7　　集中式生活饮用水地表水源地补充项目标准限值　　单位：mg/L

序号	项目	标准值
1	硫酸盐（以 SO 计）	250
2	氯化物（以 Cl 计）	250
3	硝酸盐（以 N 计）	10
4	铁	0.3
5	锰	0.1

表 4-8　　集中式生活饮用水地表水源地特定项目标准限值　　单位：mg/L

序号	项 目	标准值	序号	项 目	标准值
1	三氯甲烷	0.06	30	硝基苯	0.017
2	四氯化碳	0.002	31	二硝基苯④	0.5
3	三溴甲烷	0.1	32	2，4—二硝基甲苯	0.0003
4	二氯甲烷	0.02	33	2，4，6—三硝基甲苯	0.5
5	1.2—二氯乙烷	0.03	34	硝基氯苯⑤	0.05
6	环氧氯丙烷	0.02	35	2，4—二硝基氯苯	0.5
7	氯乙烯	0.005	36	2，4——氯苯酚	0.093
8	1，1—二氯乙烯	0.03	37	2，4，6—三氯苯酚	0.2
9	1，2—二氯乙烯	0.05	38	五氯酚	0.009
10	三氯乙烯	0.07	39	苯胺	0.1
11	四氯乙烯	0.04	40	联苯胺	0.0002
12	氯丁二烯	0.002	41	丙烯酰胺	0.0005
13	六氯丁二烯	0.0006	42	丙烯腈	0.1
14	苯乙烯	0.02	43	邻苯二甲酸二丁酯	0.003
15	甲醛	0.9	44	邻苯二甲酸二(2—乙基己基)酯	0.008
16	乙醛	0.05	45	水合肼	0.01
17	丙烯醛	0.1	46	四乙基铅	0.0001
18	三氯乙醛	0.01	47	吡啶	0.2
19	苯	0.01	48	松节油	0.2
20	甲苯	0.7	49	苦味酸	0.5
21	乙苯	0.3	50	丁基黄原酸	0.005
22	二甲苯①	0.5	51	活性氯	0.01
23	异丙苯	0.25	52	滴滴涕	0.001
24	氯苯	0.3	53	林丹	0.002
25	1，2—二氯苯	1.0	54	环氧七氯	0.0002
26	1，4—二氯苯	0.3	55	对硫磷	0.003
27	三氯苯②	0.02	56	甲基对硫磷	0.002
28	四氯苯③	0.02	57	马拉硫磷	0.05
29	六氯苯	0.05	58	乐果	0.08

续表

序号	项 目	标准值	序号	项 目	标准值
59	敌敌畏	0.05	70	黄磷	0.003
60	敌百虫	0.05	71	钼	0.07
61	内吸磷	0.03	72	钴	1.0
62	百菌清	0.01	73	铍	0.002
63	甲萘威	0.05	74	硼	0.5
64	溴氰菊酯	0.02	75	锑	0.005
65	阿特拉津	0.003	76	镍	0.02
66	苯并（a）芘	2.8×10^{-6}	77	钡	0.7
67	甲基汞	1.0×10^{-6}	78	钒	0.05
68	多氯联苯⑥	2.0×10^{-5}	79	钛	0.1
69	微囊藻毒素－LR	0.001	80	铊	0.0001

① 二甲苯：指对—二甲苯、间—二甲苯、邻—二甲苯。

② 三氯苯：指1，2，3—三氯苯、1，2，4—三氯苯、1，3，5—三氯苯。

③ 四氯苯：指1，2，3，4—四氯苯、1，2，3，5—四氯苯、1，2，4，5—四氯苯。

④ 二硝基苯：指对—二硝基苯、间—二硝基苯、邻—二硝基苯。

⑤ 硝基氯苯：指对—硝基氯苯、间—硝基氯苯、邻—硝基氯苯。

⑥ 多氯联苯：指PCB—1016、PCB—1221、PCB—1232、PCB—1242、PCB—1248、PCB—1254、PCB—1260。

（四）GB/T 14848—93《地下水环境质量标准》

为保护和合理开发地下水资源，防止和控制地下水污染，保障人民身体健康，促进经济建设，特制订本标准。

本标准是地下水勘查评价、开发利用和监督管理的依据。

1. 范围

（1）本标准规定了地下水的质量分类，地下水质量监测、评价方法和地下水质量保护。

（2）本标准适用于一般地下水，不适用于地下热水、矿水、盐卤水。

2. 地下水质量分类及质量分类指标

（1）地下水质量分类。依据我国地下水水质现状、人体健康基准值及地下水质量保护目标，并参照了生活饮用水、工业、农业用水水质最高要求，将地下水质量划分为五类。

Ⅰ类主要反映地下水化学组分的天然低背景含量，适用于各种用途。

Ⅱ类主要反映地下水化学组分的天然背景含量，适用于各种用途。

Ⅲ类以人体健康基准值为依据，主要适用于集中式生活饮用水水源及工、农业用水。

Ⅳ类以农业和工业用水要求为依据，除适用于农业和部分工业用水外，适当处理后可作生活饮用水。

Ⅴ类不宜饮用，其他用水可根据使用目的选用。

（2）地下水质量分类指标见表4－9。

表 4－9　　　　　　　　　　　　地下水质量分类指标

序号	项目	水质分类				
		Ⅰ类	Ⅱ类	Ⅲ类	Ⅳ类	Ⅴ类
1	色（度）	≤5	≤5	≤15	≤25	>25
2	嗅和味	无	无	无	无	有
3	浑浊度（度）	≤3	≤3	≤3	≤10	>10
4	肉眼可见物	无	无	无	无	有
5	pH 值	6.5～8.5			5.5～6.5，8.5～9	<5.5，>9
6	总硬度（以 $CaCO_3$ 计）/(mg/L)	≤150	≤300	≤450	≤550	>550
7	溶解性总固体/(mg/L)	≤300	≤500	≤1000	≤2000	>2000
8	硫酸盐/(mg/L)	≤50	≤150	≤250	≤350	>350
9	氯化物/(mg/L)	≤50	≤150	≤250	≤350	>350
10	铁（Fe)/(mg/L)	≤0.1	≤0.2	≤0.3	≤1.5	>1.5
11	锰（Mn)/(mg/L)	≤0.05	≤0.05	≤0.1	≤1.0	>1.0
12	钢（Cu)/(mg/L)	≤0.01	≤0.05	≤1.0	≤1.5	>1.5
13	锌（Zn)/(mg/L)	≤0.05	≤0.5	≤1.0	≤5.0	>5.0
14	钼（Mo)/(mg/L)	≤0.001	≤0.01	≤0.1	≤0.5	>0.5
15	钴（Co)/(mg/L)	≤0.005	≤0.05	≤0.05	≤1.0	>1.0
16	挥发性酚类（以苯酚计)/(mg/L)	0.001	0.001	0.002	≤0.01	0.01
17	阴离子合成洗涤剂/(mg/L)	不得检出	≤0.1	≤0.3	≤0.3	>0.3
18	高锰酸盐指数/(mg/L)	≤1.0	≤2.0	≤3.0	≤10	>10
19	硝酸盐（以 N 计)/(mg/L)	≤2.0	≤5.0	≤20	≤30	>30
20	亚硝酸盐（以 N 计)/(mg/L)	≤0.001	≤0.01	≤0.02	≤0.1	0.1
21	氨氮（NH_4)/(mg/L)	≤0.02	≤0.02	≤0.2	≤0.5	>0.5
22	氟化物/(mg/L)	≤1.0	≤1.0	≤1.0	≤2.0	>2.0
23	碘化物/(mg/L)	≤0.1	≤0.1	≤0.2	≤1.0	>1.0
24	氰化物/(mg/L)	≤0.001	≤0.01	≤0.05	≤0.1	>0.1
25	汞（Hg)/(mg/L)	≤0.00005	≤0.0005	≤0.001	≤0.001	>0.001
26	砷（As)/(mg/L)	≤0.005	≤0.01	≤0.05	≤0.05	>0.05
27	硒（Se)/(mg/L)	≤0.01	≤0.01	≤0.01	≤0.1	>0.1
28	镉（Cd)/(mg/L)	≤0.0001	≤0.001	≤0.01	≤0.01	>0.01
29	铬（六价）(Cr^{6+})/(mg/L)	≤0.005	≤0.01	≤0.05	≤0.1	>0.1
30	铅（Pb)/(mg/L)	≤0.005	≤0.01	≤0.05	≤0.1	>0.1
31	铍（Be)/(mg/L)	≤0.00002	≤0.0001	≤0.0002	≤0.001	>0.001
32	钡（Ba)/(mg/L)	≤0.01	≤0.1	≤1.0	≤4.0	>4.0
33	镍（Ni)/(mg/L)	≤0.005	≤0.05	≤0.05	≤0.1	>0.1

续表

序号	项目	水质分类				
		Ⅰ类	Ⅱ类	Ⅲ类	Ⅳ类	Ⅴ类
34	滴滴涕/(μg/L)	不得捡	≤0.005	≤1.0	≤1.0	>1.0
35	六六六/(μg/L)	≤0.005	≤0.05	≤5.0	≤5.0	>5.0
36	总大肠菌群/(个/L)	≤3.0	≤3.0	≤3.0	≤100	>100
37	细菌总数/(个/rnL)	≤100	≤100	≤100	≤1000	>1000
38	总α放射性/(Bq/L)	≤0.1	≤0.1	≤0.1	>0.1	>0.1
39	总β放射性/(Bq/L)	≤0.1	≤1.0	≤1.0	>1.0	>1.0

二、水污染排放标准

《中华人民共和国水污染防治法》中对水污染的定义：水体因某种物质的介入，而导致其化学、物理、生物或者放射性等方面特性的改变，从而影响水的有效利用，危害人体健康或者破坏生态平衡，造成水质恶化的现象。

水污染排放标准是指需排入各类水域或回用的污水水质应达到或通过处理后达到所允许的程度。

水污染排放标准是执行和实施环境保护政策法规的主要依据和控制污染源的直接手段。

水污染排放标准分为污水一般排放标准、行业水污染物排放标准、地方水污染物排放标准三类。

（一）GB 8978—1996《污水综合排放标准》

为贯彻《中华人民共和国环境保护法》《中华人民共和国水污染防治法》和《中华人民共和国海洋环境保护法》，控制水污染，保护江河、湖泊、运河、渠道、水库和海洋等地面水以及地下水水质的良好状态，保障人体健康，维护生态平衡，促进国民经济和城乡建设的发展，特制定本标准。

本标准按照污水排放去向，分年限规定了 69 种水污染物最高允许排放浓度及部分行业最高允许排水量。

1. 范围

本标准适用于现有单位水污染物的排放管理，以及建设项目的环境影响评价、建设项目环境保护设施设计、竣工验收及其投产后的排放管理。

2. 标准分级

（1）排入 GB 3838 中Ⅲ类水域（划定的保护区和游泳区除外）和排入 GB 3097 中二类海域的污水，执行一级标准。

（2）排入 GB 3838 中Ⅳ、Ⅴ类水域和排入 GB 3097 中三类海域的污水，执行二级标准。

（3）排入设置二级污水处理厂的城镇排水系统的污水，执行三级标准。

（4）排入未设置二级污水处理厂的城镇排水系统的污水，必须根据排水系统出水受纳

水域的功能要求，分别执行 1）和 2）的规定。

（5）GB 3838 中Ⅰ、Ⅱ类水域和Ⅲ类水域中划定的保护区，GB 3097 中一类海域，禁止新建排污口，现有排污口应按水体功能要求，实行污染物总量控制，以保证受纳水体水质符合规定用途的水质标准。

3. 标准值

本标准将排放的污染物按其性质及控制方式分为两类。

（1）第一类污染物，不分行业和污水排放方式，也不分受纳水体的功能类别，一律在车间或车间处理设施排放口采样，其最高允许排放浓度必须达到本标准要求（采矿行业的尾矿坝出水口不得视为车间排放口），见表 4-10。

（2）第二类污染物，在排污单位排放口采样，其最高允许排放浓度必须达到本标准要求，见表 4-11。

表 4-10　　第一类污染物最高允许排放浓度

序号	污染物	最高允许排放浓度
1	总汞/(mg/L)	0.05
2	烷基汞/(mg/L)	不得检出
3	总镉/(mg/L)	0.1
4	总铬/(mg/L)	1.5
5	六价铬/(mg/L)	0.5
6	总砷/(mg/L)	0.5
7	总铅/(mg/L)	1.0
8	总镍/(mg/L)	1.0
9	苯并（a）芘/(mg/L)	0.00003
10	总铍/(mg/L)	0.005
11	总银/(mg/L)	0.5
12	总 α 放射性/(Bq/L)	1
13	总 β 放射性/(Bq/L)	10

表 4-11　　第二类污染物最高允许排放浓度　　单位：mg/L

序号	污染物	适用范围	一级标准	二级标准	三级标准
1	pH 值	一切排污单位	6～9	6～9	6～9
2	色度（稀释倍数）	染料工业	50	180	—
3	悬浮物（SS）	采矿、选矿、选煤工业	100	300	—
		脉金选矿	100	500	—
		边远地区砂金选矿	100	800	—
		城镇二级污水处理厂	20	30	—
		其他排污单位	70	200	400

续表

序号	污染物	适用范围	一级标准	二级标准	三级标准
4	五日生化需氧量（BOD_5）	甘蔗制糖、苎麻脱胶、湿法纤维板工业	30	100	600
		甜菜制糖、酒精、味精、皮革、化纤浆粕工业	30	150	600
		城镇二级污水处理厂	20	30	—
		其他排污单位	30	60	300
5	化学需氧量（COD）	甜菜制糖、焦化、合成脂肪酸、湿法纤维板、染料、洗毛、有机磷农药工业	100	200	1000
		味精、酒精、医药原料药、生物制药、苎麻脱胶、皮革、化纤浆粕工业	100	300	1000
		石油化工工业（包括石油炼制）	100	150	500
		城镇二级污水处理厂	60	120	—
		其他排污单位	100	150	500
6	石油类	一切排污单位	10	10	30
7	动植物油	一切排污单位	20	20	100
8	挥发酚	一切排污单位	0.5	0.5	2.0
9	总氰化合物	电影洗片（铁氰化合物）	0.5	5.0	5.0
		其他排污单位	0.5	0.5	1.0
10	硫化物	一切排污单位	1.0	1.0	2.0
11	氨氮	医药原料药、染料、石油化工工业	15	50	—
		其他排污单位	15	25	—
12	氟化物	黄磷工业	10	20	20
		低氟地区（水体含氟量＜0.5mg/L）	10	20	30
		其他排污单位	10	10	20
13	磷酸盐（以P计）	一切排污单位	0.5	1.0	—
14	甲醛	一切排污单位	1.0	2.0	5.0
15	苯胺类	一切排污单位	1.0	2.0	5.0
16	硝基苯类	一切排污单位	2.0	3.0	5.0
17	阴离子表面活性剂（LAS）	合成洗涤剂工业	5.0	15	20
		其他排污单位	5.0	10	20
18	总铜	一切排污单位	0.5	1.0	2.0
19	总锌	一切排污单位	2.0	5.0	5.0
20	总锰	合成脂肪酸工业	2.0	5.0	5.0
		其他排污单位	2.0	2.0	5.0

续表

序号	污染物	适用范围	一级标准	二级标准	三级标准
21	彩色显影剂	电影洗片	2.0	3.0	5.0
22	显影剂及氧化物总量	电影洗片	3.0	6.0	6.0
23	元素磷	一切排污单位	0.1	0.3	0.3
24	有机磷农药（以P计）	一切排污单位	不得检出	0.5	0.5
25	粪大肠菌群数	医院①、兽医院及医疗机构含病原体污水	500个/L	1000个/L	5000个/L
		传染病、结核病医院污水	100个/L	500个/L	1000个/L
26	总余氯（采用氯化消毒的医院污水）	医院①、兽医院及医疗机构含病原体污水	＜0.5②	＞3（接触时间≥1h）	＞2（接触时间≥1h）
		传染病、结核病医院污水	＜0.5②	＞6.5（接触时间≥1.5h	＞5（接触时间≥1.5h）

① 指50个床位以上的医院。

② 加氯消毒后须进行脱氯处理，达到本标准。

（二）行业水污染物排放标准

行业水污染物排放标准是全国统一的对与环境保护有关的工艺、设备、资源综合利用、排污定额等内容的规定。

（三）地方水污染物排放标准

地方水污染物排放标准是国家排放标准的补充和具体化，对水体的水质所作的综合性定量评价。

三、水环境质量评价

水环境质量评价是指利用评价模型和参数对水体的环境质量做出量化的、有效的评判，确定其水环境质量状况和应用价值，从而为防止水体污染及其合理开发利用、保护水源提供理论依据。

水环境质量评价的目的是：①对不同地区各个时期水质的变化趋势进行分析；②分析对工农业生产和生态系统的影响；③分析对人体健康的影响；④根据水资源利用目的，分析水体水质的适用性。

由于污染物质之间存在复杂关系，对环境质量的影响程度不一、水质分级标准难以统一、对水体质量的综合评判存在模糊性，因此水环境质量评价方法随角度和出发点不同而不同，但方法本身应具有科学性、正确性和可比性。具体水环境质量评价方法见表4-12。

表4-12 水环境质量评价方法汇总表

名称	基本原理	适用范围	优、缺点
一般统计法	以监测点的检出值与背景值或饮用水标准比较，统计其检出数、检出率、超标率及其分布规律	适用于水环境条件简单、污染物质单一的地区，适用于水质初步评价	简单明了，但应用有局限性，不能反映总体水质状况

续表

名称	基本原理	适用范围	优、缺点
综合指数法	将有量纲的实测值变为无量纲的污染指数进行水质评价	适用于对某一水井、某一地段的时段水体质量进行评价	便于纵向、横向对比，但不能真实反映各污染物对环境影响的大小，分级存在绝对化，不尽合理
数理统计法	在大量水质资料分析的基础上，建立各种数学模型，经数理统计的定量运算，评价水质	水质资料准确，长期观测资料丰富，水质监测和分析基础工作扎实	直观明了，便于研究水化学类型成因，有可比性；但数据的收集整理困难
模糊数学综合评判法	应用模糊数学理论，运用隶属度刻画水质的分级界限，用隶属函数对各单项指标分别进行评价，再用模糊矩阵复合运算法进行水质评价	区域现状评价和趋势分析	考虑了界限的模糊性，各指标在总体中污染程度清晰化、定量化，但可比性较差
浓度级数模式法	基于矩阵指数模式原理	连续性区域水质评价	克服了水质分级和边际数值衔接的不合理

复习思考题

1. 简述水功能区划体系。
2. 什么是水功能区纳污能力？有哪些计算方法？
3. 水环境水质模型有哪几类？
4. 简述水环境水质模型建立步骤。
5. 简述完全混合模型适用条件。
6. 原水中的杂质如何分类？
7. 简述我国水环境标准体系。
8. 简述《地表水环境质量标准》的水质分类方法及指标。
9. 简述地下水质量指标的分类方法及指标。
10. 简述水资源保护措施。

第五章　区域水资源供需分析

水资源开发利用中的一个重要问题是水的供需关系，即水资源实际供应能力与需求之间的矛盾。水资源的可供量受某特定范围内水资源的数量、时空分布以及供水工程能力的制约，实际需水量则与生产发展、人民生活水平、产业结构和水的利用效率有关，不同时期的可供水量与实际需求量是可变的。在理论上，供需关系有三种情况，即供大于需、供需平衡和供小于需，而经常遇到的问题是供小于需，即供水紧张问题。水资源供需分析就是要弄清楚区域或流域的供水、用水状况，并根据经济社会发展规划和生态建设规划的目标，对水资源供需关系作出推断预测，提出保证水资源安全供应的方案和措施，以保证经济的可持续发展和人民生活质量的日益提高。

第一节　需　水　预　测

需水预测是指根据对现状和未来发展水平、用水水平与用水效率的分析，依据水资源高效利用和统筹安排生活、生产、生态用水的原则，进行不同水平年、不同年型和不同方案需水量分析计算。需水预测是水资源长期规划的基础，也是水资源管理的重要依据。区域或流域的需水预测，可以为政府或水行政主管部门提供未来社会经济发展的水资源量数据，以便为今后的区域发展提供依据。

一、用水户及需水统计口径分类

需水预测的用水户分生活、生产和生态环境三大类，要求按城镇和农村两种供水系统分别进行统计与汇总，并单独统计所有建制市的有关成果。

生活用水是指城镇居民生活用水和农村居民生活用水；生产需水是指有经济产出的各类生产活动所需的水量，包括第一产业（种植业、林牧渔业）、第二产业（工业、建筑业）及第三产业（商饮业、服务业）。农业用水和工业用水均为生产用水，牲畜用水计入农业用水中，城镇公共用水中的建筑业和商饮业、服务业用水，分别计入第二、三产业的生产用水中。对于河道内其他生产活动如水电、航运等，因其用水一般不消耗水资源的数量，对其单独列项统计，与河道内生态需水一并取外包线作为河道内需水考虑。生活和生产需水统称为经济社会需水。

生态环境需水分为维护生态环境功能和生态环境建设两类，并按河道内与河道外用水划分，城市公共用水中的“城市绿化和河湖补水”部分计入“城镇生态环境美化需水”中。

根据《全国水资源综合规划技术细则》，国民经济行业和生产用水分类对照见表5—1，用水户分类及其层次结构见表5-2。

表 5-1　　国民经济和生产用水行业分类表

<table>
<tr><th>三大产业</th><th>7 部门</th><th>17 部门</th><th>40 部门（投入产出表分类）</th><th>部门序号</th></tr>
<tr><td>第一产业</td><td>农业</td><td>农业</td><td>农业</td><td>1</td></tr>
<tr><td rowspan="14">第二产业</td><td rowspan="4">高用水工业</td><td>纺织</td><td>纺织业、服装皮革羽绒及其他纤维制品制造业</td><td>7、8</td></tr>
<tr><td>造纸</td><td>造纸印刷及文教用品制造业</td><td>10</td></tr>
<tr><td>石化</td><td>石油加工及炼焦业、化学工业</td><td>11、12</td></tr>
<tr><td>冶金</td><td>金属冶炼及压延加工业、金属制品业</td><td>14、15</td></tr>
<tr><td rowspan="8">一般工业</td><td>采掘</td><td>煤炭采选业、石油和天然气开采业、金属矿采选业、非金属矿采选业、煤气生产和供应业、自来水的生产和供应业</td><td>2、3、4、5、25、26</td></tr>
<tr><td>木材</td><td>木材加工及家具制造业</td><td>9</td></tr>
<tr><td>食品</td><td>食品制造及烟草加工业</td><td>6</td></tr>
<tr><td>建材</td><td>非金属矿物制品业</td><td>13</td></tr>
<tr><td>机械</td><td>机械工业、交通运输设备制造业、电气机械及器材制造业、机械设备修理业</td><td>16、17、18、21</td></tr>
<tr><td>电子</td><td>电子及通信设备制造业、仪器仪表及文化办公用机械制造业</td><td>19、20</td></tr>
<tr><td>其他</td><td>其他制造业、废品及废料</td><td>22、23</td></tr>
<tr><td>电力工业</td><td>电力</td><td>电力及蒸汽热水生产和供应业</td><td>24</td></tr>
<tr><td>建筑业</td><td>建筑业</td><td>建筑业</td><td>27</td></tr>
<tr><td rowspan="3">第三产业</td><td>商饮业</td><td>商饮业</td><td>商业、饮食业</td><td>30、31</td></tr>
<tr><td rowspan="2">服务业</td><td>货运邮电业</td><td>货物运输及仓储业、邮电业</td><td>28、29</td></tr>
<tr><td>其他服务业</td><td>旅客运输业、金融保险业、房地产业、社会服务业、卫生体育和社会福利业、教育文化艺术及广播电影电视业、科学研究事业、综合技术服务业、行政机关及其他行业</td><td>32、33、34、35、36、37、38、39、40</td></tr>
</table>

注　1997 年国家颁布的 40 个部门为投入产出表的分类口径，与统计年鉴分类口径略有不同，可参考投入产出口径统计。

表 5-2　　用水户分类口径及其层次结构

<table>
<tr><th>一级</th><th>二级</th><th>三级</th><th>四级</th><th>备注</th></tr>
<tr><td rowspan="2">生活</td><td rowspan="2">生活</td><td>城镇生活</td><td>城镇居民生活</td><td>仅为城镇居民生活用水（不包括公共用水）</td></tr>
<tr><td>农村生活</td><td>农村居民生活</td><td>仅为农村居民生活用水（不包括牲畜用水）</td></tr>
<tr><td rowspan="6">生产</td><td rowspan="6">第一产业</td><td rowspan="2">种植业</td><td>水田</td><td>水稻等</td></tr>
<tr><td>水浇地</td><td>小麦、玉米、棉花、蔬菜、油料等</td></tr>
<tr><td rowspan="4">林牧渔业</td><td>灌溉林果地</td><td>果树、苗圃、经济林等</td></tr>
<tr><td>灌溉草场</td><td>人工草场、灌溉的天然草场、饲料基地等</td></tr>
<tr><td>牲畜</td><td>大、小牲畜</td></tr>
<tr><td>鱼塘</td><td>鱼塘补水</td></tr>
</table>

续表

一级	二级	三级	四级	备注
生产	第二产业	工业	高用水工业	纺织、造纸、石化、冶金
			一般工业	采掘、食品、木材、建材、机械、电子、其他［包括电力工业中非火（核）电部分］
			火（核）电工业	循环式、直流式
		建筑业	建筑业	建筑业
	第三产业	商饮业	商饮业	商业、饮食业
		服务业	服务业	货运邮电业、其他服务业、城市消防用水、公共服务用水及城市特殊用水
生态环境	河道内	生态环境功能	河道基本功能	基流、冲沙、防凌、稀释净化等
			河口生态环境	冲淤保港、防潮压碱、河口生物等
			通河湖泊与湿地	通河湖泊与湿地等
			其他河道内	根据河流具体情况设定
	河道外	生态环境功能	湖泊湿地	湖泊、沼泽、滩涂等
		其他生态建设	城镇生态环境美化	绿化用水、城镇河湖补水、环境卫生用水等
			其他生态建设	地下水回补、防沙固沙、防护林草、水土保持等

注 1. 农作物用水行业和生态环境分类等因地而异，可根据各地区情况确定。
2. 分项生态环境用水量之间有重复，提出总量时取外包线。
3. 河道内其他非消耗水量的用户包括水力发电、内河航运等，未列入本表，但文中已作考虑。
4. 生产用水应分成城镇和农村两类口径分别进行统计或预测。
5. 建制市成果应单列。

二、经济社会发展指标分析

与需水预测有关的经济社会发展指标包括人口及城市化率、国民经济发展指标、农业发展及土地利用指标等。各项指标可采用有关主管部门的预测成果，或依据其提供的资料进行预测。近期经济社会发展指标，以各级政府制定的国民经济和社会发展计划、规划和有关行业发展规划为基本依据；中远期经济社会发展指标，采用相关行业部门的规划成果，或根据相关行业部门提供的资料进行预测。

（一）人口与城市（镇）化

人口指标包括总人口、城镇人口、农村人口、城市化率等。人口预测以常住人口口径进行，建议采用人口发展规划的成果，或根据计划生育行政管理部门、社会经济信息统计主体部门和宏观调控部门提供的资料进行预测，也可采用模型法或指标法等方法进行预测。

城市（镇）化预测，应结合国家和各级政府制定的城市（镇）化发展战略与规划，充分考虑水资源条件对城市（镇）发展的承载能力，合理安排城市（镇）发展布局和确定城镇人口的规模。城镇人口可采用城市化率（城镇人口占全部人口的比率）方法进行预测。

在城乡人口预测的基础上，进行用水人口预测。城镇用水人口是指由城镇供水系统、企事业单位及自备水源供水的人口；农村用水人口则为农村地区供水系统供水（包括自给方式取水）的用水人口。

城镇用水人口包括常住人口（可采用户籍人口）和居住时间超过 6 个月的暂住人口。暂住人口所占比重不大的，可直接采用城镇人口作为城镇用水人口。对于流出人口比较多的农村，也应考虑其流出人口的影响。

（二）国民经济发展指标

国民经济发展指标包括地区生产总值及其组成结构、工业总产值（增加值）以及发展速度等。各项经济指标应按统一的价格水平进行统计和预测。

国民经济发展预测应结合当地经济发展特点和资源条件，尽可能利用已有的相关成果。规划水平年国民经济发展预测要按照我国经济发展战略目标，结合基本国情和区域发展情况，符合国家有关产业政策，结合当地经济发展特点和水资源条件，尤其是当地水资源的承载能力。除总量发展指标数据外，应同时预测各主要行业的发展指标，并协调好分行业指标和总量指标间的关系。各行业发展指标以增加值指标为主，以产值指标为辅，有条件的地区可建立宏观经济模型进行预测。建议采用国民经济和社会发展规划及有关行业规划、专项规划的成果，或根据宏观调控部门、经济综合管理部门和社会经济信息统计主体部门提供的资料进行预测。

在只进行河道外需水预测时，对以河道内用水为主的水电、航运、水产养殖等行业的经济发展指标可不进行统计和预测。

预测工业经济发展指标时，要对火（核）电工业、高用水行业和一般工业的经济发展指标分别进行预测。预测火（核）电工业未来发展时，可不预测其工业产值（增加值）指标，而只预测其装机容量和发电量等指标，并按发电机组凝冷器冷却方式的不同，分别进行预测。

建筑业的需水量预测可采用单位竣工面积定额法，因而需统计和预测现状及不同水平年的新增竣工面积。新增竣工面积可按建设部门的统计确定，或根据人均建筑面积推算。

（三）农业发展及土地利用指标

农业发展及土地利用指标包括农田灌溉面积、林果地灌溉面积、牧草场灌溉面积、鱼塘面积、牲畜存栏数等，必要时还可包括耕地面积、主要作物的播种面积、农业产值（增加值）、粮食产量等。

农业发展及土地利用指标预测建议采用土地利用总体规划的成果，或根据土地行政主管部门、农业发展主管部门和水行政主管部门提供的资料进行预测。预测耕地面积时，应遵循国家有关土地管理法规与政策以及退耕还林还草还湖等有关政策，考虑基础设施建设和工业化、城市化发展等占地的影响。在耕地面积预测成果基础上，按照各地不同的复种指数，预测农作物播种面积；按照粮食作物和经济作物播种面积的组成，测算粮食、棉花、油料、蔬菜等主要农作物的总产量。农作物总产量预测，要充分考虑科技进步、灌区生产潜力和旱地农业发展对提高农作物产量的作用。

预测灌溉面积时，应以水行政主管部门的现状统计数据为基础。各地已有农田灌溉发展规划可作为灌溉面积预测的基本依据，但要根据新的情况，进行必要的复核或调整。农田灌溉面积发展指标应充分考虑当地的水、土、光、热资源条件以及市场需求情况，调整种植结构，合理确定发展规模与布局。根据灌溉水源的不同，要将农田灌溉面积划分成井灌区、渠灌区和井渠结合灌区三种类型。

根据畜牧业发展规划以及对畜牧产品的需求，考虑农区畜牧业发展情况，进行牧草场灌溉面积和畜牧业大、小牲畜头数指标预测。根据林果业发展规划以及市场需求情况，进行林果地灌溉面积发展指标预测。

三、各行业用水指标分析

用水指标是衡量用水水平的一项参数，是考核不同用水户用水水平的指标。用水指标反映了用水户对水资源的利用状况及其利用效率与效益。用水指标可按以下方式分类：①按照指标所反映用水水平的范围，将用水指标分为综合指标和行业指标；②根据用水行业特性，行业指标分为农业指标、工业指标、生活指标等。

（一）综合指标

1. 单位人口用水量

区域内的生产、生活与生态用水量总和与总用水人口的比值，一般按年度分析，反映该区域用水状况的宏观指标，按式（5-1）计算：

$$q_{人均}=\frac{Q_{总}}{N} \tag{5-1}$$

式中 $q_{人均}$——单位人口用水量，m^3/人；

$Q_{总}$——区域内总用水量，m^3；

N——区域内总用水人口，人。

2. 单位GDP用水量

区域内总用水量与地区生产总值（万元）的比值，一般按年度分析，是反映该区域宏观经济发展用水情况的指标，按式（5-2）计算：

$$q_{GDP}=\frac{Q_{总}}{GDP} \tag{5-2}$$

式中 q_{GDP}——单位GDP用水量，m^3/万元；

$Q_{总}$——区域内总用水量，不包含污水处理回用量，m^3；

GDP——地区生产总值，万元。

（二）行业指标

1. 农业

（1）单位面积农田灌溉用水量。区域内农田灌溉用水总量与实际灌溉面积的比值，一般按年度分析，是反映该区域农田灌溉用水状况的指标，按式（5-3）计算：

$$q_{农田}=\frac{Q_{农田}}{S_{农田}} \tag{5-3}$$

式中 $q_{农田}$——农田单位面积灌溉用水量，m^3/亩（或 m^3/hm^2）；

$Q_{农田}$ ——农田灌溉用水总量，m^3；

$S_{农田}$ ——农田实际灌溉面积，亩（或 hm^2）。

（2）单位面积林果地灌溉用水量。区域内林果地灌溉用水总量与林果地实际灌溉面积的比值，一般按年度分析，是反映该区域林果地灌溉用水状况的指标，按式（5－4）计算：

$$q_{林果}=\frac{Q_{林果}}{S_{林果}} \tag{5-4}$$

式中　$q_{林果}$ ——林果地单位面积灌溉用水量，m^3/亩（或 m^3/hm^2）；

$Q_{林果}$ ——林果地灌溉用水总量，m^3；

$S_{林果}$ ——林果地实际灌溉面积，亩（或 hm^2）。

（3）单位面积草场灌溉用水量。区域内灌溉用水总量与草场实际灌溉面积的比值，一般按年度分析，是反映该区域草场灌溉用水状况的指标。按式（5－5）计算：

$$q_{草场}=\frac{Q_{草场}}{S_{草场}} \tag{5-5}$$

式中　$q_{草场}$ ——草场单位面积灌溉用水量，m^3/亩（或 m^3/hm^2）；

$Q_{草场}$ ——草场灌溉用水总量，m^3；

$S_{草场}$ ——草场实际灌溉面积，亩（或 hm^2）。

（4）单位面积鱼塘补水量。区域内鱼塘换水、补水总量与鱼塘面积的比值，一般按年度分析，是反映该区域人工鱼塘用水状况的指标。按式（5－6）计算：

$$q_{鱼塘}=\frac{Q_{鱼塘}}{S_{鱼塘}} \tag{5-6}$$

式中　$q_{鱼塘}$ ——鱼塘单位面积补水量，m^3/亩（或 m^3/hm^2）；

$Q_{鱼塘}$ ——人工鱼塘的换水和补水总量，m^3；

$S_{鱼塘}$ ——人工鱼塘面积，亩（或 hm^2）。

（5）灌溉水利用系数。统计期间（一般为一年）灌区内灌入田间可被作物利用的水量与干渠渠首引入的灌溉总水量的比值，也可用渠道水利用系数和田间水利用系数的乘积来表示。可参考国家标准《节水灌溉工程技术规范》（GB/T 50363—2006）等规范关于渠道水利用系数和田间水利用系数测定方法计算灌溉水利用系数。

（6）牲畜头均日用水量。区域内牲畜用水总量与年底牲畜存栏数的比值，一般按年度分析，是反映该区域牲畜用水状况的指标，按式（5－7）计算：

$$q_{牧畜}=\frac{Q_{牧畜}}{365\times N_{牧畜}}\times 1000 \tag{5-7}$$

式中　$q_{牲畜}$ ——牲畜头均日用水量，L；

$Q_{牲畜}$ ——牲畜年用水总量，m^3；

$N_{牲畜}$ ——年底牲畜存栏数，头。

2. 工业

（1）单位工业增加值用水量。区域内工业用水总量与工业增加值（万元）的比值，一般按年度分析，是从工业角度反映该区域工业用水状况的指标，按式（5－8）计算：

$$q_{工业} = \frac{Q_{工业}}{GDP_{工业}} \tag{5-8}$$

式中 $q_{工业}$——单位工业增加值用水量，m^3/万元；

$Q_{工业}$——工业用水总量，m^3；

$GDP_{工业}$——地区工业增加值，万元。

（2）单位工业产品用水量。区域内工业用水总量与工业产品数量的比值，一般按年度分析，是从实物产品的角度反映该区域工业用水状况的指标，按式（5-9）计算：

$$q_{产品} = \frac{Q_{产品}}{M} \tag{5-9}$$

式中 $q_{产品}$——某类工业产品的单位产品用水量，m^3/产品单位；

$Q_{产品}$——工业生产某类产品过程中的取水总量，m^3；

M——工业生产某类产品的数量，产品计量单位根据现行工业产品目录中统计口径确定。

（3）火（核）电单位发电量用水量。区域内火（核）电用水总量发电总量的比值，一般按年度分析，是反映该区域火（核）电用水状况的指标，按式（5-10）计算：

$$q_{火(核)电} = \frac{Q_{火(核)电}}{E} \tag{5-10}$$

式中 $q_{火(核)电}$——火（核）电单位发电量用水量，m^3/(万 kW·h)；

$Q_{火(核)电}$——火（核）电工业用水总量，m^3；

E——火（核）电工业发电量，万 kW·h。

（4）工业用水重复利用率。区域内工业用水重复利用水量占总用水量（包括新取水和重复利用水量之和）的百分比，按式（5-11）计算：

$$\left.\begin{aligned} \eta &= \frac{Q_{重复}}{Q_{工业}} \times 100\% \\ 或\ \eta &= \left(1 - \frac{Q_{补充}}{Q_{工业}} \times 100\%\right) \end{aligned}\right\} \tag{5-11}$$

式中 η——工业用水重复利用率；

$Q_{重复}$——工业重复利用水量，m^3；

$Q_{工业}$——工业总用水量（包括新取水和重复利用水量之和），m^3；

$Q_{补充}$——补充水量（即新取水量），m^3。

3. 生活

（1）单位人口城镇公共用水量。区域内城镇公共服务用水总量与城镇用水总人口的比值，一般按年度分析，是反映城镇服务行业用水状况的指标，按式（5-12）计算：

$$q_{城公} = \frac{Q_{城公}}{365 \times N_{城镇}} \times 1000 \tag{5-12}$$

式中 $q_{城公}$——城镇单位人口公共用水量，L/(人·d)；

$Q_{城公}$——城镇公共用水总量，m^3；

$N_{城镇}$——城镇用水总人口，人。

（2）单位人口农村生活用水量。区域内农村生活用水总量与农村用水总人口的比值，包括农村居民家庭生活用水和牲畜养殖用水，一般按年度分析，是反映农村生活用水状况的指标，按式（5-13）计算：

$$q_{农生}=\frac{Q_{农生}}{365\times N_{农村}}\times 1000 \tag{5-13}$$

式中　$q_{农生}$——农村单位人口生活用水量，L/(人·d)；

$Q_{农生}$——农村生活用水总量，含居民生活用水量和家庭牲畜养殖用水量，m^3；

$N_{农村}$——农村用水总人口，人。

（3）单位人口城镇居民生活用水量。区域内城镇居民家庭用水总量与城镇用水总人口的比值，一般按年度分析，是反映城镇居民家庭生活用水状况的指标，按式（5-14）计算：

$$q_{城居}=\frac{Q_{城居}}{365\times N_{城镇}}\times 1000 \tag{5-14}$$

式中　$q_{城居}$——城镇单位人口居民生活用水量，L/(人·d)；

$Q_{城居}$——城镇居民家庭用水总量，m^3；

$N_{城镇}$——城镇用水总人口，人。

（4）城镇公共供水系统管网漏损率。区域内自城镇公共供水系统起向终端用水户输水过程中，由于管网渗漏损失的水量与供水总量的比值，反映了公共供水、输水系统的供水效率，按式（5-15）计算：

$$\varphi=\frac{Q_{城漏}}{Q_{城供}}\times 100\% \tag{5-15}$$

式中　φ——城镇公共供水管网漏损率，%；

$Q_{城漏}$——城镇公共供水管网漏损量，m^3；

$Q_{城供}$——城镇公共供水总量，m^3。

（三）用水指标分析

用水指标可按区域、行业和用户分类进行分析，用水指标要结合经济社会发展指标（包括人口及城市化率、国民经济发展指标、农业发展及土地利用指标等）进行分析。由于用水指标具有较强的实效性，分析时要明确分析时段，便于指标间的客观分析与比较。用水分析的方法主要有对比分析法、趋势分析法、综合分析法等，可参考《用水指标评价导则》（SL/Z 552—2012）中的分析方法和示例。

四、基准年需水量分析

在进行规划水平年需水预测前，应进行基准年需水量分析，分析时应注意区分基准年需水量与现状年实际用水量。基准年需水量是按照现状经济社会发展水平、用水水平和节水水平，考虑不同降水条件的影响，满足各类用水户合理需求的水量。现状年实际用水量是在特定的降水和供水条件下实际利用的水量，受供水条件的约束，部分合理的用水需求未能得到满足，也没有反映不同降水条件下需水量的变化。

现状未能得到满足的合理用水需求主要包括：正常情况下供水不足而造成的城镇和工

业用水未能得到满足的合理用水需求；灌溉面积未能得到灌溉以及未能按合理的定额进行灌溉，所缺少的以及未满足的灌溉水量。

基准年需水量应在现状用水量分析的基础上，分析因供水不足而未能满足的各类用水户合理的需水量，并分析不同降水频率下需水量变化，提出基准年不同年型的需水量成果。

五、节水分析

在进行需水预测时，应将节水分析作为一个重要环节，其内容主要包括现状用水水平与用水效率分析、各地区各行业节水潜力分析、不同水平年节水目标与要求、节水方案及相应节水措施与投资、不同节水模式下需水预测方案比较。

现状用水水平与用水效率分析应在现状调查的基础上，根据各项用水定额及用水效率指标的分析计算，进行不同时期、不同地区间的比较，特别是与国内外先进节水水平比较，与有关部门制定的用水标准的比较，分析现状用水与节水中存在的主要问题与原因。用水标准是指《城市居民生活用水标准》（GB/T 50331—2002）、《城市综合用水量标准》（SL 367—2006）、《取水定额》（GB/T 18916—2012）等标准，以及有关部门制定的其他用水定额。在进行用水水平、用水效率和节水水平分析时，可选择人均用水量、单位产值用水量、各项用水定额、城市供水管网漏损率、工业用水重复利用率、灌溉水利用系数、节水灌溉面积及节灌率等指标。

各地区各行业节水潜力分析应在现状用水水平、用水效率和节水水平综合分析评价的基础上进行。节水潜力分析与估算建议按计算分区、分行业（部门）进行，可主要通过对城镇供水管网漏损率、工业用水重复利用率、灌溉水利用系数等指标的比较分析，估算节水潜力。

节水分析应拟定不同水平年、不同力度的节水方案，并预测其需水量、估算其节水投资，提供给供需分析阶段进行比较。节水分析时，应至少提供两组节水方案供比较分析：①在现状节水水平和相应的节水措施基础上，基本保持现状节水力度，并考虑用水定额和用水量的变化趋势所确定的需水方案称为一般节水方案，也称节水基本方案；②在基本方案的基础上，进一步加大节水力度，强化需水管理，抑制需水过快增长，进一步提高用水效率和节水水平等各种措施后，所确定的需水方案称为强化节水方案，也称为节水比较方案。在制定节水方案时，应考虑多采取多样的节水措施，以及产业结构变化和科技进步对控制用水需求的作用与影响，考虑水资源紧缺对社会经济发展的制约作用。在缺水地区，应加大各行业（部门）的节水力度，限制高耗水行业的发展及其用水需求的增长。

六、需水预测

需水预测一般以定额法或趋势法为主要方法，并可用产品产量法、人均综合用水量预测法、弹性系数法等其他方法进行复核，经综合分析，合理选定预测成果。相对而言，定额法较为成熟，用得较多，趋势法也具有一定的优越性。

（一）生活需水量预测

生活需水分城镇居民生活用水和农村居民生活用水两类，可采用人均日用水量指标进行预测。

根据经济社会发展指标的预测成果，结合水资源条件和供水能力建设，拟定与其经济发展水平和生活水平相适应的城镇居民生活用水定额和农村居民生活用水定额，分别进行城镇居民生活和农村居民生活需水预测。

不同水平年的城镇居民生活用水定额，应在现状城镇生活用水调查与用水节水水平分析的基础上，参照建设部门已制定的城市（镇）用水标准，参照国内外同类地区或城市生活用水变化的趋势和增长过程，结合对生活用水习惯、水价水平的分析，考虑节水器具推广与普及情况，根据未来的发展水平和生活水平等综合拟定。

不同水平年的农村居民生活用水定额，应在对过去和现在用水定额分析的基础上，分析农村生活需水量的变化趋势，考虑未来农村生活水平提高和供水条件的改善等综合拟定。

城镇和农村生活需水量年内相对比较均匀，可按年内月平均需水量确定其年内需水过程。对于年内用水量变幅较大的地区，可通过典型调查和用水量分析，确定生活需水月分配系数，进而确定生活需水的年内需水过程。

（二）农业需水预测

农业需水包括农田灌溉、林果地灌溉、牧草场灌溉、鱼塘补水、禽畜养殖用水等需水。农业需水一般采用定额法预测需水量。

1. 农田灌溉需水

对于井灌区、渠灌区和井渠结合灌区，应根据节约用水的有关成果，分别确定各自的渠系及灌溉水利用系数，并分别计算其净灌溉需水量和毛灌溉需水量。农田净灌溉定额根据作物需水量考虑田间灌溉损失计算，毛灌溉需水量根据计算的农田净灌溉定额和比较选定的灌溉水利用系数进行预测。

农田灌溉定额，可选择具有代表性的农作物的灌溉定额，结合农作物播种面积预测成果或复种指数加以综合确定。对于资料条件比较好的地区，可采用彭曼公式计算农作物蒸腾蒸发量、扣除有效降水并考虑田间灌溉损失，计算灌溉净定额。灌溉定额可分为充分灌溉和非充分灌溉两种类型：①对于水资源比较丰富的地区，一般采用充分灌溉定额；②对于水资源比较紧缺的地区，一般可采用非充分灌溉定额。灌溉定额的分析计算应充分利用灌溉试验站场的资料和成果，以及有关的研究成果。

应进行不同降水频率下的灌溉需水量预测，必要时可采用长系列降水资料计算。应分别提出降水频率 $P=50\%$、$P=75\%$ 和 $P=95\%$ 的灌溉定额，分别代表平水年、中等干旱年和特枯水年的灌溉定额。南方地区可采用 $P=90\%$ 的灌溉定额，预测特枯水年农田灌溉需水量。

2. 林牧渔业需水

林牧渔业需水包括林果地灌溉、牧草场灌溉、鱼塘补水和禽畜养殖用水等四类。林牧渔业需水量中的灌溉（补水）需水量部分，受降水条件影响较大或用水量变化较大的地区，可分别提出降水频率为 $P=50\%$、$P=75\%$ 和 $P=95\%$ 不同年型的预测成果，其总量不大或不同年份变化不大时可用平均值代替。

根据当地试验资料或现状典型调查，分别确定林果地和牧草场灌溉的净灌溉定额；根

据灌溉水源及灌溉方式，分别确定渠系水利用系数；结合林果地与牧草场发展面积预测指标，进行林果地和牧草场灌溉净需水量和毛需水量预测。鱼塘需水量为维持鱼塘一定水面面积和相应水深所需要补充的水量，根据鱼塘面积与补水定额进行估算。补水定额为单位面积的补水量，应根据降水量、水面蒸发量、鱼塘渗漏量和需换水次数确定。禽畜养殖需水量指家禽家畜养殖场的需水量，应按大牲畜、小牲畜、家禽三类分别确定用水定额，也可根据肉禽产量折算成牲畜头数估算需水量。

3. 灌溉用水月分配过程

灌溉用水具有季节性和年内分配不均匀的特点，为了反映灌溉需水量的年内分配过程，应综合考虑作物的组成及不同生长期的需求、灌溉制度，以及降水月分配过程等影响因素，结合典型调查，提出灌溉需水量的月分配过程或月分配系数。

（三）工业需水预测

工业需水按火（核）电工业、高用水工业、一般工业分类进行预测。工业需水预测以定额法为主要方法，也可采用趋势法、重复利用率提高法、弹性系数法等方法。

预测火（核）电需水时，应分别对其取水量和耗水量进行预测。火（核）电工业采用单位发电量用水量指标预测其需水量，也可采用单位装机容量用水量指标或单位发电量产值（增加值）用水量指标进行预测。

高用水工业和一般工业需水通常根据万元 GDP 用水量、万元工业产值（增加值）用水量，参照有关部门编制的工业节水方案的有关成果，用定额法进行预测。

有关部门和省（自治区、直辖市）已制定的工业用水定额标准，可作为工业用水定额预测的基本依据。远期工业用水定额的确定，可参考目前经济比较发达、用水水平比较先进国家或地区现有的工业用水定额水平结合本地发展条件确定。

在进行工业用水定额预测时，要充分考虑各种影响因素对用水定额的影响。影响因素主要有下列几个：

（1）行业生产性质及产品结构。

（2）用水水平、节水程度。

（3）企业生产规模。

（4）生产工艺、生产设备及技术水平。

（5）用水管理与水价水平。

（6）自然因素与取水（供水）条件。

工业用水年内分配相对均匀，仅对年内用水变幅较大的地区，通过典型调查进行用水过程分析，计算工业需水量月分配系数，确定工业用水的年内需水过程。

（四）建筑业和第三产业需水预测

建筑业需水预测用单位建筑面积用水量指标进行预测，也可采用建筑业万元产值（增加值）用水量指标进行预测。建筑业需水预测应在用水量指标变化趋势分析的基础上，根据各地的具体情况和未来经济发展水平，拟定不同水平年建筑业需水定额，预测其需水量。第三产业需水可采用趋势法或城镇人均用水定额法进行预测，也可采用万元增加值用水量法进行预测。第三产业包含的各种行业用水差异较大，确定用水定额时应考虑行业的组成情况，根据这些产业发展规划成果，结合用水现状分析，预测各规划水平年的净需水定额和水利用系数，进行净需水量和毛需水量的预测。

建筑业和第三产业需水量年内分配比较均匀，仅对年内用水量变幅较大的地区，通过典型调查进行用水量分析，计算需水月分配系数，确定其用水量的年内需水过程。

（五）生态环境需水预测

生态环境用水是指为维持生态与环境功能和进行生态环境建设所需要的最小需水量。我国地域辽阔，气候多样，生态环境需水具有地域性、自然性和功能性特点。生态环境需水预测要以国务院1998年印发的《全国生态环境建设规划》、2000年印发的《全国生态环境保护纲要》和2014年印发的《全国生态保护与建设规划（2013—2020年）》为指导，根据本区域生态环境所面临的主要问题，拟定生态保护与环境建设的目标。

按照修复和美化生态环境的要求，可按河道外和河道内两类生态环境需水口径分别进行预测。根据各分区、各流域水系不同情况，分别计算河道外和河道内生态环境需水量。

河道外生态环境用水分为城市生态环境需水（包括城市河湖补水、绿地需水、环境卫生需水等）和农村生态环境需水（包括回补地下水、人工防护林草用水等）。

对于河道外生态环境需水量，应根据不同水平年生态环境维持与修复目标和对各项生态环境功能保护的具体要求，结合各地的实际情况，采用相应的方法进行预测。对城市绿化、防护林草等以植被需水为主体的，采用灌溉定额法。城镇绿化需水可采用人均绿化用水指标或单位绿地面积用水指标进行预测。人工防护林草需水量，可参照农业灌溉需水量预测方法，采用单位面积需水定额进行预测。城镇河湖生态环境需水量（河湖、湿地等补水）采用计算耗水量的方法，根据需维持的河湖面积，分析单位水面面积蒸发和渗漏损失，并适当考虑改善水质的换水要求，拟定水面面积的补水定额进行预测。

河道内生态环境需水量按生态环境要求可分为生态基流、最小生态环境需水量、满足特殊要求生态环境需水量和河道内生态环境总需水量四个层次。

河道内生态环境需水量按功能可分为维持河道基本功能的需水量（包括防止河道断流、保持水体一定的稀释能力与自净能力、河道冲沙输沙以及维持河湖水生生物生存的水量）、通河湖湿地需水量（包括湖泊、沼泽地需水）和河口生态环境需水量（包括冲淤保港、防潮压碱及河口生物需水）。

对于河道内生态环境需水量，应根据不同水平年河道内各项生态环境要求或功能，结合各地的实际情况，选择适当的方法进行预测。河道内生态环境需水量属非消耗性用水，生态基流一般在河道控制节点的天然径流系列中，统计$P=90\%$频率最小月平均流量进行估算；河道内最小生态环境需水量，一般采用占河道控制节点多年平均年径流量的百分数进行估算，根据各地河流的特点和生态环境目标要求，分析确定其占多年平均年径流量的百分数，北方河流一般采用10%～20%，南方河流一般采用20%～30%；满足特殊要求生态环境需水量是在河道最小生态环境需水量分析的基础上，在满足生态环境保护的特殊要求的情况下，需要增加的需水量，一般采用占多年平均年径流量的百分数进行估算；河道内生态环境总需水量为多年平均年径流量减去多年平均河道外耗损水量所剩余的水量，其主要用于内陆河的河道内生态环境需水量计算。

按生态功能计算河道内生态环境需水量，可采用以下三类方法：①流量计算法（标准流量设定法），如7Q10法、河流流量推荐值法；②水力学法，如R2CROSS法、湿周法

等；③基于生物学基础的栖息地法，如河道内流量增加法、CASIMIR 法。

对于河道内生态环境需水量预测应根据具备的条件和工作的要求，选择合适的方法，具体方法可参阅 SL 45—2006《江河流域规划环境影响评价规范》附录 C 和有关文献。

（六）河道内其他需水量预测

河道内其他需水是指河道内生产需水，包括航运、水力发电、河湖淡水养殖和旅游、休闲、娱乐等用水需求。河道内各项生产基本不消耗水量，但对河道内的水深、流量等有一定的要求，一般应按河道的功能要求，根据用水的特点与要求，参照有关计算方法估算河道内各项生产需水量。

通航河流应根据航道条件保持一定的流量，以维持航道必要的深度和宽度。在设计航运基流时，应根据治理以后的航道等级标准及航道条件，计算确定相应设计最低通航水深保证率的流量，以此作为河道内航运用水的控制流量。

为保持梯级电站、年调节及调峰电站的正常运行，需要向下游下泄并在河道中保持一定的水量。水力发电用水应满足在特定时间和河段内保持一定水量的要求。

河道内水产养殖用水主要指湖泊、水库及河道内养殖鱼类及其他水产品需要保持一定的水量，对水质也有明确的要求，应在考虑其他河道内生态环境和生产用水的条件下，满足河道内水产养殖用水的水量、水质要求。

各项河道内用水对同一水体可以共同利用，上游的河道内的用水到下游也可以被重复利用。根据 SL 429—2008《水资源供需预测分析技术规范》中规定，应在分别计算河道内各项生产需水量与河道内各项生态环境需水量的基础上，分时段（月）取外包，并将各时段（月）的外包值相加，进行综合汇总和协调平衡，得出综合的河道内需水量。河道内需水量应不参与河道外水资源供需平衡分析，但应统筹协调河道内、外用水，进行区域水资源在河道内、外的合理分配。

七、城乡需水量预测统计

根据各用水户需水量的预测结果，对城镇和农村需水量可以采用“直接预测”和“间接预测”两种预测方式进行预测。汇总各计算分区内的城镇需水量和农村需水量预测结果。城镇需水量主要包括：城镇居民生活用水量、城镇范围内菜田、苗圃等农业用水、城镇范围内工业、建筑业以及第三产业生产用水量、城镇范围内的生态环境用水量等；农村需水量主要包括：农村居民生活用水量、农业（种植业和林牧渔业）用水量、农村工业、建筑业以及第三产业生产用水量、农村地区生态环境用水量等。“直接预测”方式是把计算分区分为城镇和农村两类计算单元，分别进行计算单元内城镇和农村需水量预测（包括城镇和农村各类发展指标预测、用水指标及需水量的预测）。“间接预测”方式是在计算分区需水量预测结果的基础上，按城镇和农村两类口径，进行需水量分配；参照现状用水量的城乡分布比例，结合工业化和城镇化发展情况，对城镇和农村均有的工业、建筑业以及第三产业的需水量按人均定额或其他方法处理并进行城乡分配。

八、城市需水量预测

各省（自治区、直辖市）对国家行政设立的建制市城市进行需水预测。城市需水量预测范围限于城市建成区和规划区。城市需水量按用水户分项进行预测，预测方法同各类用水户。一般情况城市需水量不应含农业用水，但对确有农业用水的城市，应进行农业需水量预测；对农业用水占城市总用水量比重不大的城市，可简化预测农业需水量。

九、成果合理性分析

合理性分析包括发展趋势分析、结构分析、用水效率分析、人均指标分析以及国内外同类地区、类似发展阶段的指标比较分析等。特别要注意根据当地水资源承载能力，分析经济社会发展指标和需水预测指标与当地水资源条件、供水能力的协调发展关系，验证预测成果的合理性与现实可能性。

第二节　供　水　预　测

供水预测是指通过对现有工程设施和供水系统的分析，结合水资源开发程度与开发潜力分析，拟定各种增加供水的方案，进行不同水平年、不同年型和不同方案的可供水量分析计算，并进行各种方案的经济技术分析和比选，从而进行可供水量预测，为水资源的供需分析与合理配置提供参考依据。

一、供水系统的分类

按供水工程情况分类，供水系统包括蓄水工程（水库、塘坝）、引水工程、提水工程和调水工程。

按供水水源情况分类，供水系统包括地表水供水工程、浅层地下水供水工程、其他水源供水工程（包括深层承压水、微咸水、雨水集蓄工程及污水处理再利用工程、海水利用工程等）。

按供水用户分类，供水系统包括城市供水工程、农村供水工程和混合供水工程。

二、相关概念的界定

（一）供水能力

供水能力是指区域供水系统能够提供给用户的供水量的大小。它反映了区域内由所有供水工程组成的供水系统，依据系统的来水条件、工程状况、需水要求及相应的运行调度方式和规则，提供给用户不同保证率下的供水量大小。

（二）可供水量

可供水量是指供水系统在不同来水条件下，根据需水要求，按照一定的运行方式和规划进行调配，可提供的能满足一定水质要求的水量。可供水量的概念包含以下内涵：①可供水量并不是实际供水量，而是通过对不同保证率情况下的水资源供需情况进行分析计算后，得出的工程设施“可能”或“可以”提供的水量，是对未来情景进行预测分析的结果；②可供水量既要考虑当前情况下工程的供水能力，又要对未来经济发展水平下的供水情况进行预测分析；③计算可供水量时，要考虑丰、平、枯不同来水情况下，工程能够提供的水量；④可供水量是通过工程设施为用户提供的，没有通过工程设施而为用户利用的

水量（例如农作物利用天然降水、吸收的地下水）不能算作可供水量；⑤可供水量的水质状况必须能达到一定的使用标准。

影响可供水量的因素主要包括以下几个方面：

(1) 来水条件。不同年份的来水变化以及年内来水随季节的变化，都会直接影响可供水量的大小。

(2) 用水条件。用水条件是多方面的，包括产业结构、规模以及用水性质、节水意识和节水水平等，对于不同区域，由于用水条件不同，算出的可供水量也可能不同。此外，一个地区的用水条件也会限制其他地区的可供水量，如流域上游用水会影响下游的可供水量，河道内生态用水会影响河道外地区的可供水量等。

(3) 水质条件。供水的水质必须达到一定的使用标准，所以水源地的水质状况会直接影响到可供水量的大小，如水质差，可供水量就相对少。

(4) 工程条件。工程条件决定了供水能力的大小，也就影响了可供水量的多少，另外，不同的工程调度运行方式和不同时期设施的改扩建等，也会使可供水量发生变化。

(三) 开发利用潜力

开发利用潜力是指通过对现有工程的加固配套和更新改造、新建工程的投入运行和非工程措施的实施后，分别以地表和地下水可供水量以及其他水源可能的供水形式，与现状条件相比所能提高的供水能力。

(四) 可供水量与可利用量的区别

水资源可利用量与可供水量是两个不同的概念。通常情况下，由于兴建的供水工程的实际供水能力同水资源的丰、平、枯水量在时间分配上存在着矛盾，这就大大降低了水资源的利用水平，所以可供水量总是小于可利用水量。现状条件下的可供水量是根据用水需要能提供的水量，它是水资源开发利用程度和能力的现实状况，并不代表水资源的可利用量。

三、基准年可供水量分析

基准年可供水量分析以现状供水量调查统计分析为基础，对现状供水中不合理开发利用的水量进行调整扣除。现状供水中不合理开发利用的水量主要包括地下水超采量、挤占的生态环境用水量、未经处理或不符合水质要求的水量、超过分水指标的引水量等。

按现有水利工程格局和水资源调配方式分析统计计算分区供水能力，包括地表水（含外流域调水）、地下水及其他水源（如污水处理再利用、微咸水、海水等）等不同水源各项工程措施的供水能力。考虑不同年型来水量和需水量的变化，结合工程的调度运行规则，通过长系列法调节计算或典型年计算，得出不同年型的基准年可供水量。

四、可供水量计算

可供水量计算宜采用长系列系统分析的方法，根据区域内供水工程的相互关联关系，组成区域供水系统，依据系统来水条件、工程状况、需水要求及相应的运行调度方式和规则，进行调节计算，得出不同水平年各供水方案的可供水系列，并提出不同年型的可供水量。在不具备长系列系统分析条件的地区，可采用典型年法进行可供水量计算，选择不同年型的代表年份，在分析各代表年现状工程状况下可供水量的基础上，根据不同水平年来水条件、工程状况及需水要求等的变化情况，分析其对不同代表年份可供水量的影响，计算不同水平年、不同年型的可供水量。

（一）地表水可供水量计算

地表水资源开发，一方面要考虑更新改造、续建配套现有水利工程可能增加的供水能力以及相应的技术经济指标，另一方面要考虑规划的水利工程，重点是新建大中型水利工程的供水规模、范围和对象，以及工程的主要技术经济指标，经综合分析提出不同工程方案的可供水量、投资和效益。

地表水可供水量计算，以有水力联系的地表水供水工程所组成的供水系统为调算主体，进行自上游到下游、先支流后干流的逐级调算。考虑地表水可供水量受来水变化的影响，要分别计算不同水平年、不同年型的地表水可供水量。

蓄水工程应根据来水情况、用户需求、调蓄能力和调度运行规则计算可供水量。大型工程和可供水量大的中型工程应采用长系列进行调节计算，得出不同水平年、不同保证率的可供水量，并将其分解到相应的计算分区，初步确定其供水范围、供水目标、供水用户及其优先度、控制条件等，供水资源配置时进行方案比选。部分资料不足的中型工程和小型工程及塘坝工程可采用简化方法计算，中型工程采用典型年法，小型工程及塘坝采用复蓄系数法估算可供水量。复蓄系数可通过对不同地区各类工程进行分类，采用典型调查方法，参照邻近及类似地区的成果分析确定。一般而言，复蓄系数南方地区比北方地区大，小（2）型水库及塘坝比小（1）型水库大，丰水年比枯水年大。

引提水工程根据取水口的径流量、引提水工程的能力以及用户需水要求计算可供水量。引水工程的引水能力与进水口水位及引水渠道的过水能力有关；提水工程的提水能力则与设备能力、开机时间等有关。引提水工程的可供水量可按式（5－16）计算：

$$W_{可供}=\sum_{i=1}^{t}\min(W_i,\ E_i,\ X_i) \tag{5-16}$$

式中　$W_{可供}$——引提水工程的可供水量；

W_i——i 时段取水口的可引水量；

E_i——i 时段工程的引提能力；

X_i——i 时段用户的需水量；

i——计算时段数。

规划工程要考虑与现有工程的联系，与现有工程组成新的供水系统，按照新的供水系统进行可供水量计算。对于双水源或多水源用户，联合调算要避免重复计算供水量。

在跨省（自治区、直辖市）的河流水系上布设新的供水工程，要符合流域规划，充分考虑对下游和对岸水量及供水工程的影响。根据统筹兼顾上下游、左右岸各方利益的原则，合理布局新增水资源开发利用工程。对于各方有争议的工程，未经流域规划确定，不能将该工程新增的可供水量列入计算成果中。

外流域调水工程可供水量应根据有关调水工程规划，依据调水工程的规模与安排，经过流域的联合调配，确定不同水平年规划调入本区的水量，并按照调度运行规则进行调配，得出不同水平年、不同年型外流域调水量。

可供水量计算应预测不同规划水平年工程状况的变化，既要考虑现有工程更新改造和

续建配套后新增的供水量，又要估计工程老化、水库淤积和因上游用水增加造成的来水量减少等对工程供水能力的影响。

（二）地下水可供水量计算

一般认为，可供地下水主要是指矿化度不大于2g/L的浅层地下水。

规划水平年地下水供水量应在现状地下水开采量和基准年地下水供水量分析的基础上进行。基准年及规划水平年地下水供水量，应扣除现状浅层地下水超采量和深层地下水开采量。

在需要并有可能增加地下水供水量的地区，应结合地下水实际开采情况、地下水可开采量以及地下水位动态特征，综合分析地下水开发利用潜力，确定其分布范围和可开发利用的数量。增加地下水供水量应以地下水布井区范围内的地下水可开采量作为估算的依据，同时还应考虑不同水平年的地表水开发利用方式和节水措施不同，引起地下水补给条件变化，从而可能影响地下水开采量。

1. 地下水可供水量计算

地下水可供水量与当地地下水可开采量、机井提水能力、开采范围和用户的需水量等有关。地下水可供水量可按式（5-17）计算：

$$W_{可供}=\sum_{i=1}^{t}\min(W_i,\ E_i,\ X_i) \tag{5-17}$$

式中 $W_{可供}$——地下水可供水量；

W_i——i时段开采井对应的当地地下水可开采量；

E_i——i时段机井的提水能力；

X_i——i时段用户的需水量；

i——计算时段数。

2. 地下水超采区可供水量

根据超采程度以及引发的生态环境灾害情况，地下水超采区划分为严重、较严重、一般三类。禁采、压采、限采是控制、管理地下水超采区的具体措施。禁采措施一般在严重超采区实施，属终止一切开采活动的举措；压采、限采措施一般在较严重超采区实施，属于强制性压缩、限制现有实际开采量的举措；一般超采区，要采取措施严格控制开采地下水。禁采区、压采、限采区以及严格控制区与相应的超采区范围是一致的。

地表水和地下水之间存在着复杂的转换关系，有些地区地下水的开发利用，将增加地表水向地下水的补给量（如坎儿井、山前区侧向补给、傍河河川径流补给等），这些地区只有在地下水开采量超过当地地下水资源可开采量与增加的地表水补给量之和时，才称为地下水超采。

在供水预测中，应充分考虑当地政府已经和将要采取的措施，对于近期无其他替代水源的一般超采区（或压采、限采区）在保持地下水环境不再继续恶化或逐步有所改善的前提下，近期可适当开采一定数量的地下水。

（三）其他水资源开发利用

其他水源开发利用主要指参与水资源供需分析的雨水集蓄利用、微咸水利用、污水处理再利用、海水利用和深层承压水利用等。

1. 雨水集蓄利用

雨水集蓄利用主要指收集储存屋顶、场院、道路等场所的降雨或径流的微型蓄水工程，包括水窖、水池、水柜、水塘等。通过调查、分析现有集雨工程的供水量以及对当地河川径流的影响，提出各地区不同水平年集雨工程的可供水量。

2. 微咸水利用

微咸水（矿化度 2～3g/L）一般可补充农业灌溉用水，某些地区矿化度超过 3 g/L 的咸水也可与淡水混合利用。在北方一些平原地区，微咸水的分布较广，可利用的数量也较大，微咸水的合理开发利用对缓解某些地区水资源紧缺状况有一定的作用。

通过对微咸水的分布及其可利用地域范围和需求的调查分析，综合评价微咸水的开发利用潜力，提出各地区不同水平年微咸水的可利用量。

3. 污水处理再利用

城市污水经集中处理后，在满足一定水质要求的情况下，可用于农田灌溉及生态环境。对缺水较严重城市，污水处理再利用对象可扩及水质要求不高的工业冷却用水，以及改善生态环境和市政用水，如城市绿化、冲洗马路、河湖补水等。

污水处理再利用于农田灌溉，要通过调查，分析再利用水量的需求、时间要求和使用范围，落实再利用水的数量和用途。现状部分地区存在直接引用污水灌溉的现象，在供水预测中，不能将未经处理、未达到水质要求的污水量计入可供水量中。

对污水处理再利用需要新建的供水管路和管网设施实行分质供水的，或者需要建设深度处理或特殊污水处理厂的，以满足特殊用户对水质的目标要求，要计算再利用供水管路、厂房及有关配套设施的投资。

对污水处理后的入河水量要进行估算，并分析入河污水对河道水质的影响。应调查分析污水处理再利用现状及存在的问题，落实用户对再利用的需求，制定各规划水平年再利用方案。一般要求不同水平年各提出两种方案：①正常发展情景下的再利用方案，简称“基本再利用方案”；②根据需要和可能，加大再利用力度的方案，简称“加大再利用方案”。污水处理再利用要分析再利用对象，并进行经济技术比较（主要对再利用配水管道工程的投资进行分析），提出实施方案所需要满足的条件和相应的保障措施与机制。

4. 海水利用

海水利用包括海水淡化和海水直接利用两种方式。

对沿海城市海水利用现状情况进行调查。海水淡化和海水直接利用要分别统计，其中海水直接利用量要求折算成淡水替代量。分析海水利用的潜力，除要摸清海水利用的现状、具备的条件和各种技术经济指标外，还要了解国内外海水利用的进展和动态，并估计未来科技进步的作用和影响，根据需求和具备的条件分析不同地区、不同时期海水利用的前景。可根据需要和可能，提出两种规划水平年海水利用方案：①按正常发展情景下的海水利用量，简称“基本利用方案”；②考虑科技进步和增加投资力度，加大海水利用力度的海水利用量，简称“加大海水利用方案”。

5. 深层地下水利用

深层地下水利用应在分析其分布、补给和循环规律的基础上，对其可开发利用的潜力和可能造成的影响进行综合评价。在严格控制开采数量和范围的基础上，提出各规划水平

年在特殊情况下深层地下水的可开采量。

五、供水预测与供水方案

（1）供水预测以现状水资源开发利用状况为基础，以当地水资源开发利用潜力分析为控制条件，通过技术经济综合比较，先制定出多组开发利用方案并进行可供水量预测，提供水资源供需分析与合理配置选用，然后根据计算反馈的缺水程度、缺水类型，以及对合理抑制需求、增加有效供水、保护生态环境的不同要求，调整修改供水方案，再供新一轮水资源供需分析与水资源配置时选用，如此，经过多次反复的平衡分析，以水资源配置最终选定的供水方案作为推荐方案。

（2）可供水量包括地表水可供水量、浅层地下水可供水量、其他水源可供水量，其中地表水可供水量中包含蓄水工程供水量、引水工程供水量、提水工程供水量以及外流域调入的水量。在向外流域调出水量的地区（跨流域调水的供水区）不统计调出的水量，相应其地表水可供水量中不包括这部分调出的水量。其他水源可供水量包括深层地下水可供水量、微咸水可供水量、雨水集蓄工程可供水量、污水处理再利用量、海水利用量（包括折算成淡水的海水直接利用量和海水淡化量）。地表水可供水量除按供需分析的要求提出长系列的供水量外，还需提出不同水平年 $P=50\%$、$P=75\%$、$P=95\%$三种保证率的可供水量；浅层地下水资源可供水量一般只需多年平均值。

（3）供水预测根据各计算分区内供水工程的情况、大型及重要水源工程的分布，确定供水节点并绘制节点网络图。各主要供水节点原则上要求可采用水文长系列调算和系统优化调节计算的方法计算可供水量。供水范围跨计算分区的应将其不同水平年、不同保证率的可供水量按一定的比例分解到相应计算分区内。计算分区内小型供水工程（包括地下水开发工程），以及其他水源工程可采用常规方法预测不同保证率可供水量，将计算分区内同一水平年、同一保证率的各项供水量相加，即得出计算分区的可供水量。可供水量中不应包括超采地下水、超过分水指标或水质超标等不合格水的量。

（4）为满足不同水源与用户对水量和水质的要求，除对可供水量进行预测外，还要对供水水质状况进行分析与预测。地表水域应根据水功能区划，以水资源三级区为单元，对各类功能区可能达到的水质指标进行分析，重点分析饮用水源地的水质要求及达标状况。规划水平年要按照水功能区水质目标的要求，安排不同水质要求用户的供水。规划供水工程要对供水用户的水质要求及保障措施进行分析研究，不满足要求者，其供水量不能列入供水方案中。地下水供水水质状况分析亦应进行类似分析，不满足要求者，其供水量不能列入供水方案中。

（5）以现状工程的供水能力（即不增加新工程和新供水措施）与各水平年正常增长的需水要求（即不考虑新增节水措施），组成不同水平年的一组方案，称为“零方案”。以现状工程组成的供水系统与规划水平年的来水条件和正常增长的需水要求，进行调节计算，得出各水平年、不同保证率“零方案”的可供水量。这是与其他供水方案进行比较分析的基础，也是进行水资源一次供需平衡分析的供水输入条件。

（6）拟定供水方案时，根据对各地水资源开发利用模式和水资源开发利用潜力的分析，对应各水平年不同需水方案的需水要求，确定不同水平年的供水目标，以及为达到预期的供水目标所要采取的各种增加供水、保护水质和提高供水保证程度的措施（包括工程措施和非工程措施），分析采取这些措施及多种措施组合情况下的效果、投入以及水资源生产效率、新增单方供水投资、新增供水成本等经济技术指标；分析对水资源可持续利用可能带来的有利和不利影响，并综合考虑工程布局和总体安排等因素，拟定不同水平年的多组供水方案，供水资源供需分析和水资源配置时选用。

（7）将拟定的各规划水平年的多种供水方案与相应水平年供水“零方案”进行比较，对各种方案的作用、效果及投入进行综合分析与评价，并提出各计算分区、不同水平年、不同保证率的可供水量成果以及与“零方案”比较增加的供水量和相应的投资等指标，供水资源供需分析和水资源配置选用。

（8）在计算分区供水预测的基础上，进行城市可供水量预测。依据城市规划区内和周边地区可能利用的水源，对照城市各水平年需水预测的成果，拟定城市供水的组合方案，经水资源供需平衡分析和水资源配置，提出城市各水平年供水的推荐方案及其可供水量的预测成果。预测成果要与所属计算分区及周边地区的成果衔接与协调。

第三节　水资源供需分析

水资源供需分析是指以系统分析的理论与方法，综合考虑经济、社会、环境和水资源的相互关系，分析不同发展时期、各规划方案的水资源供需状况，并进行综合分析与评价。

一、基本原则与要求

（1）水资源供需分析应在现状调查评价和基准年供需分析的基础上，依据各水平年需水预测与供水预测的分析结果，拟定多组方案，进行供需水量平衡分析，并应对这些方案进行评价与比选，提出推荐方案。

（2）水资源供需分析应以计算单元供需水量平衡分析为基础，根据各计算单元分析的需水量、供水量和缺水量，进行汇总和综合。

（3）水资源供需分析应提出各水平年不同年型的分析结果，具备条件的，应提出经长系列调算的供需分析成果，不同水平年、不同年型的结果应相互协调。

（4）水资源供需分析应将流域水循环系统与取、供、用、耗、排、退水过程作为一个相互联系的整体，分析上游地区用水量及退水量对下游地区来水量及水质的影响，协调区域之间的供需平衡关系。

（5）水资源供需分析应满足不同用户对供水水质的要求，根据供水水源的水质状况和不同用户对供水水质的要求，合理调配水量。水资源供需分析应充分利用水资源保护规划的有关成果，根据水功能区或控制节点的纳污能力与入河污染物总量控制目标，分析各河段和水源地的水质状况，结合各河段水量的分析，进行水量与水质的统一调配，以满足不同用户对水量和水质的要求。各类用户对水质的要求：生活用水为Ⅲ类及优于Ⅲ类，工业用水为Ⅳ类及优于Ⅳ类，农业灌溉为Ⅴ类及优于Ⅴ类，生态用水根据其用途确定，一般不劣于Ⅴ类。

(6) 水资源供需分析应在统筹协调河道内与河道外用水的基础上，进行河道外水资源供需平衡分析。原则上应优先保证河道内生态环境需水。

(7) 水资源供需分析应进行多方案比较。依据满足用水需求、节约资源、保护环境和减少投入的原则，从经济、社会、环境、技术等方面对不同组合方案进行分析、比较和综合评价。

(8) 水资源供需分析应进行多次供需反馈和协调平衡。一般应进行 2～3 次水资源供需平衡分析。根据未来经济社会发展的需水要求，在保持现状水资源开发利用格局和发挥现有供水工程潜力情况下进行一次平衡分析。若一次平衡后留有供需平衡缺口，则采取加大节水和治污力度，增加再生水利用等其他水源供水，新建必要的供水工程等措施，在减少需求和增加供给的基础上进行二次平衡分析。若二次平衡分析后仍有较大的供需缺口，应进一步调整经济布局和产业结构、加大节水力度，具备跨流域调水条件的，实施外流域调水、进一步减少需求和增加供给，进行三次平衡分析。水资源较丰沛的地区，可只进行二次平衡分析。

二、分析计算途径与方法

（一）水资源供需平衡分析方法步骤

流域或区域水资源供需分析应将流域或区域水资源作为一个系统，根据水资源供需调配原则，采用系统分析的原理，选择合适的计算方法，按以下步骤进行水资源供需分析计算：

(1) 根据流域或区域内控制节点和供用水单元之间取、供、用、耗、排、退水的相互关系和联系，概化出水资源系统网络图。

(2) 制定流域或区域水资源供需调配原则，包括不同水源供水的比例与次序，不同地区供水的途径与方式，不同用户供水的保证程度与优先次序以及水利的调度原则等。

(3) 根据水量平衡原理，根据系统网络图，按照先上游后下游、先支流后干流的顺序，依次逐段进行水量平衡计算，最终得出流域或区域水资源供需分析计算结果。

(4) 对水资源供需分析计算结果进行合理性分析。应结合流域或区域的特点，确定合理性分析的方法，对水资源供需分析计算方法和计算结果进行综合分析与评价。

（二）基准年供需分析

(1) 在现状供用水量调查评价的基础上，依据基准年需水分析和供水分析的结果，进行不同年型供需水量的平衡分析。基准年供需分析应根据不同年型需水和来水量的变化，按照水量调配原则，对现有水资源系统进行合理配置。提出的基准年不同年型供需分析结果，应作为规划水平年供需分析的基础。

不同年型需水量主要受降水条件影响，不同年型供水量供需分析则选择降水频率和来水频率均相当于 $P=75\%$ 的年份，作为 $P=75\%$（中等干旱年）的代表年份，进行供需水量的平衡计算，得出 $P=75\%$（中等干旱年）供需分析的结果。

(2) 基准年的供需分析应重点对现状缺水情况进行分析，包括缺水地区及分布、缺水时段与持续时间、缺水程度、缺水性质、缺水原因及其影响等。可用缺水率表示缺水程度（缺水率＝缺水量/需水量×100％）。

(3) 应通过对基准年的供需分析，进一步认识现状水资源开发利用存在的主要问题和水资源对于经济社会发展的制约和影响，为规划水平年供需分析提供依据。在基准年供需分析的基础上，可进一步进行以下分析：①根据对用水状况及用水效率的分析，进一步认识现状用水水平、节水水平以及节水的潜力；②根据水资源开发利用程度的分析，进一步认识水资源过度开发地区挤占生态环境用水的状况、需退还不合理的开发利用水量，进一步了解具有开发利用潜力的重点地区及分布；③根据对生态环境需水满足程度的分析，进一步认识水资源对生态环境的影响、生态环境保护与修复的要求与对策；④根据对缺水情况的分析，进一步认识水资源对经济社会发展的保障和制约作用。

(三) 规划水平年供需分析

(1) 规划水平年供需分析应以基准年供需分析为基础，根据各规划水平年的需水预测和供水预测结果，组成多组方案，通过对水资源的合理配置，进行供需水量的平衡分析计算，提出各规划水平年、不同年型、各组方案的供需分析结果。由于受现状条件的限制，基准年供需分析可能存在节水水平不高和水资源配置不尽合理的问题。规划水平年供需分析应强调节约用水和合理配置水资源的原则，在水资源高效利用和优先配置的基础上，进行水资源供需分析。

(2) 各规划水平年供需分析应设置多组方案。由需水预测基本方案与供水预测“零方案”组成供需分析起始方案，再由需水预测的比较方案和供水预测的比较方案组成多组供需的比较方案。应在对多组供需分析比较方案进行比选的基础上，提出各规划水平年的推荐方案。从需水比较方案和供水比较方案组合而成的若干组方案中，选择几组有代表性和有比较意义的方案，作为供需分析的比较方案。起始方案和比较方案供需分析内容可适当简化，如进行供需分析时，可仅选择多年平均情景或中等干旱年（$P=75\%$），仅选择对整个规划区影响较大的水资源分区或计算单元，仅选用总需水量、总供水量和总缺水量指标。

(3) 水资源供需分析宜采用长系列系统分析方法。应根据控制节点来水、水源地供水和用户需求的关联关系，通过水资源的合理配置，进行不同水平年供需水量的平衡分析计算，得出需水量、供水量和缺水量的系列，提出不同水平年、不同年型供需分析结果。在采用长系列调算方法时，径流系列应采用经过还原计算的逐月天然径流，来水量系列应考虑不同水平年上游水资源开发利用情况的变化；用水系列应根据不同水平年不同降水率下的需水量预测的结果及月分配过程组合而成。

(4) 资料缺乏的地区可采用典型年法进行供需分析计算，应选择不同年型的代表年份，分析各计算单元、不同水平年来水量、需水量和供水量的变化，进行供需水量的平衡分析计算，得出各计算单元不同水平年和不同年型的供需分析结果，并进行汇总综合。在采用典型年法进行供需分析计算时，北方地区可只选择$P=50\%$和$P=75\%$两种频率的典型年，南方地区可只选择$P=75\%$和$P=95\%$两种频率的典型年。应根据不同水平年、不同方案供水和需水的预测结果，分析不同年型典型年的可供水量和不同用户的需水量，进行典型年的供需分析。

(5) 各规划水平年多组方案的比选，应以起始方案为基础，进行多方案的比较和综合评价，从中选出最佳的方案作为推荐方案。

（6）宜通过更加深入细致的分析计算和方案的综合评价，对选择的推荐方案进行必要的修改完善。各规划水平年的推荐方案应提供不同年型的、各层次完整全面的供需分析成果。

（7）对各规划水平年出现特殊枯水年或连续枯水年的情况，宜进行进一步的水资源供需分析，提出应急对策并制定应急预案。在进行特殊枯水年或连续枯水年的供需分析时，因在对特殊枯水年或连续枯水年来水状况和缺水情势分析的基础上，结合各规划水平年在特殊干旱期的需水和供水状况，分析可供采取的进一步减少需求和增加供给的应急措施，并对采取应急措施的作用和影响进行评估，制定应急预案。特殊干旱期压减需水的应急对策主要有降低用水标准、调整用水优先次序、保证生活和重要产业基本用水、适当限制或暂停部分用水量大的用户和农业用水等。特殊干旱期增加供水的应急对策主要有：动用后备和应急水源、适当超采地下水和开采深层地下水、利用供水工程在紧急情况下可动用的水量、统筹安排适当增加外区调入的水量等。

（四）跨流域（区域）调水供需分析

（1）分析跨流域（区域）调水的必要性、可能性和合理性。对受水区和调水区不同水平年的水资源供需关系，受水区需要调入的水量及其必要性、调水区可能调出的水量及其可能性，以及调水工程实施的经济技术合理性等方面进行分析研究。跨流域（区域）调水供需分析，应首先进行受水区和调水区各自的水资源供需分析，在此基础上进行受水区和调水区整体的水量平衡计算。计算应包括调水过程中的水量损失。

（2）受水区水资源供需分析应充分考虑节水和对区域水资源开发利用及对其他水源的利用，考虑生态环境保护与修复对水资源的需求。应根据节水优先、治污为本、挖掘本区潜力和积极开发利用其他水源的原则，在3次供需平衡分析的基础上，确定需调入的水量及调水工程实施方案。

（3）调水区水资源供需分析应充分考虑未来经济社会发展及对水资源需求的变化（包括水量、水质及保证程度），考虑未来水量的变化，特别是调水区对本区来水量的衰减作用与可能造成的影响，考虑对区内的生态环境保护的影响。应分析调水对本区径流量及年内分配过程的影响，以及对河道内生态环境用水、水利工程和水电站正常运行、航运等的影响。

（4）应根据受水区需调水量和调水区可调水量的分析，结合调水工程规划，提出多组调水方案，并应对各方案进行跨流域（区域）联合调度，对需要调入水量和可能调出水量进行平衡分析，确定各规划水平年不同方案的调水量及调水过程。

（5）应对不同水平年（或不同期）多组跨流域（区域）调水方案进行综合评价和比选，分析各调水方案的作用与影响、投入与效益，提出推荐方案。

（五）城市水资源供需分析

（1）城市水资源供需分析应在流域及区域水资源供需分析和城市水资源开发利用现状及存在的问题分析的基础上进行，应与流域及区域的水资源规划、水资源供需分析的结果相协调。

（2）应在城市现状用水分析的基础上，根据城市总体发展目标，结合流域及区域需水预测结果，考虑城市节水减污的要求，提出不同水平年城市需水预测结果。城市需水量应在现状用水调查的基础上，根据当地社会经济发展目标和城市发展规划，充分考虑技术进步和节水的影响，参照《城市给水工程规划规范》（GB 50282—98）、《水利工程水利计算规范》（SL 104—2015）等有关规范及类似城市用水指标进行分析预测。

（3）应在城市现状供水分析的基础上，分析不同水平年、不同用水户对供水水量、水质、供水范围、过程和保证程度的要求，结合水源条件，考虑现有工程的挖潜和增加污水处理再生利用等其他水源供水的可能性，分析不同水平年需要新增的供水量，提出不同水平年城市供水预测结果。

（4）应根据各规划水平年的预测分析，结合对城市节水和增加供水的潜力分析，拟定多组方案，进行综合比较，提出不同水平年的推荐方案。

（5）应对可能出现的各种特殊情况下城市水资源供需关系的变化进行分析，推进城市双水源和多水源建设，加强供水系统之间的联网，增强城市供水的应急调配能力，提高供水保证率；合理安排城市后备与应急水源，制定城市供水应急预案。在各种特殊和应急情况下，在蓄水方面可能提出一些特殊和附加的要求，在供水方面对正常调配运行可能有不利影响，甚至可能出现造成工程设施的破坏情况，应确定相应的对策措施。

第四节　水资源供需分析实例

一、城市需水预测

湘潭市城市规划区需水预测按生活、生产用水两大类进行，生活包括城镇生活及农村生活，生产包括城镇生产及农村生产。其中城镇生活又包括城镇居民生活及生态用水、农村生活主要包括农村居民生活、城镇生产包括工业、城镇公共（建筑业及第三产业）用水、农村生产为农业灌溉用水。

需水预测采用“定额法”，社会经济发展指标及需水定额指标在现状调查与湘潭市最严格水资源管理用水总量及用水效率红线控制目标相结合的基础上经水资源优化配置调算确定。

（一）水资源分区

根据行政分区、水资源供给条件以及社会经济状况，水资源供需平衡分析中分为3个大区，即雨湖区片、岳塘区片、湘潭县片（城市规划区）。雨湖区片包括经开区片及其他地区片；岳塘区片包括高新区片、昭山示范区片及其他地区片；湘潭县天易示范区片及其他地区片。

（二）经济社会发展指标预测

根据区域相关统计公报，结合湘潭市总规划及各分区经济社会发展规划，参考水资源承载能力分析成果，确定规划年各分区主要经济社会发展指标。

据预测，全区2020年常住人口达到212.2万人，其中城镇人口192.9万人，城镇化率90.9%；国民生产总值达到1915亿元，其中第一产业增加值49亿元、第二产业增加值1109亿元（其中工业增加值937亿元）、第三产业增加值756亿元，三次产业结构调整为2.6：57.9：39.5；耕地面积38.0万亩。

全区 2030 年常住人口达到 277.7 万人，其中城镇人口 262.9 万人，城镇化率 94.7%；国民生产总值达到 3887 亿元，其中第一产业增加值 62 亿元、第二产业增加值 2214 亿元（其中工业增加值 1962 亿元）、第三产业增加值 1610 亿元，三次产业结构调整为 1.6：57.0：41.4；耕地面积 37.4 万亩。

（三）需水定额

1. 生活、城镇生产需水定额

预测不同水平年城镇居民生活、农村居民、工业等主要用水户的用水定额。农村居民生活需水不考虑损失，城镇生活需水及工业考虑输配水系统的水利用系数。通过采取企业生产工艺升级、产业结构调整、城镇供水管网改造等节水措施，能有效减缓城乡生活用水量的增长，预测成果见表 5-3。

表 5-3　　湘潭市城市生活、工业及水利用系数预测成果表

水平年	城镇居民生活用水定额/[L/(人·d)]	农村居民生活用水定额/[L/(人·d)]	万元工业增加值用水定额/(m^3/万元)	工业用水重复利用率/%
2020 年	150	100	49	80
2030 年	150	100	23	95

2. 农村生产需水定额

根据区域农作物种植结构、种植面积，参考相关成果，确定规划水平年农业综合灌溉用水净定额。农业灌溉水利用系数主要与灌溉系统和土地情况有关，目前湘潭市灌溉水利用系数高于全省平均水平，未来还将进一步扩大高效节水灌溉面积，减少输水、灌溉水损失，提高灌溉水利用系数。农业综合灌溉净定额及灌溉水利用系数预测成果见表 5-4。

表 5-4　　湘潭市城市农业灌溉净定额、灌溉水利用系数预测成果表

水平年	综合净定额/(m^3/亩)			灌溉水利用系数
	$P=50\%$	$P=75\%$	$P=95\%$	
2020 年	241	265	358	0.55
2030 年	228	250	338	0.6

（四）基准年需水

湘潭市城市规划区基准年 $P=50\%$、$P=75\%$、$P=95\%$ 频率下，总需水分别为 76941 万 m^3、78692 万 m^3 和 85433 万 m^3，其中农业灌溉需水分别为 17511 万 m^3、19262 万 m^3 和 26004 万 m^3；$P=50\%$ 频率下城镇生活需水量 6485 万 m^3，农村生活需水量 852 万 m^3，城镇生产需水量 49678 万 m^3，城镇生态需水量 2415 万 m^3。

（五）规划年需水预测

2020 年，$P=50\%$、$P=75\%$、$P=95\%$ 频率下，总需水量分别为 83925 万 m^3、85503 万 m^3 和 91578 万 m^3，其中农业灌溉需水分别为 15778 万 m^3、17356 万 m^3 和 23430 万 m^3；$P=50\%$ 频率下城镇生活需水量 10536 万 m^3，农村生活需水量 704 万 m^3，城镇生产需水量 53543 万 m^3，城镇生态需水量 3366 万 m^3。

2030年，$P=50\%$、$P=75\%$、$P=95\%$频率下，总需水量分别为88442万m^3、89859万m^3和95312万m^3，其中农业灌溉需水分别为14165万m^3、15582万m^3和21035万m^3；$P=50\%$频率下城镇生活需水量14253万m^3，农村生活需水量539万m^3，城镇生产需水量55086万m^3，城镇生态需水量4399万m^3。

湘潭市城市规划区基准年及规划水平年需水预测成果见表5-5。

二、节水型社会建设

湘潭市于2008年被水利部批准为全国第三批节水型社会建设试点市，2011年由水利部、长江委组织进行了中期评估，评估等次为“好”。湘潭市经过八年的建设试点，在节水制度、法规层面，工程技术层面均积累了大量的经验，目前节水型社会建设已进入全面攻坚阶段，还有大量工作需稳步推进。

受最严格水资源管理制度红线指标约束，规划年湘潭市应继续推进节水型社会建设，在全社会层面加强节水力度，进一步提高用水效率、减缓用水需求增长速度。

根据湘潭市城市水资源开发利用情况，节水主要体现在工业、农业、城镇生活及公共服务等行业。通过对比基准年及规划年各行业用水定额，结合现状经济社会指标，估算湘潭市2015—2030年各行业节水潜力。

（1）高新生态农业节水：综合采用工程措施和技术、经济和管理等非工程措施，提高农业节水效果和节水水平。对各大主要灌区重点实施渠道防渗工程和管道化灌溉工程，提高渠系水利用系数；大力发展喷、微灌工程和以蓄为主，蓄、引、提相结合的工程模式，在非灌溉季节提（引）水补库、补塘，提高工程的利用效率；城郊蔬菜基地应全面推广喷、微灌工程以及温室和蔬菜大棚的滴灌工程。大力推广水稻薄、浅、湿、晒灌溉技术和旱育稀植节水栽培技术，重视抗旱节水水稻品种的开发研究和推广工作。至2020年，城市规划区农业灌溉渠系水利用系数要达到0.55以上，基本构筑完成灌溉量水工程和节水型灌溉体系，初步建立起较为完善的农业水权机制和节水灌溉的补偿机制；至2030年，进一步完善农业节水体系框架，通过农业节水，从根本上减轻农业用水对水体的污染影响，使农业灌溉渠系水利用系数达到0.60以上。由此预测2030水平年$P=50\%$、$P=75\%$、$P=95\%$频率下的农业灌溉节水量分别为4137万m^3、4550万m^3、6143万m^3。

（2）工业节水：区域工业发达，用水比重大，应作为进一步加强节水的重点。措施主要有积极改造落后的旧设备、旧工艺，广泛采用高效环保节水型新工艺、新技术，包括发展高效冷却节水技术、推广蒸汽冷凝水回收再利用技术等，提高水的重复利用率，降低生产单耗指标；按生态工业园理念，采用水网络集成技术，实施工业园区内厂际串联用水、污水资源化，逐步实现工业园区内废污水零排放；加强工业企业中循环冷却水工程技术开发研究，增加生产工艺过程再生水的循环利用，减少新增用水量；鼓励开发生产新型工业水量计量仪表、限量水表和限时控制、水压控制、水位控制、水位传感控制等控制仪表；加快工业废污水处理回用技术的研究、开发，不断提高工业用水重复利用率；定期开展管网查漏维修维护，减少跑、滴、冒、漏。至2020年，全区工业用水的重复利用率提高10个百分点；至2030年，进

一步完善工业节水体系框架，使工业节水达到省级先进水平。预测 2030 水平年工业节水量约为 30993 万 m^3。

（3）城镇大生活节水：建立城市生活用水监测和用水量估计制度，加快改造跑冒滴漏和浪费水严重的自来水管网和原有建筑用水器具，鼓励使用节水型家庭卫生器具，提高民用建筑节水器具的普及率，至 2020 年，节水器具普及率达到 95%以上，新建民用建筑节水器具的普及率达到 100%；制定和实施建筑业及商业服务业用水设施的用水标准，服务业计划用水、定额管理率达到 95%以上；修建再生水厂，城市绿化用水和道路用水应充分利用“再生水”，尽量避免取用优质的管网水，城市绿化要推广节水喷灌技术。进一步加快城市供水管网技术改造，2020 年降低输配水管网漏失率至 10%以下，2030 年降至 8%以下。城镇大生活节水量 2030 水平年约为 412 万 m^3。

通过以上各项节水措施，湘潭市城市规划区 2030 水平年 $P=50\%$、$P=75\%$、$P=95\%$频率下节水量分别为 35541 万 m^3、35955 万 m^3、37548 万 m^3，详见表 5-5。

表 5-5　　湘潭市城市节水潜力表　　单位：万 m^3

水平年	频率	城镇		农业灌溉	合计
		大生活（含建筑、三产）	工业		
2030	$P=50\%$	412	30993	4137	35541
	$P=75\%$			4550	35955
	$P=95\%$			6143	37548

三、城市可供水量预测

（一）现状可供水量

湘潭市城市规划区现状可供水量的计算，按划定的水资源区域，以即有的供水工程组成的供水系统，根据现状年不同需水保证率的要求，在现状水资源开发模式和满足一定水质条件下，经过水量平衡调节计算后得出的可能供水量。湘潭市城市规划区基准年 $P=50\%$、$P=75\%$、$P=95\%$频率下可供水量分别为 76941 万 m^3、77242 万 m^3 和 79422 万 m^3，详见表 5-6。

（二）规划可供水量

根据对各分区水资源开发利用模式和水资源开发利用潜力的分析，对应规划年不同需水方案的需水要求，确定不同水平年的供水目标，以此采取的或增加供水、或提高供水保证率、或提高水质等多套工程及非工程措施组合方案，并综合考虑经济指标，经水资源配置和供需分析后，最后拟定推荐方案。湘潭市城市规划区 2020 年 $P=50\%$、$P=75\%$、$P=95\%$频率下可供水量分别为 83925 万 m^3、85503 万 m^3 和 88825 万 m^3，2030 年 $P=50\%$、$P=75\%$、$P=95\%$频率下可供水量分别为 88442 万 m^3、89859 万 m^3 和 94526 万 m^3，详见表 5-6。

表 5-6　　湘潭市城市水资源供需平衡成果表　　单位：万 m^3

分区	水平年	项目	居民生活			城镇公共	工业	农业			生态环境	合计		
			城市	农村	合计			$P=50\%$	$P=75\%$	$P=95\%$		$P=50\%$	$P=75\%$	$P=95\%$
湘潭城市规划区合计	2015	需水量	6485	852	7337	4540	45138	17511	19262	26004	2415	76941	78692	85433
		供水量	6485	852	7337	4540	45138	17511	17812	19992	2415	76941	77242	79422
		缺水量	0	0	0	0	0	0	1450	6012	0	0	1450	6012
	2020	需水量	10536	704	11239	7375	46168	15778	17356	23430	3366	83925	85503	91578
		供水量	10536	704	11239	7375	46168	15778	17356	20678	3366	83925	85503	88825
		缺水量	0	0	0	0	0	0	0	2752	0	0	0	2752
	2030	需水量	14253	539	14793	9977	45108	14165	15582	21035	4399	88442	89859	95312
		供水量	14253	539	14793	9977	45108	14165	15582	20249	4399	88442	89859	94526
		缺水量	0	0	0	0	0	0	0	786	0	0	0	786
雨湖区	2015	需水量	2532	365	2897	1772	17459	9120	10032	13543	334	31582	32494	36005
		供水量	2532	365	2897	1772	17459	9120	9142	10206	334	31582	31604	32667
		缺水量	0	0	0	0	0	0	890	3338	0	0	890	3338
	2020	需水量	4682	273	4955	3278	18171	8253	9078	12256	644	35301	36126	39304
		供水量	4682	273	4955	3278	18171	8253	9078	10709	644	35301	36126	37757
		缺水量	0	0	0	0	0	0	0	1547	0	0	0	1547
	2030	需水量	6872	182	7054	4811	18656	6935	7629	10298	749	38205	38898	41568
		供水量	6872	182	7054	4811	18656	6935	7629	9847	749	38205	38898	41116
		缺水量	0	0	0	0	0	0	0	452	0	0	0	452
其中：九华经开区	2015	需水量	1101	258	1359	771	12470	2060	2266	3059	145	16805	17011	17804
		供水量	1101	258	1359	771	12470	2060	2153	2447	145	16805	16897	17192
		缺水量	0	0	0	0	0	0	113	612	0	0	113	612
	2020	需水量	1600	211	1811	1120	13725	1899	2089	2820	220	18775	18965	19696
		供水量	1600	211	1811	1120	13725	1899	2089	2594	220	18775	18965	19470
		缺水量	0	0	0	0	0	0	0	226	0	0	0	226
	2030	需水量	3192	135	3327	2234	14000	1414	1555	2099	348	21323	21464	22009
		供水量	3192	135	3327	2234	14000	1414	1555	2057	348	21323	21464	21967
		缺水量	0	0	0	0	0	0	0	42	0	0	0	42

续表

分区	水平年	项目	居民生活			城镇公共	工业	农业			生态环境	合计		
			城市	农村	合计			$P=50\%$	$P=75\%$	$P=95\%$		$P=50\%$	$P=75\%$	$P=95\%$
其他地区	2015	需水量	1431	107	1538	1002	4989	7060	7766	10484	189	14777	15483	18201
		供水量	1431	107	1538	1002	4989	7060	6989	7758	189	14777	14707	15475
		缺水量	0	0	0	0	0	0	777	2726	0	0	777	2726
	2020	需水量	3082	62	3144	2158	4446	6354	6989	9436	424	16526	17162	19608
		供水量	3082	62	3144	2158	4446	6354	6989	8115	424	16526	17162	18287
		缺水量	0	0	0	0	0	0	0	1321	0	0	0	1321
	2030	需水量	3680	47	3727	2576	4656	5521	6074	8199	401	16882	17434	19560
		供水量	3680	47	3727	2576	4656	5521	6074	7789	401	16882	17434	19150
		缺水量	0	0	0	0	0	0	0	410	0	0	0	410
岳塘区	2015	需水量	2613	85	2699	1829	24334	2190	2409	3252	1417	32468	32687	33530
		供水量	2613	85	2699	1829	24334	2190	2324	2665	1417	32468	32602	32943
		缺水量	0	0	0	0	0	0	85	587	0	0	85	587
	2020	需水量	3865	66	3931	2706	24244	2025	2228	3007	1929	34835	35038	35818
		供水量	3865	66	3931	2706	24244	2025	2228	2769	1929	34835	35038	35580
		缺水量	0	0	0	0	0	0	0	238	0	0	0	238
	2030	需水量	4691	51	4742	3284	20910	1836	2019	2726	2728	33500	33683	34390
		供水量	4691	51	4742	3284	20910	1836	2019	2686	2728	33500	33683	34350
		缺水量	0	0	0	0	0	0	0	41	0	0	0	41
其中：高新区	2015	需水量	555	21	576	388	14410	450	495	668	203	16027	16072	16246
		供水量	555	21	576	388	14410	450	495	568	203	16027	16072	16145
		缺水量	0	0	0	0	0	0	0	100	0	0	0	100
	2020	需水量	1424	15	1438	996	15000	185	203	274	463	18082	18100	18171
		供水量	1424	15	1438	996	15000	185	203	255	463	18082	18100	18152
		缺水量	0	0	0	0	0	0	0	19	0	0	0	19
	2030	需水量	1643	11	1653	1150	12000	133	146	198	747	15683	15696	15747
		供水量	1643	11	1653	1150	12000	133	146	198	747	15683	15696	15747
		缺水量	0	0	0	0	0	0	0	0	0	0	0	0

续表

分区	水平年	项目	居民生活			城镇公共	工业	农业			生态环境	合计		
			城市	农村	合计			$P=50\%$	$P=75\%$	$P=95\%$		$P=50\%$	$P=75\%$	$P=95\%$
昭山示范区	2015	需水量	204	55	259	143	595	1005	1106	1492	326	2328	2428	2815
		供水量	204	55	259	143	595	1005	1061	1224	326	2328	2384	2547
		缺水量	0	0	0	0	0	0	44	269	0	0	44	269
	2020	需水量	329	44	372	230	404	1053	1158	1564	410	2470	2575	2981
		供水量	329	44	372	230	404	1053	1158	1439	410	2470	2575	2856
		缺水量	0	0	0	0	0	0	0	125	0	0	0	125
	2030	需水量	476	37	513	333	374	1026	1129	1524	627	2873	2976	3371
		供水量	476	37	513	333	374	1026	1129	1493	627	2873	2976	3341
		缺水量	0	0	0	0	0	0	0	30	0	0	0	30
其他地区	2015	需水量	1854	10	1864	1298	9329	735	809	1091	887	14113	14186	14469
		供水量	1854	10	1864	1298	9329	735	768	873	887	14113	14146	14251
		缺水量	0	0	0	0	0	0	40	218	0	0	40	218
	2020	需水量	2113	7	2121	1479	8840	788	866	1169	1056	14284	14362	14666
		供水量	2113	7	2121	1479	8840	788	866	1076	1056	14284	14362	14572
		缺水量	0	0	0	0	0	0	0	94	0	0	0	94
	2030	需水量	2572	4	2576	1801	8536	677	744	1005	1354	14943	15011	15272
		供水量	2572	4	2576	1801	8536	677	744	995	1354	14943	15011	15262
		缺水量	0	0	0	0	0	0	0	10	0	0	0	10
湘潭县（城市规划区）	2015	需水量	1340	402	1741	938	3346	6201	6821	9208	665	12891	13511	15898
		供水量	1340	402	1741	938	3346	6201	6346	7122	665	12891	13036	13811
		缺水量	0	0	0	0	0	0	475	2087	0	0	475	2087
	2020	需水量	1988	365	2353	1392	3752	5500	6050	8168	792	13789	14339	16457
		供水量	1988	365	2353	1392	3752	5500	6050	7199	792	13789	14339	15489
		缺水量	0	0	0	0	0	0	0	968	0	0	0	968
	2030	需水量	2690	307	2997	1883	5542	5394	5934	8010	921	16738	17277	19354
		供水量	2690	307	2997	1883	5542	5394	5934	7717	921	16738	17277	19060
		缺水量	0	0	0	0	0	0	0	293	0	0	0	293

续表

分区	水平年	项目	居民生活			城镇公共	工业	农业			生态环境	合计		
			城市	农村	合计			$P=50\%$	$P=75\%$	$P=95\%$		$P=50\%$	$P=75\%$	$P=95\%$
其中：天易示范区	2015	需水量	1080	128	1208	756	2625	1882	2071	2795	536	7008	7196	7921
		供水量	1080	128	1208	756	2625	1882	2071	2376	536	7008	7196	7501
		缺水量	0	0	0	0	0	0	0	419	0	0	0	419
	2020	需水量	1621	99	1719	1134	3422	1688	1856	2506	646	8609	8778	9428
		供水量	1621	99	1719	1134	3422	1688	1856	2331	646	8609	8778	9252
		缺水量	0	0	0	0	0	0	0	175	0	0	0	175
	2030	需水量	2269	44	2313	1588	5217	1442	1587	2142	777	11338	11482	12037
		供水量	2269	44	2313	1588	5217	1442	1587	2142	777	11338	11482	12037
		缺水量	0	0	0	0	0	0	0	0	0	0	0	0
其他地区	2015	需水量	259	274	533	182	721	4319	4750	6413	129	5883	6315	7977
		供水量	259	274	533	182	721	4319	4275	4746	129	5883	5840	6310
		缺水量	0	0	0	0	0	0	475	1667	0	0	475	1667
	2020	需水量	367	266	634	257	330	3813	4194	5662	146	5180	5561	7029
		供水量	367	266	634	257	330	3813	4194	4869	146	5180	5561	6236
		缺水量	0	0	0	0	0	0	0	793	0	0	0	793
	2030	需水量	421	263	684	295	325	3952	4347	5869	144	5400	5795	7317
		供水量	421	263	684	295	325	3952	4347	5575	144	5400	5795	7023
		缺水量	0	0	0	0	0	0	0	293	0	0	0	293

四、城市水资源配置

（一）基准年供需平衡分析

将湘潭市城市规划区基准年 $P=50\%$、$P=75\%$、$P=95\%$来水条件下需水量与基准年不同频率下供水能力进行一次供需平衡分析，以充分揭示现状经济社会条件中的水资源供需矛盾。

基准年，$P=50\%$、$P=75\%$、$P=95\%$频率下全区分别缺水 0 万 m^3、1450 万 m^3 和 6012 万 m^3，缺水率分别为 0%、1.8%和 7.1%，缺水主要在农业灌溉方面。

（二）规划年供需平衡分析

针对基准年水资源供需之间出现的缺口，考虑未来实施已建水利工程续建配套、挖潜、改造提高工程供水能力、实施强化节水措施压减需水量、规划新建、扩建一批水源工程，进行规划年供需平衡分析。

结合湘潭市发展规划，综合考虑、统筹安排，因地制宜新增扩建一些水源工程。规划年完成雨湖区新建凤凰水库等 19 座水库、岳塘区新建东村水库等 15 座水库、湘潭市第四水厂新建、九华水厂扩建、易俗河京湘二水厂新建等项目，以保证社会经济发展有充足的水源供给。同时新建、改造、整修一批供水工程，包括集中供水厂、山塘、河坝等解决城乡用水和小范围灌溉缺水。

鉴于再生水回用工程对于节水减污的巨大作用，本次结合《湘潭市城市总体规划(2010—2020)》，规划湘潭城市规划区未来依托污水处理厂大力建设再生水回用设施，2020 年、2030 年再生水回用率（指污水厂收集的城镇生活、工业、第三产业废污水经处理成再生水后的回用量比例）分别达到 30%和 40%，主要用于城市绿化、河湖景观、工业冷却用水、市政杂用及农田灌溉。同时，为大力推进海绵城市建设，本次规划通过兴建雨水收集和利用工程，2020 年、2030 年建成区雨水利用率（指收集后可供利用的水量占降水量的比例）分别达到 3%和 8%，主要用于景观补水、绿化浇灌、道路浇洒、洗车、居民杂用等。

针对各分区不同保证率下缺水量，分析节水措施、工程措施需提供的供水量，使规划年水资源供需基本平衡，保障经济社会的不断发展。

供需平衡后，2020 年 $P=50\%$及 $P=75\%$时不缺水，$P=95\%$频率下全区域缺水量为 2752 万 m^3，缺水率降低到 3%；2030 年 $P=95\%$频率下全区域缺水量仅为 786 万 m^3，缺水率不足 1%，基本不缺水。

（三）水资源总体配置方案

1. 总体配置

水资源优化配置后，$P=50\%$情况下，2020 年、2030 年全区经济社会用水量分别为 83925 万 m^3、88442 万 m^3，主要利用湘江的过境水量。区域的农业灌溉逐年降低，而城市建成区的城镇生活生产用水将出现一定程度的增长，但依靠湘江充沛的过境水量，其用水要求能得到满足。

湘潭市 2020 年水资源配置成果见表 5-6。未来湘潭市的水资源开发利用程度和对水资源的调节能力都将提升，可基本满足各类用水需要，为经济社会的可持续发展提供保

障。同时，配置后的各分区用水总量及用水效率指标均符合湘潭市最严格水资源管理制度红线要求。

2. 供水水源配置

P＝50％情况下，湘潭市2020年、配置供水量为83925万m^3，其中地表水工程、地下水工程、再生水回用工程、雨水利用工程供水量分别为69439万m^3、1387万m^3、12484万m^3和616万m^3，分别占总供水量的82.7％、1.7％、14.9％和0.7％。

2030年配置供水量为88442万m^3，地表水工程、地下水工程、再生水回用工程供水量分别占总供水量的76.3％、0％、20.7％和3.0％。

与基准年相比，P＝95％频率下2030年总供水量增加11502万m^3，其中地表水减少6406万m^3，地下水减少3031万m^3，再生水回用增加18276万m^3，雨水利用增加2662万m^3。湘潭市城市规划区未来供水仍以地表水为主，但再生水回用和雨水利用供水能力持续提高。

3. 不同行业水量配置

在水资源配置中，既要考虑水资源的有效供给保障经济社会的发展，同时经济社会发展也要适应水资源条件，根据水资源的承载能力确定产业结构与经济布局，通过水资源的高效利用促进经济增长方式的转变，合理配置“三生”用水，保障居民生活水平提高、经济发展和环境改善的用水要求。

P＝50％情况下，湘潭市城市规划区2020年共配置用水量83925万m^3，其中生活（含城镇生活、农村生活）、城镇生产（含工业、建筑业、三产）、农村生产（农田灌溉）、城镇生态用水量分别为11239万m^3、53543万m^3、15778万m^3、3366万m^3。2030年共配置用水量88442万m^3，其中生活（含城镇生活、农村生活）、城镇生产（含工业、建筑业、三产）、农村生产（农田灌溉）用水量分别为14793万m^3、55086万m^3、14165万m^3、4399万m^3。

总体上来说，随着区域城市化加快，未来城镇生活、生产用水占总用水的比重逐渐增加，农村生活和生产用水占总用水比重呈减少趋势。

4. 城乡水量配置

未来湘潭市城市规划区人口、经济将持续快速增长，城镇化率不断提高，对城市供水的数量和质量都将提出更高的要求。同时，农业有效灌溉面积还将继续维持现有水平，农田灌溉的保证率需要提高，城乡供水范围还需要进一步扩大。根据建设资源节约型和环境友好型社会的要求，合理配置水资源在城镇与农村之间的组成，促进城乡协调发展。P＝50％情况下，湘潭市2030年配置城镇供水量73738万m^3，农村用水量14705万m^3，其比例由基准年的76.1∶23.9调整为83.4∶16.6。城镇用水所占的比例逐步增加，农村用水所占比例逐渐减少。

复 习 思 考 题

1. 如何开展需水预测分析与计数工作？
2. 如何进行规划水平年的供需平衡分析？
3. 简述地表水可供水量分析计算的步骤与方法。
4. 简述供水系统的分类划分方法。

第六章　区域水资源承载能力

长期以来，我国用水方式比较粗放，水资源短缺和用水浪费并存，生态脆弱和开发过度并存，污染治理和超标排放并存，近2/3的城市存在不同程度的缺水。当前，我国部分地区水资源开发已经接近或超出水资源和水环境承载能力，引发河道断流、湖泊干涸、湿地萎缩、绿洲退化、地面沉降等生态问题。

必须建立水资源承载能力监测预警机制，把水资源承载能力作为区域发展、城市建设和产业布局的重要条件，对超出红线指标的地区实行区域限批。水利部2016年颁布《建立全国水资源承载能力测预警机制技术大纲》，文中秉承建立资源环境承载能力监测预警机制工作的总体安排，水利部组织开展全国水资源承载能力监测预警机制建设工作。加强重要生态保护区、水源涵养区、江河源头区保护，推进生态脆弱河流生态修复，加强水土流失防治，建设生态清洁小流域。落实水域岸线用途管制制度，编制水域岸线利用与保护规划，按照岸线功能属性实行分区管理，严格限制建设项目占用自然岸线，构建合理的自然岸线格局。开展退耕还湿、退养还滩，严格禁止擅自围垦占用湖泊湿地、在河口和滨海湿地开展人工养殖，限期恢复已经侵占的自然湿地等水源涵养空间，维护湿地生物多样性。

同时，实施水污染防治行动计划，全面落实全国重要江河湖泊水功能区划，建立联合防污控污治污机制，强化从水源地到水龙头的全过程监管。严格地下水开发利用总量和水位双控制，加强华北等地地下水严重超采区综合治理，逐步实现采补平衡，建设国家地下水监测系统，集中力量加快建设一批全局性、战略性节水供水重大水利工程。发挥市场在资源配置中的决定性作用和政府的引导、监管作用，加快建立水权制度体系。

第一节　水资源承载能力的概念、内涵和目标

水资源承载能力研究是从人口、资源、环境与发展之间的关系入手，研究经济发展与生态保护，水资源开发与保护，开发的速度、规模、容量等的关系，研究不同时期水资源开发利用、经济适度发展与人口合理承载的动态关系，为国家决策、规划、计划和社会协调发展提供科学依据。

承载能力（carrying capacity）一词原为物理力学中的一个物理量，指物体在不产生任何破坏时的最大（极限）负荷。被其他学科借用最初应用于群落生态学。早在1921年，帕克和伯吉斯就在有关的人类生态学研究中，提出了承载能力的概念。他们认为，可以根据某地区的食物资源来确定区内的人口承载能力。20世纪80年代初，联合国教科文组织提出了资源承载能力的概念，并被广泛采用，其定义为：一个国家或地区的资源承载能力是指在可预见的时期内，利用本地资源及其他自然资源和智力、技术等条件，在保护符合其社会文化准则的物质生活水平下所持续供养的人口数量。资源承载能力主要探讨人口与

资源的关系，其研究较早且比较充分的是土地承载能力。经过几十年的发展，其已涉及许多资源领域。

一、水资源承载力的概念

虽然有许多学者都给出了水资源承载力的定义，但是迄今为止仍没有一个统一的概念。分析这些定义，主要可以归纳为水资源开发规模论、水资源承载最大人口论以及水资源支撑社会经济系统持续发展能力论三种类型（表6－1）。

表6－1　　水资源承载力定义

观点	研究者（年份）	水资源承载力定义
资源开发规模论	许有鹏（1993）	水资源承载力是指在一定的技术经济水平和社会生产条件下，水资源可最大供给工农业生产、人民生活和生态环境保护等用水的能力，也即水资源最大开发容量，在这个容量下水资源可以自然循环和更新，并不断地被人们利用，造福于人类，同时不会造成环境恶化。对开发容量做出了一个系统的阐述，将水资源承载力量化为开发容量，保证各个部门的水资源供给量，即是水资源的承载能力
	贾嵘（1998）	水资源承载力是指在一个地区或流域范围内，在具体的发展阶段和发展模式条件下，当地水资源对该地区经济发展和维护良好的生态环境的最大支撑能力；将水资源的承载力延伸为对整个生态环境的支撑能力
	冯尚友（2000）	在一定区域内，在一定生活水平和一定生态环境质量下，天然水资源的可供水量能够支持人口、环境与经济协调发展的能力或限度；并提出水资源承载力由水资源量的承载力、水资源质的承载力或水环境承载力、地区水害防御能力3部分组成
	何希吾（2000）	水资源承载能力是一个流域、一个地区或一个国家，在不同阶段的社会经济和技术条件下，在水资源合理开发利用的前提下，当地天然水资源能够维系和支撑的人口、经济和环境规模总量
资源承载最大人口论	施雅风（1992）	水资源承载力是指某一区域的水资源，在一定的社会历史和科学技术发展阶段，在不破坏社会和生态系统时，可承载（容纳）的工业、农业、城市规模和人口的最大能力。不难理解水资源承载力是一个随社会、经济、科学技术发展而变化的综合指标
	蔡安乐（1994）	水资源承载力是在未来不同尺度上，以预期的技术、经济和社会发展水平及与此相适应的物质生活水准为依据，一个国家或地区利用其自身的水资源所能满足其工农业生产及城镇发展需要和能够持续稳定供养的人口数量
	沈晋、阮本青（1998）	水资源承载力最终归结到人口上，从人口的角度对水资源承载能力进行了论述，定义为：在未来不同的时间尺度上，一定生产条件下，在保证正常的社会文化准则的物质生活水平下，一定区域（自身水资源量）用直接或间接方式表现的资源所能持续供养的人口数量
	赵建世（2008）	指在可以预见的时期内，利用本地水资源及其他资源和智力、技术等条件，在保证其社会文化准则的物质生活水平条件下，所能持续供养的人口数量

续表

观点	研究者（年份）	水资源承载力定义
资源支撑社会系统持续发展能力	王浩 （1998）	在某一具体的历史发展阶段下，以可以预见的技术、经济和社会发展水平为依据，以可持续发展为原则，以维护生态环境良性发展为条件，经过合理的优化配置，水资源对该地区社会经济发展的最大支撑能力
	王建华 （1999）	区域水资源承载力是指在将来不同的时间尺度上，以预期的经济技术发展水平为依据，在对生态环境不构成危害的条件下，某一区域内可利用水资源持续供养一个良性社会体系的能力
	惠泱河 （2001）	水资源承载力是某一地区的水资源在某一具体历史发展阶段下，以可预见的技术、经济和社会发展水平为依据，以可持续发展为原则，以维护生态环境良性发展为条件，经过合理优化配置，对该地区社会经济发展的最大支撑能力
	夏军、 朱一中 （2002）	在一定的水资源开发利用阶段，满足生态需水的可利用水量能够维系该地区人口、资源与环境有限发展目标的最大的社会经济规模。水资源承载力是一个度量区域社会经济发展受水资源制约的域值，它通常用满足生态需水的可利用水量与社会经济可持续发展有限目标需求水量的供需平衡退化到临界状态所对应的单位水资源量的人口规模和经济发展规模等指标表达
	龙腾锐 （2004）	在一定时期和技术水平下，当水管理和社会经济达到优化时，区域水生态系统本身所能承载的最大可持续人均综合效用水平或最大可持续发展水平
	韩俊丽、 段文阁 （2004）	在特定的历史发展阶段，以可持续发展为原则，以维护生态良性发展为条件，以可预见的技术、经济和社会发展水平为依据，在水资源得到适度开发并经优化配置前提下，区域（或流域）水资源系统对当地人口和社会经济发展的最大支持能力
	张琳 （2007）	指在一定区域或流域范围内，在一定发展模式和生产条件下，当地水资源在满足既定生态环境的前提下，能够持续供养的具有一定生活质量的人口数量或能够支持的社会经济发展规模

二、水资源承载力的内涵

（一）可持续性内涵

可持续发展是水资源承载力研究的指导思想。区域水资源承载力的前提条件是“维持生态环境的良性循环”，对社会的支持方式是“持续供养”，这充分体现了区域水资源承载力的持续内涵。水资源承载力的可持续性内涵包含两个方面的含义：

（1）水资源的开发利用方式是可持续性的开发利用，它不是单纯追求经济增长，而是在保护生态环境的同时，促进经济增长和社会繁荣，保证人口、资源、环境与经济的协调发展。水资源的可持续性利用不是掠夺性的开发利用水资源，威胁子孙后代的发展能力，而是在保护后代人具有同等发展权利的条件下，合理地开发、利用水资源。

（2）持续的内涵还表现在水资源承载力的增强是持续的，即无论以何种方式进行水资源承载力增强过程的操作，伴随着社会的持续发展，水资源承载力的增强总是持续的。基于区域水资源承载力的持续内涵，就可澄清“水资源承载力”和“水资源承载能力”两个概念间的区别。

（二）社会经济内涵

社会经济系统是水资源承载的主体，系统的结构、组成、状态影响承载力的大小，因此区域水资源承载力具有社会经济内涵。区域水资源承载力的社会经济内涵主要表现在三方面，其一，区域水资源承载力是以“预期的经济技术发展水平”为依据，这里预期的经济技术水平主要包括区域水资源的投资水平、开发利用和管理水平；其二，区域水资源承载力是“经过合理的水资源优化配置”而得到的，而区域水资源优化配置是一种典型的社会经济活动行为；其三，区域水资源承载力的最终表现为“区域经济规模和人口数量”。人口和相应的社会体系是区域水资源承载的对象，因此水资源承载力的大小是通过人口以及相对应的社会经济水平和生活水平体现出来。

（三）时空内涵

水资源承载力具有明显的空间内涵，指水资源承载力都是针对某一具体区域进行的，水资源是一定区域上的水资源，不仅不同的区域水资源系统有着不同的分布特征，而且相同数量的水资源在不同的区域上，由于地形地貌、水文地质、气象条件的不同，区域水资源的分布特征是不同的，相应的水资源承载力也是不同的。如安徽淮北平原某区域与江淮丘陵某区域相同的水资源量，由于淮北平原的水资源由地表水和地下水构成，而江淮丘陵水资源仅表现为地表水，两区域的水资源可利量是不同的。因此，两区域所能够支撑的最大社会经济规模和人口规模也是不同的。同时，水资源系统所承载的社会经济系统和生态环境系统也是无法离开区域存在的。

区域水资源具有时序内涵是指区域水资源在“将来不同时间尺度”上的承载能力不同。在不同的时间尺度上，区域水资源结构与组成、人类开发利用水资源的技术水平以及社会经济系统、生态环境系统的组成与结构都会发生变化，区域水资源的外延和内涵都会有不同的发展。

必须承认水资源系统与社会经济系统、生态环境系统之间是相互依赖、相互影响的复杂关系。不能孤立地计算水资源系统对某一方面的支撑作用，而是要把水资源系统与社会经济系统、生态环境系统联合起来进行研究，在水资源—社会经济—生态环境复合大系统中，寻求满足水资源可承载条件的最大发展规模，这才是水资源承载能力。

“满足水资源承载能力”仅仅是可持续发展量化研究可承载准则的一部分（可承载准则包括资源可承载、环境可承载。资源可承载又包括水资源可承载、土地资源可承载等），它还必须配合其他准则（有效益、可持续），才能保证区域可持续发展。因此在研究水资源合理配置时，要以水资源承载能力为基础，以可持续发展为准则（包括可承载、有效益、可持续），建立水资源优化配置模型。

三、研究水资源承载力的意义

（一）确定流域或区域社会发展的基础和前提

工业、农业、生活和生态环境的发展对水的依赖程度越来越高，水资源已成为制约人类社会发展的瓶颈。一个地区、一个流域的水资源到底能够支撑多大社会规模的现状和发展，成了制定区域发展规划研究的基础性的尺度和指标。

（二）度量水资源可持续利用的需要

在水资源可持续利用研究领域，水资源承载力是水资源合理配置的基本度量，也是水资源可持续利用的度量，任何一个关于水与经济社会、水与可持续发展问题都必将与水资源承载力相关联。

（三）谋求人与自然和谐发展规律的基本内容

研究水资源有关社会、经济和生态环境方面开发和利用的界限问题，就是水资源的承载力问题，正确处理好水资源的开发与保护、开源与节流问题的关键是在人与自然和谐共存的指导方针下，走可持续发展的发展模式。

（四）延伸水资源承载力理论的需要

水资源承载力是一个国家或地区持续发展过程中各种自然资源承载力的重要组成部分，水资源承载力理论研究和实践对资源承载力理论的完善有不可替代的作用和支撑。

（五）拓展水资源研究理论

水资源承载力是关于人口、水资源、生态环境和社会经济发展系统与水资源系统的协调程度，是研究人口、水资源、生态等方面相互关系的边缘学科。

（1）把可持续发展的思想贯穿到水资源承载能力的研究中。根据水资源实际承载力，确定人口与社会经济的发展速度与发展规模，强调发展的极限性。在研究水资源承载能力时，要以可持续发展为原则，将水资源承载能力置于可持续发展的战略构架下进行讨论。

（2）由静态分析走向动态预测。随着水资源承载能力的研究不断深入和计算机技术的应用，水资源承载力研究从静态的定量分析发展到目前的定性与定量相结合的动态预测，这是水资源承载能力今后一个重要的研究趋势。

（3）由单一承载能力研究向资源环境综合承载能力研究发展。水资源的开发利用与其他资源量及其利用以及生态环境密切相关，因此，必须从整体上进行自然资源承载能力和环境容量的综合研究，并对不同区域之间的差异进行比较，以资源协调开发利用，支撑社会经济的可持续发展。

（4）以水资源循环经济的理念研究水资源承载能力。遵循循环经济以无害化为前提的3R思想（即减量化、再使用和再循环原则），通过调整产业结构、改进生产工艺，节约利用水资源，减少水污染，提高水资源利用率，进而提高水资源承载能力，保护和改善水生态系统，建设节水型社会，实现水资源的可持续利用。

（5）重视生态环境需水的研究。目前对于生态环境需水还缺乏统一的概念和理论，计算方法上也不够完善，对于生态环境需水量的确定，是今后水资源承载能力研究的重点之一。

（6）引入新技术新方法。水资源承载力的概念提出至今，研究方法不断成熟，今后应充分运用RS、GIS等先进技术，为水资源承载能力的研究提供更加准确、全面的数据基础和定量研究成果。

第二节　区域水资源承载能力计算模型

一、区域水资源承载能力研究进展

（一）国外水资源承载能力研究进展

水资源承载能力在国外的专门研究较少，常常仅是在可持续发展问题中泛泛地讨论一下。国外往往使用“可持续利用水量”“水资源的生态限度”或“水资源自然系统的极限”“水资源紧缺程度指标”等来表述类似的涵义，且一般指天然水资源数量的开发利用极限（Rijberman，2000）。

20 世纪 70 年代开始，对承载力研究就从土地资源方面扩展到整个资源领域。

随着研究的深入，20 世纪 80 年代开始，国际上各种科研组织对承载力开始了广泛的研究，各种承载力的相关模型相继被提出，如由联合国教科文组织开发的承载力估算综合资源计量技术 ECCO 模型（Enhancement of Carrying Options）。

近年来，资源承载力的研究方向已逐渐从宏观领域发展到微观领域，从水文水资源科学发展到不同层次、不同学科研究范围的多种技术方法。Olli Varis 等人（2001）以水资源开发利用为核心，分析了中国长江流域日益快速的工业化、不断增长的粮食增长需求、环境退化等问题给水资源系统造成的压力，并参照不同地区发展历史把长江流域的社会经济现状同其水环境承载能力进行初步比较。美国环保局 2002 年进行了 4 个镇区环境承载力研究，具体计算了 4 个湖泊的环境承载力，并提出了保护和改善湖泊水质的建议。2003 年，Furuya 进行了日本北部水产业环境承载力的研究。Giuseppe Munda（2004 年）在《城市可持续发展政策的社会多目标评价》一文中，探讨了来自生态方面的概念如城市环境承载力、生态足迹，来自经济方面的概念如成本效益、成本效率分析等问题，将社会多目标评价方法作为城市可持续发展政策的多目标框架。

（二）国内水资源承载能力研究进展

国内水资源承载能力研究起步较晚，对于水资源承载能力概念的论述很多，但也没有见到统一公认的界定，然而总的趋势是一个逐步完善的过程。国内最早开展水资源承载能力研究是在 1989 年，新疆水资源软科学课题组首次对新疆的水资源承载能力和开发战略对策进行了研究。20 世纪 90 年代以来，关于水资源承载能力的研究方兴未艾，各种观点、概念、方法如雨后春笋般不断涌现，但迄今为止仍然没有形成一个系统的、科学的理论体系。

任何一个概念的研究，不可缺少的是：①研究条件，如时间、空间，历史背景等；②研究主体；③研究客体；④研究目的。纵观具有代表性意义的“水资源承载能力”定义，从横向上来看，基于研究者考虑承载力的角度不同，可以将其归纳为两类，具体见表 6-2；从纵向上可以将其定义划分为三个阶段，具体见表 6-3。

在理论方法的研究上，我国的水资源承载能力研究在一定程度上吸收了国外承载力研究的成果，结合水资源的特殊性、我国国情、水资源学科的发展和研究人员特定的学科背景，水资源承载能力在我国也得到了独立的发展。

表 6-2　　　　“水资源承载能力”定义横向分析表

观点	类型名称	考虑角度	表述指标	终极目标	特点
观点一	水资源开发规模论或容量论	承载主体—水资源系统	供水能力	最大发展水平	具体
观点二	水资源支持可持续发展能力论	承载客体—人类社会经济系统	人口社会经济规模	最优发展水平	抽象

表 6-3　　　　“水资源承载能力”定义纵向分析表

阶段	阶段名称	时间	承载条件	特点	研究目的	不足之处
第一阶段	初步形成阶段	1992—1997 年	科技水平 历史时期 地域空间 生态环境	①强调了动态发展的观念； ②“可持续发展”思想隐含在定义当中	极限承载力	①未充分体现“可持续发展”思想； ②孤立看待各个承载对象； ③将水资源看作是对人口、社会经济、生态环境的决定因素
第二阶段	发展阶段	1998—2004 年	科技水平 历史时期 地域空间 生态环境	将“可持续发展”作为指导原则明确在定义中提出	适度承载力	孤立看待各个承载对象
第三阶段	逐步成熟阶段	2005 年—至今	科技水平 历史时期 地域空间	①将生态环境作为承载对象而不再是承载条件； ②将承载对象联系成整体考虑； ③意识到合理配置水资源是提高水资源承载能力的一个技术手段	可持续承载力	生态环境与水资源的定量关系研究较少，使承载力研究难度加大

二、水资源承载能力指标体系研究进展

（一）水资源承载能力指标体系研究进展

许有鹏参照全国水资源供需分析的指标体系，结合所研究干旱地区的水资源特点，选取了供需水量模数、耕地率、水资源利用率、人均供水量和生态用水率等指标，评价新疆和田河流域水资源承载力。肖满意和董诩立把水资源承载力评价指标体系分为 5 类，包括水资源条件、供水状况、需水量、社会经济指标、生态环境指标，最终在 29 项指标中选取 9 项指标（人均水资源可利用量、水资源利用率、人均供水量、供水量模数、耕地灌溉率、城市生活用水定额、需水量模数、工业用水重复利用率、生态环境用水率），对山西省各流域及 15 个水资源分区的水资源承载力进行了分析评价。王余标和王献平选取耕地率、水资源利用率、需水量模数、供水量模数、人均供水量、单位产值需水量为指标，应用模糊综合评价方法建立水资源承载力模型，对周口市的水资源承载力进行研究，朱一中等选取人均水资源量、水资源利用率、人均用水量、林草覆盖率、化学需氧量浓度、生态需水量、人口自然增长率、城市化水平。人均 GDP、第三产业 GDP 比重、人均粮食占有

量、用水效益等作为指标，建立西北地区水资源承载力模糊综合评判模型，为西北地区的水资源利用提出了一些切实可行的建议。陈洋波等从广义的水资源承载力角度建立综合评价指标体系，利用人均GDP、万元GDP耗水量、居民人均用水量、水资源开发利用率、污水处理率、人均水资源可用量、植被覆盖率、水质优质率及水资源管理效率等指标对深圳市水资源承载力进行评价。王浩等提出了水资源承载力评价的4类16项指标：可比性指标（可承载总人口、单位绿洲面积可承载人口、单位绿洲面积现状人口）、均衡性指标（人均GDP、人均收入、人均粮食占有量、人均棉花占有量、人均油料占有量、人均蔬菜占有量、人均肉类占有量）、效率性指标（水资源开发利用程度、单方水粮食产量、地表水灌溉平均渠系有效利用系数）。陈正虎和唐德善选取灌溉率、水资源利用率、水资源开发程度、供水量模数、需水量模数、人均供水量、生态用水率等，采用模糊识别分析法研究新疆水资源可持续利用程度，为新疆地区水资源的进一步开发提供了一定的理论依据。王友贞等在区域水资源承载力评价指标体系的研究中指出，根据区域水资源承载力评价所需解决的问题，指标设计可以用宏观指标和综合指标来衡量，宏观指标描述区域利用水资源量能够支撑的人口总数与经济发展规模，综合指标描述各层次承载的协调指数。周亮广和梁虹从喀斯特面积与评价结果进行灰色关联度分析，得出以上4个因素与喀斯特地区的水资源承载力具有一定的关系。吴巧梅建立了水资源多目标分析模型，将城市水资源承载力这个大系统划分为5个子系统，确定了5个优化目标：GDP（国内生产总值，反映经济的发展），COD（化学需氧量，反映污染状况），Food（粮食产量，反映农业生产和社会稳定），TWP（城市就业人口数，反映生活环境质量），这5个目标可充分反映水资源对经济、社会、人口等的承载力。滕朝霞和陈丽华从人口子系统、粮食子系统、社会经济子系统、生态环境子系统4个方面选取评价指标。佟长福等以鄂尔多斯市水资源承载力为研究对象，选取了水资源开发利用率、耕地灌溉率、地表水控制率、工业用水重复利用率等9个主要因素作为评价因素，应用灰色关联度分析法对鄂尔多斯市及各分区水资源承载力进行了评价。邵磊等建立了水资源承载力评价的综合指标——综合主成分，分别选取出了反映自然支持力指标、社会经济技术水平指标和社会生活水平指标的主成分，建立了相应的水资源承载力变化驱动因子的多元线性回归模型，计算出山西省各地市水资源承载力的综合得分。王维维等选取包括城镇人口和农村人口、供水量和耗水量、万元GDP耗水量、固定资产投资、有效灌溉面积、每公顷平均灌溉用水量、工业用水量、农业用水量、生活用水量、人均生活用水量、农村人均生活用水量、城镇人均生活用水量等17个指标，运用主成分分析法，从中选出主要影响湖北省水资源承载力变化的3个指标（人口、社会经济发展状况、水资源利用情况），分析评价了湖北省水资源承载力。邓远建等采用相对资源承载力的研究思路，选择水资源利用量和国内生产总值（分别代表自然资源和社会资源）作为人口的承载资源，研究了湖北省2000—2007年与其他中部5省的水资源承载力、相对资源承载力。刘渝和杜江在对湖北省农业水资源利用效率的实证研究中选取了14个与农业水资源利用经济效益、生态效益相关的指标，利用主成分分析法计算出各个市、州的农业水资源利用效率的综合评价值，并进行排序，分析了相关区域利用水平较低的原因。

总体而言，评价体系的选取主要涉及水资源、社会、经济、生态环境等对水资源支撑与消耗的因素，由于研究目标与侧重的不同，指标的选取方式目前还缺乏规范标准。

（二）水资源承载能力指标体系

水利部颁发《水资源承载能力技术大纲》（印发稿）（2016）建立水资源承载能力监测预警机制的总体目标是摸清全国水资源承载能力，核算经济社会对水资源的承载负荷，对全国县域水资源承载状况进行动态评价，建立县域水资源承载能力动态监测预警机制，定期发布监测预警报告，对水资源承载负荷超过或接近承载能力的地区，实行预警提醒和限制性措施，构建政策引导机制和空间开发风险防控机制，促进水资源与人口经济均衡协调发展。

1. 主要任务

（1）核算县域水资源承载能力。根据全国水资源综合规划、最严格水资源管理制度“三条红线”、主要江河流域水量分配方案、全国水中长期供求规划等已有成果，以主要河流水系和省级行政区的水资源开发利用、水资源可持续利用要求为控制，在分解协调县域水资源相关成果的基础上，核算县域水资源承载能力基线。

（2）核算县域现状水资源承载负荷。根据各级统计年鉴、水利统计年鉴、水资源公报、水利普查成果、水中长期供求规划成果等有关资料，分析现状经济社会发展对水资源的压力，从水资源开发利用等方面核算现状水资源承载负荷。

（3）评价县域现状水资源承载状况。根据水资源承载能力和现状承载负荷，开展县域现状水资源承载状况评价，分别划定超载区、临界超载区、不超载区的范围，分析超载原因，研究提出水资源管控措施建议。

（4）建立水资源承载能力监测预警机制。研究建立监测、预警、发布、管控制度体系，初步建立水资源承载能力评价和监测预警与管控制度。在国家水资源监控系统建设的基础上，集成水资源承载能力基线核算、经济社会负荷计算、水资源承载状况评价为一体的全国水资源承载能力动态评价与预警系统平台。

2. 基本定义

本技术大纲中水资源承载能力是指，可预见的时期内在满足合理的河道内生态环境用水和保护生态环境的前提下，综合考虑来水情况、工况条件、用水需求等因素，水资源承载经济社会的最大负荷。根据这一定义，水资源承载能力主要包括水量、水质 2 个要素：水量要素，指在保障合理生态用水的前提下，允许经济社会取用的最大水量；水质要素，指在满足水域使用功能水质要求的前提下，允许进入河湖水域的最大污染物负荷量。本次评价主要考虑水量要素。

3. 技术路线

收集整理经济社会发展指标有关数据、全国水资源调查评价、第一次全国水利普查、水资源有关规划、水资源公报等有关资料，建立以县域和重点江河流域为单元的水资源及开发利用基础台账。根据县域水资源禀赋条件、允许开发利用上限、“三条红线”管理要求、水资源调配能力等，由全国、流域及省区对水资源及承载能力核算需要的基础资料和指标进行分解协调或补充复核，确定县域水资源承载能力。省区根据经济社会发展状况和水资源开发利用情况等，填报县域水资源承载负荷成果，进行流域及全国层面复核协调平衡。根据县域水资源承载能力和承载负荷成果，提出各级行政区及河流水系水资源承载状况评价结果，分析其超载原因与发展趋势，提出水资源管控措施建议。水资源承载能力评价总体技术路线见图 6－1。

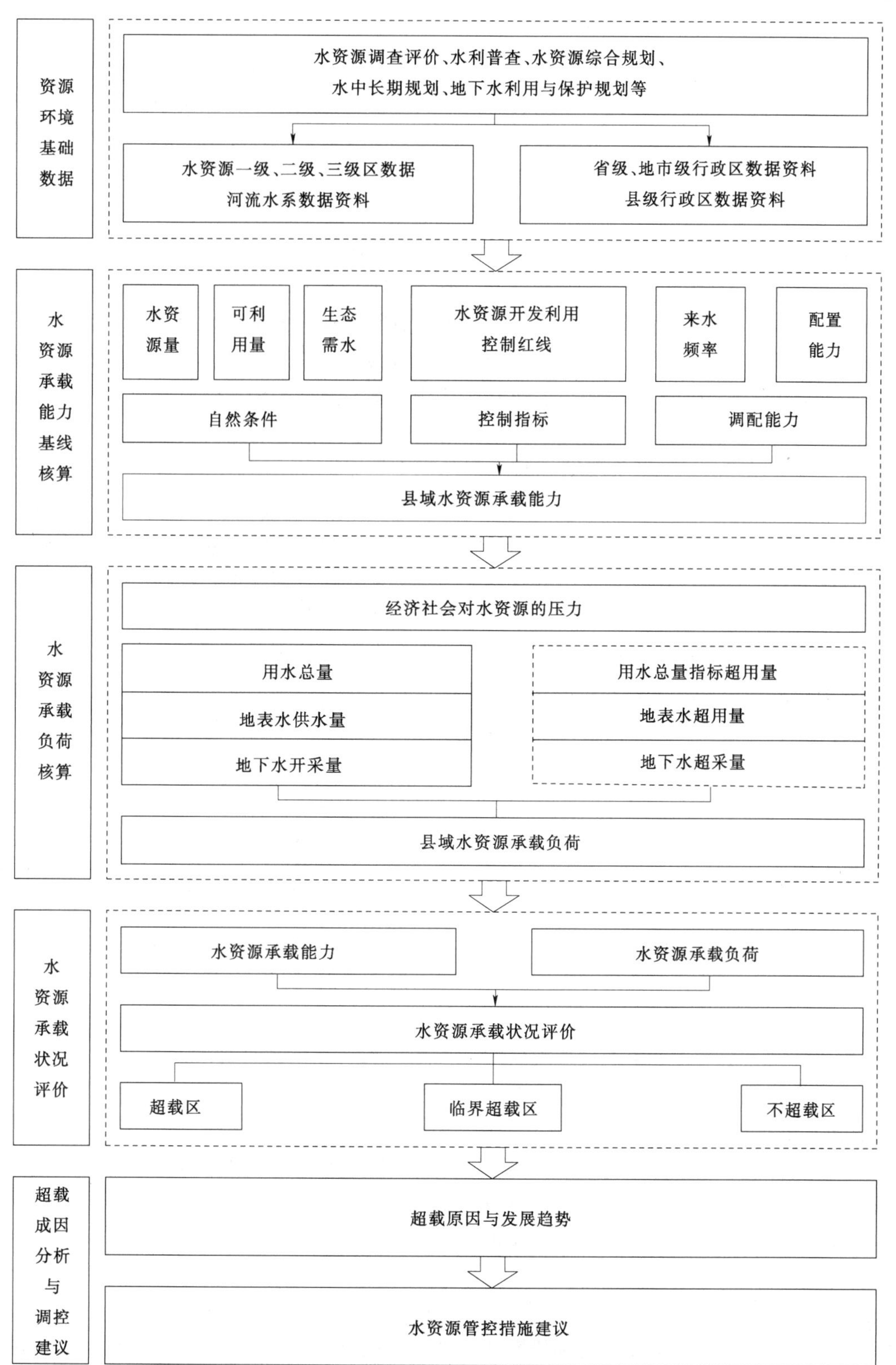

图 6-1　水资源承载能力评价总体技术路线

三、水资源承载力评价方法综述

目前采用的研究方法主要有常规趋势法、模糊综合评判方法、主成分分析法、系统动力学方法、多目标决策方法、投影寻踪法、供需平衡分析法、神经网络法、全口径层次化评价方法、压力－状态－响应模型、因子分析、生态足迹法、物元分析法、虚拟水等。

（一）常规趋势法

常规趋势法是以可利用水资源量为基本依据，在满足维持生态环境最小需水量以及合理分配国民经济各部门用水比例的前提下，适当考虑建设节水型农业和节水型社会，在此基础上计算水资源所能承载的工农业规模及人口数量。这种方法计算简单，对某些承载因子的潜力估算具有借鉴意义。但由于水资源承载力的研究涉及人口、社会经济发展以及资源环境等众多因素，而方法较多考虑的是单承载因子的发展趋势，忽略各承载因子之间的相互关系，且各因素之间相互促进、相互制约，仅从供水量和需水量简单计算供需平衡不足以反映水资源承载力这个复杂大系统之间的耦合关系。

（二）模糊综合评判方法

模糊综合评判方法是将水资源承载力的评价视为一个模糊综合评价过程，它是在对影响水资源承载力的各个因素进行单因素评价的基础上，通过综合评判矩阵对其承载力做出多因素综合评价，克服了常规趋势法中承载因子间相互独立的局限性，从而可以较全面地分析水资源承载力的状况。但模糊综合评判在因素选取、权重分配等方面主观性较强，具有局限性，且林衍等通过数学证明分析了模糊综合评价法误判的原因，认为该方法不能客观反映实际，取大取小的原酸原则使得大量有用信息遗失，模型的信息利用率较低。

（三）主成分分析法

主成分分析法克服了模糊综合评判方法的缺陷，它通过对原有变量进行线性变换和舍弃一部分信息，对高维变量系统进行综合与简化，把影响水资源承载力的多个变量化为少数几个综合指标，并确保综合指标能够反映原来较多指标的信息，且综合指标间彼此独立，同时客观确定各个指标的权重，避免主观随意性。通过不同水资源承载力指标数值之间或指标数值与标准数值之间的对比，得出的都是无量纲的数值结果，因而实际上是社会经济发展系统与水资源系统协调程度意义上的水资源承载力。

主成分分析法虽然避免了模糊综合评价法中人为因素的影响，但该方法关注的是待评因素集的最大差别向量，至于此差别向量是否表达水资源承载力的现状水平则不予考虑，待评因素的选取恰当与否成为该方法的关键所在。

（四）系统动力学方法

系统动力学是20世纪50年代美国麻省理工学院Forrester教授集控制论、系统论、信息论、计算机模拟技术、管理科学及决策论等学科的知识为一体，开发的系统分析方法，是一种用计算机对社会系统进行模拟，研究发展战略与决策的方法，被誉为“战略与策略实验室”。系统动力学依靠系统理论分析系统的结构和层次，依靠自动控制论的反馈原理对系统进行调节，依靠信息论中信息传递原理来描述系统，并采用电子计算机对系统动态行为进行模拟，适用于分析和研究动态复杂的社会经济系统，也同样适用于分析在自然——人工二元模式作用下的水资源系统。因此，可对不同水资源承载力发展方案采用系

统动力学方式进行建模，并对决策变量进行预测，得到最佳的承载力方案。但用该方法对长期发展情况进行建模时，参变量难以掌握，易于导致不合理结论，因而该方法多用于中短期发展情况模拟。

（五）多目标决策方法

多目标决策方法是从20世纪70年代中期发展起来的一种决策分析方法，它选取能够反映水资源承载力的人口、社会经济发展以及资源环境等若干指标，根据可持续发展目标，不是追求单个目标的优化，而是追求整体最优。利用该法建立的多目标决策模型，可将水资源系统与区域宏观经济系统作为一个综合体来考虑。但是该方法也存在一定的不足之处，例如，目标决策中各个影响因子权重的确定是整个评价过程中的关键，但许多权重确定方法多采用主观判断方法（如Delphi法），其结果的客观性较差。

（六）投影寻踪法

投影寻踪法是一种处理多因素复杂问题的统计方法，其基本思路是将高维数据向低维空间进行投影，通过低维投影数据的散布结构来研究高维数据特征，反映各评价因素的综合评价结果。其具体方法是将评价指标进行数据归一化后，经过线性投影构造目标函数，确定优化投影方案，然后对水资源承载力进行综合评价。该法是根据样本资料本身的特性进行聚类和评价，无需预先给定各评价因素的权重，避免人为任意性，具有直观和可操作的优点，为涉及多个因素的水资源承载力综合评价提供了一条新途径。但同时，该方法的准确度主要取决于反映高维数据结构或特征的投影指标函数的构造及其优化问题，而该问题一般较复杂。

（七）供需平衡分析法

供需平衡分析法是根据区域水资源总量、可利用水资源量以及水资源需求总量，进行区域水资源供需平衡分析，由此来确定水资源承载力。夏军和朱一中运用供需平衡分析法提出了可利用水资源量、水资源需求量、流域水资源承载力平衡指数等的计算方法，综合分析了我国西北干旱区水资源承载力。

（八）神经网络法

神经网络法具有广泛的适应能力、学习能力和映射能力等特点，在理论上可以逼近任何非线性函数，在多变量非线性系统的建模与预测方面通常可取得满意的结果。利用神经网络的非线性映射关系，抛开水资源承载力复杂的耦合系统的探究，找出两者之间的必然联系，可以避免用其他量化方法寻找两者之间关系时所遇到的困难。

（九）全口径层次化评价方法

王浩等为克服传统水资源评价方法中评价口径狭窄、一元静态模式、各要素分离等缺陷，提出了基于二元水循环模式的水资源全口径层次化动态评价方法，以降水为资源评价的全口径通量，以有效性、可控性和可再生性为原则对降水的资源结构进行解析，实现广义水资源、狭义水资源、径流性水资源和国民经济可利用量的层次化评价，构建了由分布式水循环模拟模型与集总式水资源调配模型耦合而成的二元水资源评价模型，并将下垫面变化和人工取用水作为模型变量以实现动态评价。

该方法物理概念明晰，可以描述现代环境下流域水资源二元演变的特征并反映人类活动影响，能够满足不同类型经济社会建设和生态环境活动的需求，但有待进一步发展和完善，水资源评价模型应用与推广受到分布式水文模型发展的制约。

（十）压力—状态—响应模型

压力—状态—响应模型是加拿大统计学家 A. Friend 提出的，后被广泛应用的指标分析模型。该理论认为，人类的经济、社会活动与自然环境之间存在相互作用关系，即人类从自然环境取得各种资源，又通过生产消费向环境排放，从而改变了资源的数量和环境的质量，进而影响了人类的经济社会活动及其福利，如此循环往复，形成了人类活动与自然环境之间的压力—状态—响应关系，据此设计的指标优点是较好地反应了自然、经济、环境、资源之间的相互依存、相互制约关系。因此，PSR 模型目前已广泛地应用在土地质量评价、农业可持续发展评价、生态环境评价等领域，也可用于水资源承载力评价，其中状态指标用来评价承载力客体状况，压力指标用来评价造成这种状态的主体，响应指标用来评价主体改变客体状态的途径。谢新民等在水资源“三次平衡”配置成果的基础上，分析和构建了评价水资源承载能力的压力—状态—响应模型及其表征指标体系，最后结合东辽河流域实际进行了应用，获得了水资源承载力评价系列结果。

（十一）因子分析

因子分析法是主成分分析的推广，通过对多位变量进行降维与简化，能避免指标分析过程中的主观任意性，同时可以客观地确定各个指标的权重等。

（十二）生态足迹法

生态足迹法是由加拿大经济学家 William 及其博士生 Wackernagel 于 20 世纪 90 年代提出的，该方法通过引入生态生产性土地来定量分析自然资源的可持续利用程度。水资源生态足迹对水资源可持续性程度的衡量主要是通过水资源生态盈余和生态赤字来表示。当一个地区的生态足迹小于其水资源生态承载力时，水资源呈盈余状态，表明这个地区水资源处于可持续利用状态，该地区的水资源不但可以保证其经济、生态与环境的良性循环，还可以满足区域内发展的进一步需求；反之，当一个地区的水资源生态足迹大于这个地区的水资源生态承载力时，则出现水资源生态赤字，表明这个地区的水资源利用处于不健康模式，区域内水资源不足，不能满足社会经济发展的需求，或者是以破坏环境为代价为维持区域经济的发展。应用生态足迹法研究水资源承载力，是用水资源的生物生产能力来衡量水资源承载力，即水资源利用所能承载的相应生物生存面积。

（十三）物元分析法

物元分析理论是我国学者蔡文教授提出的，是研究解决矛盾问题的规律和方法，它以促进失误转化、解决不相容问题为核心，是解决多因子评价问题的比较有效的方法。

（十四）虚拟水

虚拟水由英国学者 Allan 于 1993 年首次提出，并将其定义为生产农产品所需要的水资源量；1996 年他又对这一概念进行了扩展和完善，将其定义为“生产商品或服务所需要的水资源量”。2003 年程国栋首次将虚拟水理论引入国内，并以中国西北 4 省为例探讨了虚拟水战略以及实施虚拟水战略的对策建议，随后虚拟水战略研究在国内展开。

虚拟水战略和水资源承载力均是水资源安全与水资源管理研究领域的热点和难点。水资源承载力评价指标一般选取与资源、环境、社会、经济、生态等相关的指标，在资源中一般选取水资源的自然状况和开发利用程度，虚拟水是水资源开发利用程度的体现。总体

上看，国内的研究偏重于应用和量化方法的研究，并取得了很大的进展，量化模型开始向综合型、动态性方面转变，但在基础理论研究方面比较薄弱，对水资源承载力本身的认识和研究还欠深入，无法全面准确地定义水资源承载力的概念，界定其内涵及影响因素。水资源承载能力的各种研究方法各具特点，有优点，同时难免存在缺陷，没有一种“放之四海而皆准”的方法，各种方法的优缺点见表 6－4。

表 6－4　水资源承载能力研究方法分析比较表

	研究方法	优点	缺点
评价区域水资源承载能力	模糊综合评价法	①可以综合处理主观产生的离散过程； ②可以较全面分析水资源承载能力状况	①剔小取大的运算会遗失大量有用信息； ②模型的信息利用率低
	综合指标法	①操作上直观、简便； ②能综合反映区域水资源承载能力状况	①指标的选取受主观因素影响较大； ②其精度和深度不够具体和细致
	主成分分析法	①客观确定各个指标的权重，避免主观随意性； ②解决了不同量纲的指标之间可综合性问题	①评价参数的分级标准难以选定，对主成分难以取舍； ②主成分物理意义不明确，难以在经济活动中选择合适的控制点
某种状态下水资源承载状况	系统动力学法	具有系统发展的观点，分析速度快、模型构造简单	非线性方程参数微小扰动可能造成长期分析结果的荒谬
	多目标分析法	①将研究区域作为整体系统研究； ②通过数学规划方法达到系统在一定背景下最佳状态	①求解技术困难，如：模型的构造与求解的有效性等问题； ②仅限于较小的模型规模，不能更全面考虑系统的影响因素
	投影寻踪评价法	直观、可操作性强、分辨率高、赋权客观、人为干扰小，结果稳定	最优投影方向的选择问题是模型构建中的难题
	密切值法	①目的明确； ②逻辑严谨； ③计算方便	只能对评价对象（水资源）进行定性比较，无法确定客观的分类依据
寻求水资源最大承载能力	人工神经网络方法	①具有自适应、容错性等优点； ②能有效解决水资源系统中非线性问题； ③计算结果客观	①模型建立相对于现有的评价模型复杂； ②收敛速度慢； ③受到局部极点困扰
	背景分析法	①承载因子较少； ②因子间相互独立，简单易行	①多局限于静态的历史背景； ②割裂了资源、社会、环境之间的相互作用的联系
	简单定额估算法	比较简单，应用较多	不足以全面反映水资源的承载能力
	常规趋势法	①运算简便； ②内容显示直观	①涉及社会因子较多，各因子之间关系复杂； ②得出的水资源承载能力与实际能力有一定的差距

第三节　区域水资源可持续发展能力测评

水资源承载能力的研究需要在水资源—社会—经济—生态环境复合大系统内进行，为了能够充分体现各个子系统的承载状况，采用多目标规划的方法对其进行研究是一种较好的选择。

水资源—社会—经济—生态环境复合大系统无论在总系统和子系统上，还是在输入、输出和系统内部结构方面的组成上，均既存在着确定的一面，又存在着不确定的一面。其不确定性表现为随机性、模糊性、灰色性和未确定性。因此，想办法克服这些不确定性是研究水资源承载能力的必要条件。

目前，处理各种不确定性已有了各自的数学方法。处理随机性的数学方法为随机理论与概率统计；处理模糊性的数学方法为模糊数学；处理灰色性的数学方法为灰色数学；处理未确定性的数学方法为未确知数学。但在具体的实际情况中常会遇到在同一个系统中几种不确定性同时出现或交叉出现的情况。

本次研究考虑到大伙房输水前后水量方面发生了变化，给多目标规划模型的约束增加了模糊性，将模糊数学与多目标规划相结合的模糊多目标规划（FMOP）法引入到水资源承载能力的研究中，使浑河流域水资源承载能力的研究更准确、更科学。

一、模糊多目标规划模型

模糊多目标规划（FMOP）是解决多目标规划中不确定性的一种常用方法。带有模糊约束的多目标规划问题数学模型的一般形式是：

求一组目标函数

$$\left.\begin{aligned}\max z_1 &= c_{11}x_1 + c_{12}x_2 + \cdots + c_{1n}x_n \\ \max z_2 &= c_{21}x_1 + c_{22}x_2 + \cdots + c_{2n}x_n \\ &\vdots \\ \max z_r &= c_{r1}x_1 + c_{r2}x_2 + \cdots + c_{rn}x_n\end{aligned}\right\} \tag{6-1}$$

满足

$$\left.\begin{aligned}& a_{11}x_1 + a_{12}x_2 + \cdots + a_{1n}x_n \lesssim b_1 \\ & a_{21}x_1 + a_{22}x_2 + \cdots + a_{2n}x_n \lesssim b_2 \\ & \vdots \\ & a_{m1}x_1 + a_{m2}x_2 + \cdots + a_{mn}x_n \lesssim b_m \\ & x_j \geqslant 0 \quad (j=1,2,\cdots,n)\end{aligned}\right\} \tag{6-2}$$

其中，$\lesssim$表示一种弹性约束，读作“近似小于等于”。

由式（6－1）和式（6－2）构成的模糊多目标规划模型可以简写成

求 $$\max z_k = \sum_{j=1}^{n} c_{kj}x_j \quad (k=1,2,\cdots,r)$$

满足　$\left.\begin{array}{ll}\sum_{j=1}^{n} a_{ij} x_j \leqslant b_i & (i=1, 2, \cdots, m) \\ x_j \geqslant 0 & (j=1, 2, \cdots, n)\end{array}\right\}$

模糊多目标规划模型与多目标规划模型的区别在于，前者的约束条件增加了模糊因素，即其约束右端增加了伸缩指标。

模糊多目标规划的数学模型矩阵表示形式为：

求
$$\max \quad \boldsymbol{Z}=\boldsymbol{CX} \tag{6-3}$$

满足　$\left.\begin{array}{l}\boldsymbol{AX}<\boldsymbol{b} \\ \boldsymbol{X} \geqslant 0\end{array}\right\}$

其中

$$\boldsymbol{A}=\begin{bmatrix} a_{11} & a_{12} & \cdots & a_{1n} \\ a_{21} & a_{22} & \cdots & a_{2n} \\ \vdots & \vdots & \ddots & \vdots \\ a_{m1} & a_{m2} & \cdots & a_{mn}\end{bmatrix}, \boldsymbol{X}=\begin{bmatrix} x_1 \\ x_2 \\ \vdots \\ x_n\end{bmatrix}, \boldsymbol{b}=\begin{bmatrix} b_1 \\ b_2 \\ \vdots \\ b_n\end{bmatrix}, \boldsymbol{C}=\begin{bmatrix} c_{11} & c_{12} & \cdots & c_{1n} \\ c_{21} & c_{22} & \cdots & c_{2n} \\ \vdots & \vdots & \ddots & \vdots \\ c_{m1} & c_{m2} & \cdots & c_{mn}\end{bmatrix}$$

二、模糊多目标模型求解方法

模糊多目标规划模型就是模糊线性规划模型和多目标规划数学模型的结合，是具有多个目标函数和带有弹性约束的线性规划模型。

模糊多目标规划模型的求解步骤如下：

第 1 步，不考虑约束右端项的伸缩指标，计算各个目标线性规划问题的最优解，对每个目标函数分别计算出最好值和最次值，建立第一个目标函数值矩阵。

第 2 步，各约束右端项增加相应的伸缩指标后，计算各个目标线性规划问题的最优解，对每个目标函数分别计算出最好值和最次值，建立第二个目标函数值矩阵。

第 3 步，合并上述两个目标函数值矩阵，重新确定每个目标函数的最好值和最次值，并据此计算出各目标函数的伸缩指标。

第 4 步，按照各目标函数模糊集上的隶属函数，引入隶属度变量 λ，并建立各目标函数的目标约束方程。

第 5 步，按照各约束条件模糊集上的隶属函数，引入隶属的变量 λ，并建立各约束条件的新的约束条件方程。

第 6 步，构建一个新的线性规划模型，目标函数是对隶属度变量 λ 求最大值，约束条件由第 4 步和第 5 步产生的目标约束方程和新的约束条件方程构成。其形式如下：

求　$\max S=\lambda$

第 7 步，用单纯形方法对线性规划模型式求解。

求得的最优解向量为 $(x_1^*, x_2^*, \cdots, x_n^*, \lambda^*)$。

其中，解向量 $x^*=(x_1^*, x_2^*, \cdots, x_n^*)$ 就是原模糊多目标规划问题模型式（6－3）的最优解。

将解向量 x^* 分别代入式（6－1），即可得到原问题模型各目标函数在上述所求得的最好值、最次值确定的伸缩指标范围内和隶属度为 λ^* 前提下的最优值。

三、模糊多目标模型求解实例

（一）模糊多目标模型的建立

1. 模型决策变量

经济方面的变量有水田耗水量 x_1、水浇地耗水量 x_2、一般工业耗水量 x_3、高耗水耗水量 x_4、建筑耗水量 x_5、火核耗水量 x_6、第三产业耗水量 x_7；粮食方面的变量：水田耗水量 x_1、水浇地耗水量 x_2；人口方面的变量：城镇生活耗水量 x_8、农村生活耗水量 x_9。

2. 目标函数

(1) 总目标函数。选取 GDP、粮食总量、人口规模 3 个目标来分别反映浑河流域水资源对经济社会的承载情况，多目标计算模型的总目标函数如下：

$$P=\max\{f_1(X_{ij}),\ f_2(X_{ij}),\ f_3(X_{ij})\}$$

式中，X_{ij} 为决策变量，表示第 j 个计算单元中第 i 个用水部门所消耗的水量，$i=1,2,\cdots,11$，分别表示生产、生活中的各用水部门，$j=1,2,\cdots,6$，表示浑河流域的各个计算单元。

(2) 子目标函数。由于本次研究中涉及大伙房水库输水，水量在不同地区的分配不尽相同，为了能够更加具体的体现浑河流域各个计算单元以及整体的水资源承载情况，本次研究中将分别对各个计算单元进行多目标计算，得到各个计算单元的承载情况，然后再对其求和，得到浑河流域整体的承载情况。各计算单元的子目标函数是相同的，分别建立如下。

1) 水资源承载的国内生产总值最大：

$$Z_1=\max(\mathrm{GDP})=\sum_{i=1}^{n}\mathrm{GDP}_{(i)}=\sum_{i=1}^{n}X_iV_i\quad(i=1,2,\cdots,7)\tag{6-4}$$

式中　i——不同生产部门；

GDP_i——规划年计算单元各用水部门产生的 GDP，亿元；

X_i——规划年计算单元各用水部门的耗水量，万 m^3；

V_i——规划年计算单元各用水部门单方耗水产值，元/ m^3。

2) 水资源承载的粮食产量最大：

$$Z_2=\max(\mathrm{FOOD})=\sum_{i=1}^{n}\frac{\mathrm{YIELD}_i}{g_i}X_i\tag{6-5}$$

式中　i——水田和水浇地两个粮食生产部门；

FOOD——规划年计算单元的粮食产量，万 kg；

g_i——灌溉耗水定额，m^3/亩；

YIELD_i——粮食单产，kg/亩。

3) 水资源承载的人口最多：

$$Z_3=\max(\mathrm{POP})=\mathrm{POP}_{\mathrm{town}}+\mathrm{POP}_{\mathrm{coun}}=\frac{X_{10}}{l_{\mathrm{town}}}+\frac{X_{11}}{l_{\mathrm{coun}}}\tag{6-6}$$

式中　$\mathrm{POP}_{\mathrm{town}}$——计算单元的城镇人口，万人；

$\mathrm{POP}_{\mathrm{coun}}$——第 i 个计算单元的农村人口，万人；

l_{town}——计算单元城镇居民耗水定额，1/(人·d)；

l_{coun}——计算单元农村居民耗水定额，1/(人·d)。

因此，总目标函数中：

$$f_1=\sum_{j=1}^{6}Z_{1j}\qquad f_2=\sum_{j=1}^{6}Z_{2j}\qquad f_3=\sum_{j=1}^{6}Z_{3j}$$

（二）以大伙房水库以上抚顺地区为例

以2020年大伙房水库以上的抚顺地区为例，说明模糊多目标模型的建立和使用多功能方法规划系统（MFPS）求解浑河流域模糊多目标问题的输入过程和输出内容。

1. 大伙房水库以上的抚顺地区模糊多目标模型

根据上述建立的模型和参数，建立大伙房水库以上的抚顺地区的模糊多目标模型为：

求

$$\left.\begin{aligned}&\max z_1=2.02x_1+3.51x_2+514.28x_3+286.65x_4+2313.44x_5+7776.2x_6+3119x_7\\&\max z_2=\frac{609.28x_1}{473.60}+\frac{288.72x_2}{129.41}\\&\max z_3=\frac{x_8}{48.39\times0.365}+\frac{x_9}{30.80\times0.365}\end{aligned}\right\}\tag{6-7}$$

满足

$$\left.\begin{aligned}&x_1+x_2+x_3+x_4+x_5+x_6+x_7+x_8+x_9<81797.81\\&z_1>936634\\&514.28x_3+286.65x_4+7776.21x_6>336736\\&z_2>11147.06\\&z_3>46.44\\&d_1=883.39,\ d_2=0,\ d_3=0,\ d_4=0,\ d_5=0\end{aligned}\right\}\tag{6-8}$$

2. 数学模型的整理

将上式模型进行整理：将“≤”改为“<”，将“≥”改为“>”；去掉变量的非负约束；去掉数值为零的伸缩指标项。从而得到如下输入前的数学模型形式：

$$\left.\begin{aligned}&\max z_1=2.02x_1+3.51x_2+514.28x_3+286.65x_4+2313.44x_5+7776.21x_6+3119x_7\\&\max z_2=1.29x_1+2.23x_2\\&\max z_3=0.057x_8+0.089_9\\&x_1+x_2+x_3+x_4+x_5+x_6+x_7+x_8+x_9<81797.81\\&z_1>936634\\&514.28x_3+286.65x_4+7776.21x_6>336736\\&z_2>11147.06\\&z_3>46.44\\&d_1=6500\end{aligned}\right\}\tag{6-9}$$

3. 信息输入

信息的输入分为两部分：其一是模型数据的输入，输入的模型数据将在表格输出和进行求解时使用：其二是说明信息的输入，输入原问题的有关说明信息将在输出计算结果及分析报告时使用这些信息。

（1）模型数据的输入。按照屏幕上出现的模型输入对话框进行输入，如图 6－2 所示。

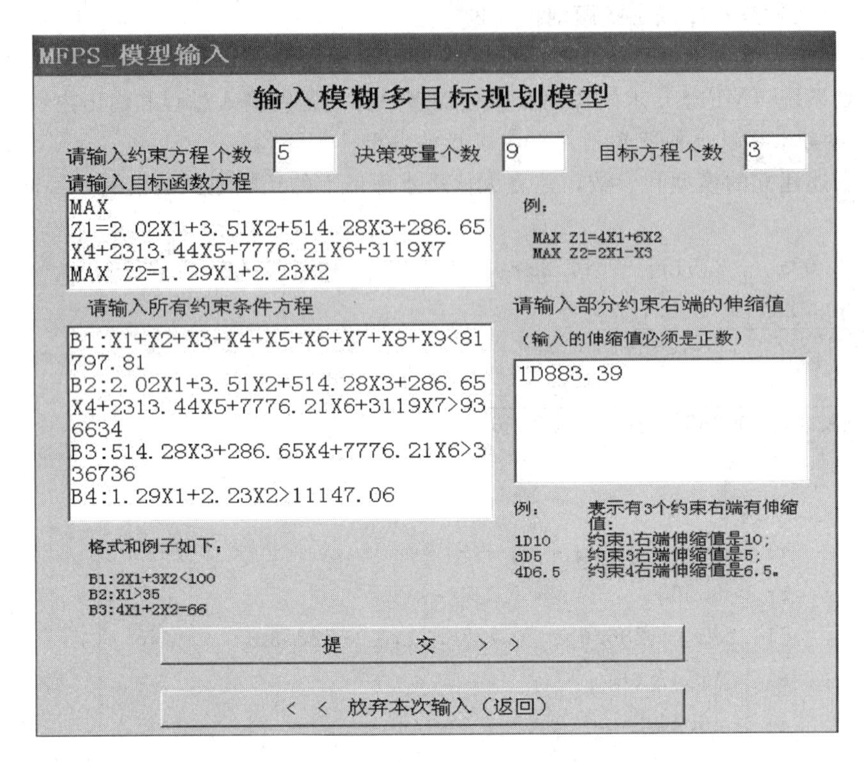

图 6－2　模糊多目标规划模型求解输入对话框

按照屏幕提示和模型类信息内容的描述，按次序输入：

在“约束方程个数”输入框输入 5。

在“决策变量个数”输入框输入 9。

在“目标方程个数”输入框输入 3。

在“目标函数方程”输入框按照格式要求输入：

$\max z_1 = 2.02x_1 + 3.51x_2 + 514.28x_3 + 286.65x_4 + 2313.44x_5 + 7776.21x_6 + 3119x_7$

$\max z_2 = 1.29x_1 + 2.23x_2$

$\max z_3 = 0.057x_8 + 0.089x_9$

在“约束条件方程”输入框按照格式要求输入：

B_1：$x_1 + x_2 + x_3 + x_4 + x_5 + x_6 + x_7 + x_8 + x_9 < 81797.81$

B_2：$2.02x_1 + 3.51x_2 + 514.28x_3 + 286.65x_4 + 2313.44x_5 + 7776.21x_6 + 3119x_7 < 936634$

B_3：$514.28x_3 + 286.65x_4 + 7776.21x_6 > 336736$

B_4：$1.29x_1 + 2.23x_2 > 11147.06$

B_5：$0.057x_8 + 0.089x_9 > 46.44$

其中，B_i 表示约束方程的序号，为便于在修改、浏览和分析对照时进行定位和识别。

在“约束右端的伸缩值”输入框按照格式输入：1D883.39（即 D1=883.39，伸缩值为 0 的不需要输入）。

最后，按“提交”按钮，完成数学模型的输入，然后根据需要输入说明信息。

（2）说明信息的输入。按照屏幕上出现的说明信息输入对话框进行输入，如图 6-3 所示。

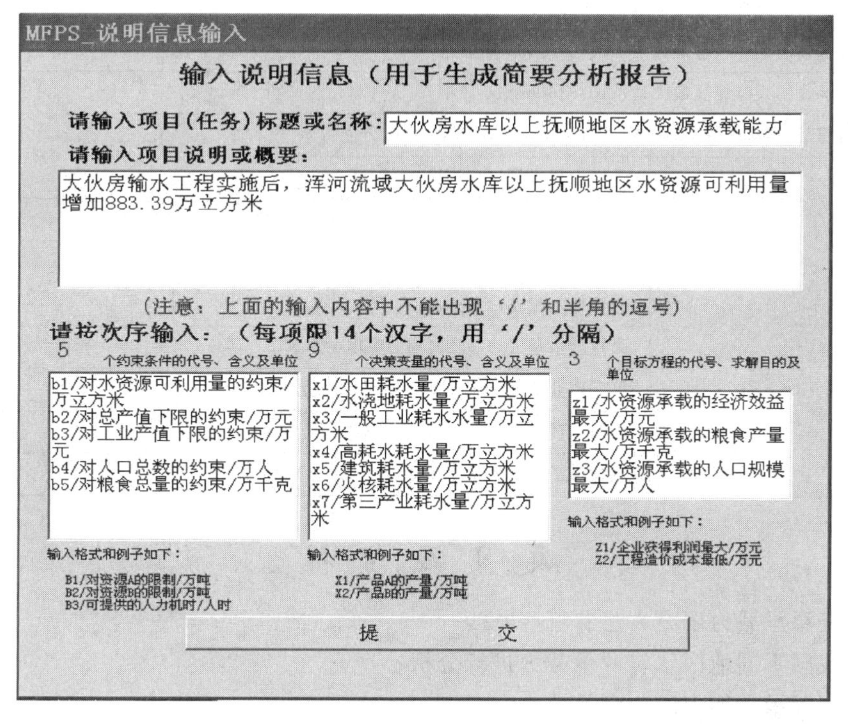

图 6-3　模糊多目标规划模型信息说明对话框

4. 计算结果

计算结果的输出见表 6-5。

表 6-5　　模糊多目标规划计算结果显示表

原问题获得最优解时的目标函数值和重要决策变量	
水资源承载的经济效益最大是 936653.9375 万元	
水资源承载的粮食产量最大是 11147.0596 万千克	
水资源承载的人口规模最大是 97.52 万人	
当前最优解	水田耗水量 x_1—8248.0098 万立方米
	水浇地耗水量 x_2—227.4112 万立方米
	一般工业耗水量 x_3—33954.7486 万立方米
	高耗水耗水量 x_4—8052.6254 万立方米

续表

当前最优解	建筑耗水量 x_5—581.4169 万立方米
	火核耗水量 x_6—12657.2605 万立方米
	第三产业耗水量 x_7—5030.1005 万立方米
	城镇生活耗水量 x_8—961.6988 万立方米
	农村生活耗水量 x_9—480.3941 万立方米
约束右端项增加伸缩值后原模糊多目标规划问题达到最优的情况分析	
水资源承载的经济效益最大是：4700908.75 万元	
水资源承载的粮食产量最大是：11147.0596 万千克	
水资源承载的人口规模最大是：103.16 万人	
当前最优解	水田耗水量 x_1—8248.0098 万立方米
	水浇地耗水量 x_2—227.4112 万立方米
	一般工业耗水量 x_3—34341.6715 万立方米
	高耗水耗水量 x_4—8144.3961 万立方米
	建筑耗水量 x_5—588.0423 万立方米
	火核耗水量 x_6—12801.4937 万立方米
	第三产业耗水量 x_7—5087.4200 万立方米
	城镇生活耗水量 x_8—1015.9855 万立方米
	农村生活耗水量 x_9—508.1773 万立方米

复习思考题

1. 水资源承载力研究方法有哪些？
2. 对我国不同地区水资源承载力进行分析。
3. 水资源承载能力的内涵是什么？

第七章　区域水资源优化配置

水资源作为一种重要的自然资源，其开发、利用、治理、节约、配置、保护的活动过程正是资源组合和配置的过程，也是实现水资源可持续利用的必然途径。其中，搞好水资源优化配置是关键，而节约、保护、治理是科学配置的重要手段，开发和利用则是配置的目的。水资源优化配置过程是人类对水资源进行重新分配和布局的过程，它既可对生态环境产生良好的影响，促进经济、社会的持续发展，也可导致生态环境恶化，影响经济、社会正常发展。因此，水资源配置的好坏，不仅关系到它所依托的生态系统的兴衰，更关系到水资源对可持续发展战略支撑能力的强弱，必须加强研究和实践，以利于社会、经济及生态环境的协调发展。

第一节　水资源配置概述

一、水资源配置的含义

（一）水资源配置

“配置”在《辞海》中被解释为：配备、安排。水资源配置是在不同时间、不同地域和不同用途之间或同时、同地、同一用途内部不同用户之间进行水资源分配的选择行为。根据水资源的特点，水资源配置通常同步地包含时间、空间、用途、数量、质量和保证率等要素。实际上，天然水资源的时空分布是一种原始的分配，但当天然的水资源配置不能满足人类对水资源的时间、空间、水质、水量或保证率的需求时，就需要对水资源进行配置，以满足人类经济和社会活动对水资源的需求，这就是水资源配置。因此，水资源配置就是改变水资源天然的或现状的时空分布，以适应人类经济和社会发展对水资源需求的过程。

《全国水资源综合规划技术大纲》中把水资源配置定义为：“水资源配置是指在流域或特定的区域范围内，遵循高效、公平和可持续的原则，在考虑市场经济的规律和资源配置准则下，通过合理抑制需求、有效增加供水、积极保护生态环境等各种工程、非工程措施和手段，对多种可利用的水源在区域和各用水部门间进行的调配。”

（二）水资源合理配置

水资源合理配置的含义，很多学者提出自己的解释。李令跃、甘泓从可持续发展的角度对水资源合理配置进行了定义，即“在一个特定的流域或区域内，以可持续发展为总原则，对有限的、不同形式的水资源，通过与非工程措施在各用水户之间进行科学分配”。赵斌等认为，水资源合理配置是指在一定时段内，对一特定流域或区域的有限的多水质水资源，通过工程和非工程措施，合理改变水资源的天然时空分布；通过跨流域调水及提高区域内水资源的利用效率，改变区域水源结构，兼顾当前利益和长远利益；在各用水部门之间进行科学分配，协调好各地区及各用水部门之间的利益矛盾，尽可能地提高区域整体的用水效率，实现流域或区域的社会、经济和生态环境的协调发展。

（三）水资源优化配置

水资源优化配置在我国是在水资源出现严重短缺和水污染不断加重这样一个背景下于20世纪90年代初提出来的。王顺久等认为水资源优化配置是指在一个特定流域或区域内，工程与非工程措施并举，对有限的不同形式的水资源进行科学合理的分配，其最终目的就是实现水资源的可持续利用，保证社会经济、资源、生态环境的协调发展，水资源优化配置的实质就是提高水资源的配置效率，一方面是提高水的分配效率，合理解决各部门和各行业（包括环境和生态用水）之间的竞争用水问题。吴泽宁、索丽生等提出水资源优化配置是"在流域或特定的区域范围内，遵循公平、高效和可持续利用的原则，以水资源的可持续利用和经济社会可持续发展为目标，通过各种工程与非工程措施，考虑市场经济规律和资源配置准则，通过合理抑制需求、有效增加供水、积极保护生态环境等手段和措施，对多种可利用水资源在区域间和各用水部门间进行的合理调配，实现有限水资源的经济、社会和生态环境综合效益最大，以及水质和水量的统一和协调"，同时指出，水资源优化配置从宏观上讲是在水资源开发利用过程中，对洪涝灾害、干旱缺水、水环境恶化及水土流失等问题的解决实行统筹规划、综合治理，实现除害兴利结合，防洪抗旱并举，开源节流并重；协调上下游、左右岸、干支流、城市与乡村、流域与区域、开发与保护、建设与管理、近期与远期等各方面的关系；水资源优化配置包括水方面的优化配置、用水方面的优化配置，以及取水用水综合系统的水资源优化配置。取水方面是指地表水、地下水和污水等多水源间的优化配置。用水方面是指生态用水、生活用水和生产用水间的优化配置。各种水源、水源点和各地各类用水户形成了庞大复杂的取用水系统，加上时间、空间的变化，水资源优化配置的作用就更加明显了。

对比分析水资源配置、水资源合理配置、水资源优化配置三个概念，一般的水资源配置是指为了满足人类经济和社会活动对水资源的需要进行的时空调节和分配。水资源合理配置从广义的概念上讲就是研究如何利用好水资源，包括对水资源的开发、利用、保护与管理。合理配置中的合理是反映在水资源分配中解决水资源供需矛盾、各类用水竞争、上下游左右岸协调、不同水利工程投资关系、经济与生态环境用水效益、当代社会与未来社会用水、各种水源相互转化等一系列复杂关系中相对公平的、可接受的水资源分配方案。而优化配置则是人们在寻找合理配置方案中所利用的方法和手段，水资源优化配置以水资源合理配置为核心，优化不一定能够合理，合理一定要体现优化。《全国水资源综合规划技术大纲》中的水资源配置定义实际上体现了水资源合理配置、水资源优化配置的内涵要求。本节的依据是《全国水资源综合规划技术大纲》中规定的水资源配置内容和方法。

二、水资源配置的基本要求

水资源配置工作需要以水资源供需分析为手段，搞清现状条件下水资源供需存在的各种问题，确定解决未来区域水资源配置问题的总体方向。进一步分析各种合理需求，抑制供水效率和效益低的现象发生，有效增加供水，积极保护生态环境的可能措施和组合，生成各种可行的水资源配置方案，并进行评价和比选，提出推荐方案。

水资源配置以三次平衡分析为主线，在多次供需反馈并协调平衡的基础上进行。一次

供需平衡考虑在现状水资源开发利用格局和发挥现有供水工程潜力的情况下，进行水资源供需分析。若一次供需分析有缺口，则在此基础上进行二次供需分析，即考虑进一步新建水源、强化节水治污与污水处理再利用、挖潜等工程措施，以及合理提高水价、调整产业结构、抑制需求的不合理增长和改善生态环境等措施进行水资源供需分析。若二次供需分析仍有较大缺口，应进一步加大产业结构调整的力度进行水资源供需分析。

三、水资源配置的工作内容

水资源配置的主要内容包括基准年供需分析、方案生成、规划水平年供需分析、方案比选和推荐方案评价以及特殊干旱年的应急对策等。

（一）基准年供需分析

（1）基准年供需分析是指在现状的基础上，扣除现状供水中不合理开发的部分水量（如地下水超采量、未处理污水直接利用量及不符合水质要求的供水量等），对需水、来水按不同频率进行供需分析。

（2）基准年供需分析的目的是摸清水资源开发利用在现状条件下存在的主要问题，分析水资源供需结构、利用效率和工程布局的合理性，分析提出水资源供需分析中的供水满足程度、余缺水量、缺水程度、缺水性质、缺水原因及其影响、水环境状况等方面的指标，为水资源合理配置提供分析基础。

（二）方案生成

（1）根据不同水平年的需水预测、节约用水、水资源保护以及供水预测等部分的工作成果，以供水预测的“零方案”和需水预测的基本方案相组合为方案集的下限，以供水预测的高方案和需水预测的强化节水方案相组合为方案集的上限，两者之间为方案可行域。

（2）在方案可行域内，针对不同流域或区域存在的水问题，如工程性缺水、资源性缺水和污染性缺水，结合实际可能，以方案集下限为基础，逐步加大投入，逐次增加边际成本最小的供水与节水措施，提供其他具有代表性、方向性的选择方案并进行初步筛选，形成水资源供需分析计算方案集。

（3）在供需分析和方案比选后，依据实际情况对原设置的方案进行合理的调整，并在此基础上继续进行相应的平衡分析计算。

（三）规划水平年供需分析

水资源配置应对各种不同组合方案或某一确定方案的水资源需求、投资、综合管理措施（如水价、结构调整）等因素的变化进行风险和不确定性分析。在对各种工程与非工程等措施所组成的供需分析方案集进行技术、经济、社会、环境等指标比较的基础上，对各项措施的投资规模及其组成进行分析，提出推荐方案。推荐方案应考虑市场经济对资源配置的基础性作用，如提高水价对需水的抑制作用，产业结构调整及其对需水的影响等，按照水资源承载能力和水环境容量的要求，最终应实现水资源供需的基本平衡。

（四）方案比选与推荐方案评价

在完成多方案水资源供需分析的基础上，提出各方案的相应投入及可能产生的效果和存在的主要问题，对拟订的方案集进行方案比选。对推荐方案应进行详细模拟和适当调整，如确定多种水源在区域间和用水部门之间的调配，分区的水资源开发、利用、治理、节约、保护的重点、方向、模式等。依据水资源与社会、经济及生态环境协调发展的原则，水资源合理配置方案应当是平衡方案，或是基本平衡方案，包括水量与水质相结合的基本平衡，分区与流域控制节点的基本平衡。

四、参考案例

（一）研究区域概况

临沂市位于山东省东南部，地处北纬 34°17′～36°23′、东经 117°25′～119°11′之间，东隔日照市与黄海相望，总面积 17185km²，现辖三区、九县（兰山区、罗庄区和河东区，郯城、苍山、莒南、沂水、蒙阴、平邑、费县、沂南和临沭县），耕地面积 961.7 万亩，农田有效灌溉面积 551.5 万亩，其中水田 77.5 万亩。2000 年粮食总产量 384.49 万 t。全市人口 1001.38 万人，国内生产总值 554.6 亿元，其中第一产业占 20.5%，第二产业占 46.7%，第三产业占 32.8%，人均国内生产总值达 5538 元。近年来城镇化进程加快，城市规划面积已达 3320.61km²（其中建成区面积 179.58km²），城镇人口 278.66 万人。全市多年平均降水量为 818.8mm，多年平均水资源总量为 55.4 亿 m³，其中多年平均地表水资源量 46.83 亿 m³，多年平均地下水资源量 19.25 亿 m³。临沂市多年平均年天然径流量 46.83 亿 m³，折合年径流深 272.5mm，时空分布很不均匀。

（二）基准年供需水平衡分析

根据临沂市 2000 年供需水情况，经供需水平衡分析计算，得出其供需水基本情况。临沂市现状年水资源供需水基本情况见表 7－1。从表 7－1 可以看出：在现状年全市各区、各县总体情况不缺水，但由于水资源开发利用程度较低及年际、年内分布极其不均匀等，造成一些地区存在不同程度的工程性缺水现象，一些局部地区缺水问题还比较突出，已出现制约当地社会经济快速、健康、稳定发展的现象，这在今后的水资源开发利用布局和管理中应引起高度重视。

表 7－1　　现状年供需水预测分析表　　单位：亿 m³

分区	现状年需水总量	现状年实际供水总量	缺水量/万 m³	缺水率/%
兰山区	2.4091	2.4091	0	0
河东区	1.8173	1.8173	0	0
罗庄区	0.9655	0.9655	0	0
郯城县	3.9065	3.9065	0	0
苍山县	1.8741	1.8741	0	0
莒南县	1.8518	1.8518	0	0
沂水县	1.088	1.088	0	0
蒙阴县	0.8243	0.8243	0	0
平邑县	1.3644	1.3644	0	0
费　县	1.7212	1.7212	0	0
沂南县	1.5605	1.5605	0	0
临沭县	1.1471	1.1471	0	0
合计	20.5298	20.5298	0	0

（三）规划水平年供需水平衡分析

1. 水资源配置方案生成思路

根据不同水平年的供水预测、需水预测、节约用水以及水资源保护等部分的工作成果，以基于工程规划的供水预测方案和需水预测不同方案，同时结合节水量、污水处理与回用量和其他水源相组合形成水资源配置的方案集。

2. 水源供水方案

构造供水方案时，结合了地表水工程建设方案、地下水开采利用方式、节约用水、污水处理再利用、非常规水源利用等因素。供水方案的组成主要考虑具有可行的规划新增水源工程组合，包括现有工程的挖潜配套（病险水库除险加固、灌溉工程的配套）、在建和规划的水源工程、节水、污水处理再利用。

3. 需水预测方案

根据影响需水量的主要因素，如经济社会发展情况、产业结构和用水结构、用水定额以及节水水平，对临沂市水资源的需求量进行预测。需水量主要因素产生的差异可通过不同的需水方案来反映，最终形成临沂市需水预测的“基本方案”和“推荐方案”两套需水方案预测成果。在临沂市现状节水水平和相应的节水措施基础上，基本保持现有节水投入力度，所确定的需水方案为基本方案。在基本方案基础上，加大节水投入力度，强化需水管理，抑制需水过快增长，进一步提高了用水效率和节水水平等各种措施后，所确定的需水方案为推荐方案。

（四）水资源供需配置方案集

1. 基本思路

在水资源供需配置方案可行域内，针对临沂市不同流域或区域存在的水问题，如在本课题规划中发现的工程性缺水、资源性缺水和污染性缺水，以及区县间水资源供需不平衡等问题，结合实际情况的可能，以方案集下限为基础，逐步加大投入，逐次增加边际成本最小的供水与节水措施，提供其他具有代表性、方向性的选择方案并进行初步筛选，形成水资源供需分析计算方案集。

结合临沂市水资源特点和存在的问题，从供水角度考虑以下方案：

（1）方案Ⅰ：现状年水源供水工程可供水量。

（2）方案Ⅱ：基于水源供水工程规划的可供水量。

（3）方案Ⅲ：基于水源供水工程规划的可供水量＋污水回用量。

从需水角度考虑以下方案：

（1）方案Ⅰ：基于现状节水力度的需水预测基本方案。

（2）方案Ⅱ：基于节水工程规划的需水预测推荐方案。

在构造供水预测方案时，首先是现状年水源供水工程可供水量，然后是对现有供水工程进行加固除险以及配套工程等建设，提高现有供水工程供水能力，以后依次为污水回用量、其他水源利用量的方案。

基于现状节水力度的需水预测基本方案和基于节水工程规划的需水预测推荐方案与从供水角度考虑构造的供水预测方案相组合，形成水资源供需分析计算的方案集。限于篇幅，仅列举规划期临沂市水资源供需平衡分析（方案Ⅳ）结果。临沂市规划期水资源供需水平衡分析方案Ⅳ是基于水源供水工程规划的可供水量和城市污水处理回用方案与节水规划方案下的推荐需水预测方案的组合。从表7－2～表7－4可以看出，在方案Ⅲ的基础上，增加城市污水的处理回用，不但可以使规划近期和中期全市整体平水年份不缺水，而且还较好地缓解区域性缺水问题，偏枯水年份缺水也得到一定程度的减少；但是在规划远期除平水年缺水率只有0.78%外，偏枯水年份缺水仍比较严重。

全市总体在远期平水年缺水率为0.78%，偏枯水年缺水率为22.16%～31.61%，特枯水年缺水率为42.20%～46.49%。

表7－2　　近期临沂市水资源供需平衡分析（方案Ⅳ）

分区	供水量/亿 m³			基本方案需水量/亿 m³			缺水量/亿 m³			缺水率/%		
	P=50%	P=75%	P=90%	P=50%	P=75%	P=90%	P=50%	P=75%	P=90%	P=50%	P=75%	P=90%
兰山	2.9364	2.3564	2.0084	3.7260	3.9658	3.9658	−0.7896	−1.6094	−1.9574	−21.19	−40.58	−49.36
河东	1.6993	1.3493	1.1393	2.6347	2.9457	2.9457	−0.9354	−1.5964	−1.8064	−35.50	−54.19	−61.32
罗庄	0.9100	0.7600	0.6690	1.6561	1.7482	1.7482	−0.7461	−0.9882	−1.0792	−45.05	−56.53	−61.73
郯城	5.3232	3.7302	2.7742	4.2215	4.7839	4.7839	1.1017	−1.0537	−2.0097		−22.03	−42.01
苍山	3.2942	2.5042	2.0312	3.3748	3.7436	3.7436	−0.0806	−1.2394	−1.7124	−2.39	−33.11	−45.74
莒南	4.2545	2.8285	1.9725	2.8966	3.2606	3.2606	1.3579	−0.4321	−1.2881		−13.25	−39.50
沂水	5.0396	3.3306	2.3066	2.7513	3.0867	3.0867	2.2883	0.2439	−0.7801			−25.27
蒙阴	4.1270	2.6390	1.7470	1.3388	1.4756	1.4756	2.7882	1.1634	0.2714			
平邑	2.7536	1.8766	1.3506	2.1971	2.4458	2.4458	0.5565	−0.5692	−1.0952		−23.27	−44.78
费县	3.5585	2.3545	1.6325	3.0332	3.2889	3.2889	0.5253	−0.9344	−1.6564		−28.41	−50.36
沂南	4.4925	3.1275	2.3095	2.8360	3.1472	3.1472	1.6565	−0.0197	−0.8377		−0.63	−26.62
临沭	1.7301	1.2161	0.9071	1.9466	2.1745	2.1745	−0.2165	−0.9584	−1.2674	−11.12	−44.07	−58.28
合计	40.1189	28.0729	20.8479	32.6126	36.0662	36.0662	7.5063	−7.9933	−15.2183		−22.16	−42.20

表7－3　　中期临沂市水资源供需平衡分析（方案Ⅳ）

分区	供水量/亿 m³			基本方案需水量/亿 m³			缺水量/亿 m³			缺水率/%		
	P=50%	P=75%	P=90%	P=50%	P=75%	P=90%	P=50%	P=75%	P=90%	P=50%	P=75%	P=90%
兰山	3.5078	2.8158	2.4008	4.8075	5.0410	5.0410	−1.2997	−2.2252	−2.6402	−27.03	−44.14	−52.37
河东	3.5710	3.1860	2.9550	3.0066	3.3069	3.3069	0.5644	−0.1209	−0.3519		−3.66	−10.64
罗庄	1.8170	1.6670	1.5760	2.5123	2.6051	2.6051	−0.6953	−0.9381	−1.0291	−27.68	−36.01	−39.50
郯城	5.9608	4.2088	3.1578	4.8955	5.4448	5.4448	1.0653	−1.236	−2.287		−22.70	−42.00
苍山	3.4713	2.6813	2.2083	3.7179	4.0747	4.0747	−0.2466	−1.3934	−1.8664	−6.63	−34.20	−45.80
莒南	4.4015	2.9285	2.0455	3.6961	4.0448	4.0448	0.7054	−1.1163	−1.9993		−27.60	−49.43
沂水	5.0766	3.3656	2.3396	3.6062	3.9287	3.9287	1.4704	−0.5631	−1.5891		−14.33	−40.45
蒙阴	4.1670	2.6760	1.7820	1.7587	1.8936	1.8936	2.4083	0.7824	−0.1116			−5.89
平邑	2.8186	1.9406	1.4146	2.9649	3.2031	3.2031	−0.1463	−1.2625	−1.7885	−4.93	−39.41	−55.84
费县	3.6435	2.4175	1.6835	4.6972	4.9434	4.9434	−1.0537	−2.5259	−3.2599	−22.43	−51.10	−65.94

续表

分区	供水量/亿 m^3			基本方案需水量/亿 m^3			缺水量/亿 m^3			缺水率/%		
	$P=50\%$	$P=75\%$	$P=90\%$	$P=50\%$	$P=75\%$	$P=90\%$	$P=50\%$	$P=75\%$	$P=90\%$	$P=50\%$	$P=75\%$	$P=90\%$
沂南	4.8255	3.3385	2.4485	3.3922	3.6919	3.6919	1.4333	−0.3534	−1.2434		−9.57	−33.68
临沭	2.3891	1.6351	1.1821	2.3511	2.5754	2.5754	0.0380	−0.9403	−1.3933		−36.51	−54.10
合计	45.6496	32.8606	25.1937	41.4062	44.7533	44.7533	4.2434	−11.8927	−19.5596		−26.57	−43.71

表 7-4　远期临沂市水资源供需平衡分析（方案Ⅳ）

分区	供水量/亿 m^3			基本方案需水量/亿 m^3			缺水量/亿 m^3			缺水率/%		
	$P=50\%$	$P=75\%$	$P=90\%$	$P=50\%$	$P=75\%$	$P=90\%$	$P=50\%$	$P=75\%$	$P=90\%$	$P=50\%$	$P=75\%$	$P=90\%$
兰山	3.8046	3.0516	2.6006	6.3643	6.5971	6.5971	−2.5597	−3.5455	−3.9965	−40.22	−53.74	−60.58
河东	3.80966	3.42466	3.19366	3.8138	4.1100	4.1100	−0.00414	−0.68534	−0.91634	−0.11	−16.67	−22.30
罗庄	1.97109	1.82109	1.73009	3.0010	3.0923	3.0923	−1.02991	−1.27121	−1.36221	−34.32	−41.11	−44.05
郯城	6.42278	4.67078	3.61978	5.7488	6.2985	6.2985	0.67398	−1.62772	−2.67872		−25.84	−42.53
苍山	4.18067	3.39067	2.91767	4.3689	4.7244	4.7244	−0.18823	−1.33373	−1.80673	−4.31	−28.23	−38.24
莒南	4.4975	3.0245	2.1415	4.4887	4.8341	4.8341	0.0088	−1.8096	−2.6926		−37.43	−55.70
沂水	5.33235	3.62135	2.59535	5.4856	5.8036	5.8036	−0.15325	−2.18225	−3.20825	−2.79	−37.60	−55.28
蒙阴	4.6125	3.1125	2.2135	2.2289	2.3620	2.3620	2.3836	0.7505	−0.1485			−6.29
平邑	3.11205	2.23205	1.70505	3.9029	4.1382	4.1382	−0.79085	−1.90615	−2.43315	−20.26	−46.06	−58.80
费县	3.9972	2.7532	2.0072	5.1640	5.4073	5.4073	−1.1668	−2.6541	−3.4001	−22.59	−49.08	−62.88
沂南	6.6655	4.5485	3.2805	4.1859	4.4825	4.4825	2.4796	0.066	−1.2020			−26.82
临沭	2.86235	1.96335	1.42435	2.9202	3.1462	3.1462	−0.05785	−1.18285	−1.72185	−1.98	−37.60	−54.73
合计	51.26825	37.61425	29.42925	51.673	54.9954	54.9954	−0.40475	−17.38115	−25.56615	−0.78	−31.61	−46.49

（五）方案评价与推荐方案选取

在上述水资源供需平衡组合方案分析基础上，通过对各方案的对比，以推荐最佳的水资源供需平衡组合方案。

1. 方案评价

通过各规划期上述水资源供需平衡组合方案的供需水分析方案集可以得出以下基本结论：

（1）方案Ⅰ基于现有供水工程的可供水量，不能保障今后经济社会的基本需水要求。

（2）方案Ⅱ基于新增水源的供水方案的可供水量，仅能保障规划近期平水年份的全市整体需水要求，但难以满足市区需水要求；对于其他需水情景均不能满足需水要求。

（3）方案Ⅲ是在方案Ⅱ的基础上，加大节水力度，以减少新增需水，符合“以供定需”，节约资源，保障经济社会实现可持续发展的指导思想，但从经济效果看，仍难以实现各规划期的水资源供需水平衡。该方案除在规划的近期和中期能够基本满足需水（市区和个别县仍缺水）外，其他情景的缺水，仅比方案Ⅱ略有改进，所以该方案已难以实现保障经济社会建设发展的需水要求。

（4）方案Ⅳ是在方案Ⅲ的基础上增加城市污处理回用的供水方案与加强节水力度的推荐需水方案的组合，符合节约资源、保护环境、保障经济社会实现持续发展的科学观。从规划效果分析，采用该方案对各规划期的供需水平产生了积极效应，尤其是对解决各规划期偏枯水年份的缺水问题，效果较好。

对方案Ⅳ进行分析，各规划期平水年全市水资源基本能达到供需平衡（远期缺水率为0.78%），但是仍有近期的整个市区、临沭县，中期的兰山区、罗庄区、苍山县、费县、平邑县和远期的整个市区、费县、苍山县、沂水县、平邑县、临沭县缺水。

各规划期偏枯水年，近期全市整体缺水量较少，缺水率为22.16%，中期缺水率为26.57%，远期缺水率为31.61%。

各规划期特枯水年份，除个别区县不缺水外，出现全市性缺水问题，缺水率约为42.20%～46.49%。

2. 推荐方案的选取

从以上对四个方案的评价可以得出，方案Ⅳ是其中较优的供需水组合方案，它基本能保障平水年份水资源供需水平衡。偏枯水年份全市整体缺水的主要问题是供需水在区域间分布不平衡，即该组合方案的问题主要是全市区县间供水不平衡，市区缺水较大，但在平水年份和枯水年份蒙阴县、沂南县尚具有较大的水资源开发利用潜力，因而为解决供需水在区县间的开发利用不平衡问题，进一步构建新的临沂市水资源供需水方案提供了可能性。根据推荐方案计算结果，要达到各规划期各水平年水资源配置在供需水和保护生态环境两方面比较科学合理，需要在供水、节水和城市污水处理回用与生活、生产和生态环境需水方面进行统筹规划协调，加大工程措施和非工程措施的工作力度，才可实现水资源的可持续开发利用与水资源环境的和谐，才可实现经济社会的持续发展。

第二节　水资源优化配置指导思想

可持续发展是当今人类社会发展的主题，其思想主要起源于自然资源破坏和耗竭问题及与此相关的环境问题，实质上是以自然资源永续利用为前提，以社会经济发展为手段，谋求当代人与后代人共同繁荣、持续发展的发展模式和发展战略。水资源可持续利用不仅是国家总体可持续发展的重要组成部分，也是整个国民经济和社会可持续发展的基础和保障，可持续发展思想和水资源可持续利用理论是水资源优化配置的指导思想。

一、可持续发展思想

1. 可持续发展的概念及由来

可持续发展的概念，最早是一些生态学家在1980年发表的《世界自然资源保护大纲》中提出并予以阐述的。大纲提出，把资源保护和发展结合起来，既使目前这一代人得到最大的持久利益，又要保持潜力，以满足后代的需要和愿望。可持续发展的概念在世界自然保护联盟1981年发表的另一个文件——《保护地球》中得到进一步的阐述。该文件把可持续发展定义的“改善人类生活质量，同时不要超过支持发展的生态系统的负荷能力”。1987年，在挪威前首相布伦特兰夫人任主席的世界环境与发展委员会向联合国提交的

《我们共同的未来——从一个地球到一个世界》的著名报告中，首先提出并论证了可持续发展这一主题，并将可持续发展的概念明确定义为："在不危及后代人满足其环境资源需求的前提下，寻求满足当代人需要的发展途径。"换言之，可持续发展就是既满足当代人需要又不危及后代人满足自身需要能力的发展。这一定义虽然与《世界自然资源保护大纲》中一致，但对其具体内涵的阐述中却从生态的可持续性转入了社会的可持续性，提出了消灭贫困，限制人口、政府立法和公众参与等社会政治问题。1992年在巴西里约热内卢召开的联合国环境与发展大会通过了《21世纪议程》，确立将可持续发展作为人类社会共同的发展战略。

2. 可持续发展的内涵

人类在地球上的生存、繁衍和发展，一刻也不能脱离自然资源的支撑，所以自然资源的永续利用，是人类社会可持续发展不可替代的物质基础，是可持续发展的必备条件和首要的基础工作。自然资源可持续利用就是在不危及后代人满足其需求的前提下，来满足当代人需要的自然资源利用方式。

从可持续发展的概念可以看到，可持续发展的内涵十分丰富，涉及到社会、经济、人口、资源、环境、科技、教育等各个方面，但究其实质是要处理好人口、资源、环境与经济协调发展的关系；其根本目的是满足人类日益增长的物质和文化生活的需求，不断提高人类的生活质量；其核心问题是要有效管理好自然资源，为经济的发展提供持续的支撑力。

可持续发展的内涵包括以下几个方面：

（1）促进社会进步是可持续发展的最终目标。可持续发展的核心是"发展"，是要为当今和子孙后代造福。造福的标准不仅仅是经济增长，还特别强调用社会、经济、文化、环境、生活等多项指标来衡量，需要把当前利益与长远利益、局部利益与全局利益有机地结合起来，使经济增长、社会进步、环境改善统一协调起来。

（2）可持续发展是以资源、环境作为其支撑的基本条件。因为社会发展与资源利用和环境保护是相互联系的有机整体，如果没有资源与环境作为基本支撑条件，也就谈不上可持续发展。资源的持续利用和环境保护的程度是区分传统发展与可持续发展的主要标准，所以如何保护环境和有效利用资源就成为可持续发展首要研究的问题。

（3）可持续发展鼓励经济增长，但可持续发展所鼓励的经济增长绝不是以消耗资源、污染环境为代价，而是力求减少消耗、避免浪费、减小对环境的压力。

（4）可持续发展强调资源与环境在当代人群之间以及代际之间公平合理地分配。为了全人类的长远和根本的利益，当代人群之间应在不同区域、不同国家之间协调好利益关系，统一、合理地使用地球资源和环境，以期共同实现可持续发展的目标。同时，当代人也不应只为自己谋利益而滥用环境资源，在追求自身的发展和消费时，不应成为剥夺后代人理应享有的发展机会，即人类享有的环境权利和承担的环境义务应是统一的。

（5）可持续发展战略的实施以适宜的政策和法律体系为条件，必须有全世界各国及全社会公共的广泛参与。可持续发展是全球的协调发展，虽然各国可以自主选择可持续发展的具体模式，但是生态环境问题是全球的问题，必须通过全球的共同发展综合地、整体地加以解决，因此，各国必须着眼于整个人类的长远和根本利益，积极采取统一行动，加强合作，协调关系，同时积极倡导全社会公众的广泛参与。

可持续发展的理论认为，人类任何时候都不能以牺牲环境为代价去换取经济的一时发展，也不能以今天的发展损害明天的发展。全球性环境问题的产生和尖锐化表明，以牺牲资源和环境为代价的经济增长和以世界上绝大多数人贫困为代价的少数人的富裕，使人类社会走进非持续发展的死胡同。人类要摆脱目前的困境，必须从根本上改造人与自然、人与人之间的关系，走可持续发展的道路。要实现可持续发展，必须做到保护环境同经济、社会发展协调进行，保护环境和促进发展是同一个重大问题的两个方面。

二、水资源可持续利用理论

1. 水资源可持续利用的内涵

水资源可持续利用不仅是国家总体可持续发展的重要组成部分，也是整个国民经济和社会可持续发展的基础和保障。如何界定水资源可持续利用的概念，首先应遵循国际上公认的可持续发展的定义，同时还应体现水资源自身的特点。随着人类对自然界认识的深化，水资源并不是取之不尽，用之不竭的，而是一种数量有限的、部分可更新的自然资源，其中地下水（尤其是深层地下水）在很大程度上属于不可更新资源。人类对水资源掠夺性的开发行为，常常使水资消耗速率大于再生速率。许多研究表明，水资源的数量和质量均有下降趋势，如不采取相应措施而照此下去，从长远看水资源是达不到持续利用的。

区域水资源可持续利用指在区域水资源承载能力范围之内，通过水资源合理配置和高效利用，使得区域水资源可以支撑当代人对社会、经济和生态环境发展的用水要求，而且对后代人的用水需求不构成危害的水资源利用方式。区域水资源可持续利用是在探讨区域水资源发展演化过程一般规律的基础上，把握区域水资源利用方向，使区域水资源利用向着可持续利用的方向发展，最终达到水资源的永续利用和社会、经济及生态环境的可持续发展。

1992 年在联合国环境与发展大会上，通过了《21 世纪议程》行动纲领。议程的第 18 章强调了以河流流域为单元的淡水资源的统一利用和管理以及公众参与的重要性，还涉及有关财务和法律、强化管理、人才开发和能力建设等诸多问题，主要包括：①水资源合理开发利用的基础由资源保护、需求管理和减少排污等诸多方面的工作组成；②应优先考虑防洪和水库泥沙淤积的控制；③为了对水资源进行评估以及缓解洪水、旱灾、沙漠化和污染的影响，必须建立相应的国家级数据库；④土地和水资源的一体化管理理应以流域或子流域为单位加以实施。

水资源可持续利用就是依靠科技进步和发挥市场配置资源的基础功能，在重视生态环境保护的前提下，合理、有效地配置水资源，最大限度地提高水资源开发利用效率，在满足当代人用水需求的同时，调控水资源开发速率以不对后代人的用水需求构成危害的水资源开发利用方式。可以看出，水资源可持续利用主要包括四个方面的含义：①对水资源开发利用应保持在水资源承载能力的范围内，不破坏其固有价值，保证水资源开发利用的连续性和持久性；②在维持水资源持续性和生态系统完整性的条件下，高效利用，合理配置水资源，尽量满足社会与经济不断发展的需求；③不妨碍后人未来的开发，为后代人的开发留下选择的余地，永续地满足代内人和代际人用水需要的全部过程；④不妨碍其他区域

人类的开发利用及其对水资源的共享利用。

2. 水资源可持续利用特性

(1) 水资源可持续利用与传统资源利用模式有本质区别。传统模式是一种“竭泽而渔”的掠夺方式，只重视经济效益，不管生态环境和社会后果；可持续利用是一种新的资源利用模式，强调代际公平和经济增长不能以牺牲环境为代价。

(2) 水资源可持续利用具有协调性。水资源可持续利用是一个涉及社会、经济、生态环境多方面因素，强度各方面的协调发展，只有整体实现了可持续发展，水资源才是真正的可持续利用。这里的协调是指水资源与社会、经济、环境实现最佳组合和配置。

(3) 水资源可持续利用具有发展的功能。可持续发展的核心是发展，是人类福利的持续不断的增加或保持。水资源利用的目的也是不断提高人类的福利，当然这里的福利不仅包括生活水平的提高，还包括生活质量的改善，这里的生活质量包括物质和非物质两个方面，是以经济发展和资源的持续、高效利用为基础，以社会安定和环境改善为条件。

(4) 水资源可持续利用具有持续性。持续性广义上是指维持或改善每代人福利水平的能力，应用于水资源领域时，持续性等同于维持支撑当代人和后代人满足各类用水需求的水资源数量和质量。水资源开发利用必须从长期考虑，要满足世世代代人类用水需求，强调当代人不能剥夺后代人享有的同等发展和消费的机会。在水资源利用过程中，不仅仅考虑当代人的利益，还必须兼顾后代人的需求，这不仅仅是一个伦理问题，而且关系到人类社会是否永续发展下去。在人类社会再生产的漫长过程中，同我们相比，后代人对自然资源应该拥有同等或更美好的享用权和生存权。当代人不应该牺牲后代人的利益换取自己的舒适，应该主动采取“财富转移”的政策，为后代人留下宽松的生存空间，让他们同我们一样拥有均等的发展机会。

(5) 对于区域而言，水资源利用程度不得超过水资源承载能力。水资源承载能力是指在区域发展的一定阶段，在一定的水资源合理配置和高效利用条件下，区域水资源所具有的支撑社会、经济发展和维护或改善生态环境的能力。水资源承载能力的提出，要求人类对水资源的利用应限制在其承载能力（这种承载能力包括水体或水域向人类提供资源和同化废物的能力）以内。只有不超过水资源承载能力的开发利用，才属于可持续利用的范畴，否则就是对水资源的掠夺性开发，必然破坏生态环境，进而影响人类生存安全。若区域水资源一时不能满足需要，可借助科学技术进步，挖掘潜力，节约用水和提高用水效率，跨流域调水，同时辅以科学管理、法律和有关激励机制，增强水资源承载能力。

三、水资源可持续利用与水资源优化配置的关系

水资源可持续利用与水资源优化配置和承载能力分析密不可分，可持续发展理论是水资源优化配置与承载能力研究的指导思想，而水资源优化配置与承载能力分析又是可持续发展理论在水资源开发利用中的具体体现和应用，其中优化配置是可持续发展理论的技术手段，承载能力是可持续发展理论的结论。也就是说，水资源开发利用策略只有在进行优化配置和承载能力研究之后才是可持续的；反之，要想使水资源开发大道可持续，必须进行优化配置和承载能力分析。这三个概念在本质上是相辅相成的，都是针对当代人类所面临的人口、资源、环境方面的现实问题，都强调发展与人口、资源、环境之间的关系，但

是侧重点有所不同，可持续观念强调了发展的公平性、可持续性以及环境资源的价值观；优化配置强调了环境资源的有效利用以及社会经济、资源环境的协调发展；承载能力强调了发展的极限性。因此，可以从以下三方面来阐述水资源可持续开发利用的理论内涵。

1. 资源承载能力

水资源可持续开发利用实质上就是指水资源总量不因时间的推移而减少、水质和水环境保持良好状态情况下的水资源开发。保障水资源可持续利用的有效措施就是水资源的开发不超过区域水资源自身的承载能力，也就是在水资源可能的承载能力下进行经济结构的合理规划。对于某一地区某一时段水资源的承载能力就是该区域可以开发利用的水资源量。社会经济的可持续发展也就是在不超过水资源承载能力的前提下，促进社会经济、人口和生态环境的协调持续发展。因此，水资源承载能力的综合分析是水资源可持续开发利用的重要内容之一。

2. 水资源优化配置

可持续发展的前提是可持续性，而最终的目标是发展，发展才是硬道理。如何提高水资源的利用效率是水资源开发利用的重要内容。水资源优化配置是实现水资源效率最优化的重要手段，就是指有限的水资源在各行业各部门（包括生态环境用水）之间的最佳分配，是水资源本身、生产结构布局以及社会经济发展战略之间的互动和协调，以最终达到一种大系统上的平衡。因此，水资源优化配置是实施水资源可持续开发利用的具体措施和手段。

3. 水资源科学管理

先进的水资源开发利用模式离不开科学的管理体制，我国目前的水资源管理方式大多是以行政区划为管理单元，与水资源天然分布的流域分布不一致，违背了水资源分布的自然规律。另外，我国水资源的管理部门繁多，职权交叉，形成了“多龙管水”的不利局面，这使得水资源的统一管理、整体规划、综合利用、综合治理难以实现。我国水资源日益紧张，必须建立一套科学、高效的水资源管理模式，加强水资源管理的法制化和制度化建设，为水资源的可持续开发利用提供体制上的保障。同时，科学的管理体制还可以促进水资源的高效利用，对水资源的可持续开发利用起到积极的导向作用。

综上所述，通过水资源承载能力分析、优化配置和科学管理等途径可以实现水资源与社会经济协调发展的宏观控制，达到水资源与社会经济、生态环境的协调发展，最终实现水资源可持续利用。水资源承载能力分析是水资源可持续利用的前提条件；水资源优化配置是可利用水资源在各部门以一定的原则进行最优化分配，其最终目的是提高水资源的利用效率，是水资源可持续利用的具体手段和措施；水资源开发利用的科学管理模式是水资源可持续利用的体制保障。可见，水资源优化配置将是水资源可持续开发利用的重要研究内容。

第三节　水资源优化配置理论

一、水资源优化配置理论

水资源优化配置是涉及人口、资源、生态环境、社会经济的复杂系统，因此，水资源优化配置理论也会涉及诸多理论，是多学科领域的交叉与融合。比如，可持续发展理论是

水资源优化配置的基本指导思想；水文学原理是水量平衡计算、水量预测与统计、径流分析、水资源转化和水循环规律研究的基础；系统分析思想和方法则是水资源优化配置分析的基本工具；生态学则为水资源优化配置过程中环境保护与改善提供保障。

我国水资源优化配置理论的发展过程反映了我国水资源开发利用模式的不断发展、完善和更新的过程，同时也体现了人类对水资源特性和规律逐步认识的历史过程，大致可以归纳为以下几个体系。

（一）"以需定供"的配置理论

认为水资源"取之不尽，用之不竭"，以经济效益最优为唯一目标，以过去或目前的国民经济结构和发展速度资料预测未来的经济规模，通过该经济规模预测相应的需水量，并以此得到的需求水量进行供水工程规划。这种思想将各水平年的需水量及过程均作定值处理而忽视了影响需水的诸多因素间的动态制约关系，着重考虑了供水方面的各种变化因素，强调需水要求，通过修建水利水电工程的方法从大自然无节制或者说掠夺式的索取水资源，必然带来诸如河道断流、土地荒漠化甚至沙漠化、地面沉降、海水倒灌、土地盐碱化等不利影响。并且，以需定供也没有体现出水资源的价值，也不利于节水高效技术的应用和推广，必然造成社会性的水资源浪费。因此，这种以牺牲资源、破坏环境的经济发展，需要付出沉重的代价，只能使水资源的供需矛盾更加突出。

（二）"以供定需"的配置理论

"以供定需"的水资源配置，是以水资源的供给可能性进行生产力布局，强调水资源的合理开发利用，以水资源背景布置产业结构，它是"以需定供"的进步，有利于保护水资源；但水资源的开发利用水平与区域经济发展阶段和发展模式密切相关，比如，经济的发展有利于水资源开发投资的增加和先进技术的应用推广，这必然影响水资源开发利用水平。因此，水资源可供水量是随经济发展相依托的一个动态变化量，"以供定需"在可供水量分析时与地区经济发展相分离，没有实现水资源开发和经济发展的动态协调，可供水量的确定显得依据不足，并可能由于过低估计区域发展的规模，使区域经济不能得到充分发展。因此，"以供定需"配置理论也不能适应经济可持续发展的需要。

（三）基于宏观经济系统的配置理论

无论是"以需定供"还是"以供定需"，都将水资源的需求和供给分离开来考虑，要么强调需求，要么强调供给，并忽视了与区域经济发展的动态协调。于是，结合区域经济发展水平并同时考虑供需动态平衡的基于宏观经济系统的水资源优化配置理论应运而生，"华北地区宏观经济水资源规划理论与方法"的研究成果堪称这一理论的典范。

某区域的全部经济活动构成了一个宏观经济系统。制约区域经济发展的主要影响因素有三个方面：

（1）各部门之间的投入产出关系。投入是指各部门和各企业为生产一定产品或提供一定服务所必需的各种费用（包括利税），产出则是指按市场价格计算的各部门各企业所生产产品的价值。在某一经济区域内其总投入等于总产出，通过投入产出分析可以分析资源的流向、利用效率以及区域经济发展的产业结构等。

（2）年度间的消费和积累关系。消费反应区域的生活水平，而积累又为区域实现扩大再生产提供了必要的物质基础和发展环境。因此，保持适度的消费、积累比例，既有利于人民生活水平的提高，又有利于区域经济的稳步发展。

（3）不同地区之间的经济互补（调入与调出）关系。不同的进出口格局必然影响区域的总产出，进而影响产业结构调整和资源的重新分配。

上述三方面相互作用，共同促进区域社会经济的协调发展。

基于宏观经济的水资源优化配置，通过投入产出分析，从区域经济结构和发展规模分析入手，将水资源优化配置纳入宏观经济系统，以实现区域经济和资源利用的协调发展。

水资源系统和宏观经济系统之间具有内在的、相互依存和相互制约的关系。当区域经济发展对需水量要求增大时，必然要求供水量快速增长，这势必要求增大相应的水投资而减少其他方面的投入，从而使经济发展的速度、结构、节水水平以及污水处理回用水平等发生变化以适应水资源开发利用的程度和难度，从而实现基于宏观经济的水资源优化配置。

（四）可持续发展的配置理论

水资源优化配置的目标就是协调资源、社会经济和生态环境的动态关系，追求可持续发展的水资源分配模式。

可持续发展的水资源优化配置是基于宏观经济系统的水资源配置理论的进一步升华，遵循人口、资源、环境和经济协调发展的战略原则，在保护生态环境（包括水环境）的同时，促进经济增长和社会繁荣。目前我国关于可持续发展的研究还没有摆脱理论探讨多实践应用少的局面，并且理论探讨多集中在可持续发展指标体系的构筑、区域可持续发展判别方法和应用等方面。在水资源的研究方面，也主要集中在区域水资源可持续发展的指标体系构筑和依据已有统计资料对水资源开发利用的可持续性进行判别上。对于水资源可持续利用的模型建立，大多还是一些概念模型，真正能用于实际操作的并不多见，而在这些模型中，主要侧重于“时间序列”（如当代与后代，人类未来等）上的认识，对于“空间分布”上的认识（如区域资源的随机分布、环境格局的不均衡，发达地区和落后地区社会经济状况的差异等）基本上没有涉及，这也是目前对于可持续发展理解的一个误区，理想的可持续发展模型应是“时间和空间有机耦合”。因此，可持续发展理论作为水资源优化配置的一种理想模型，在模型结构及模型建立上与实际应用都还有相当的差距，但可持续发展必然是水资源优化配置研究的发展方向。

水资源承载能力的大小反映了水资源对人类活动的支撑程度，人类只能在水资源承载能力允许的范围内安排社会、经济活动。研究区域水资源承载能力的目的在于提示有限水资源与社会、经济和生态环境发展的关系，从中找出制约区域发展的因素，以利统筹对策，促进水资源可持续利用和区域可持续发展。把水资源承载能力引入区域水资源优化配置，综合考虑水资源对社会、经济以及生态环境协调发展的支撑能力，是可持续发展思想的具体体现。

二、水资源优化配置机理

（一）优化配置目标的度量与识别

水资源配置是可持续发展的基本问题之一，它要求自然资源应当在时间上、地区上和社会不同阶层的受益者之间合理地进行分配，既要考虑到当代的发展，又要照顾到后代可

持续发展的需要；既要照顾到发达地区的发展现实，又要求发达地区的今后发展不应以损害欠发达地区的可持续发展能力为代价；既要追求以提高自然资源总体配置效率为中心的优化配置模式，又要注意效益在全体社会成员之间的公平分配。因此，可持续发展观念下的水资源优化配置问题是一个多目标决策问题。

衡量可持续发展的度量标准有以下几个：

(1) 区域内经济、环境与社会的协调发展。为了度量经济、环境与社会协调发展的程度，通常需要在水资源优化配置问题中设置相应的经济目标、环境目标和社会目标，以考查其目标之间的竞争性及协调发展程度。

(2) 近期与远期的协调发展。为了考查水资源优化配置方案对区域经济、环境与社会发展在近期和远期的不同影响，要将上述目标分期考查不同水平年的水资源开发利用策略对区域发展的综合影响。

(3) 不同区域之间的协调发展。在水资源优化配置目标中应考虑地区结构，以揭示发展进程中不同地区间在经济、环境与社会发展诸多目标的差异。分地区设置目标函数，有助于揭示不同配置方案对不同地区的影响。

(4) 发展效益或资源利用效益在社会各阶层中的公平分配。要求在目标函数中尽可能地采用人均指标，以进行不同时期和不同地区人均指标的对比。对水资源优化配置问题，不同的开发利用策略将直接导致同一地区内城市和农村人均收入指标的不同变化。

区域可持续发展的基础是经济的发展，描述区域经济发展的指标，可采用国内生产总值（GDP）或水资源利用净效益。发展区域经济的同时，必须重视环境的保护与改善。在水资源优化配置决策中采用生化需氧量（BOD）或化学需氧量（COD）作为区域发展的环境目标是合理的。粮食人均占有量作为区域可持续发展的目标，可以反映农业生产规模、农业生产布局及用水效率，因而是一个社会与经济综合的综合发展目标。人均收入是一个重要的社会发展目标，它可以反映项目效益总量的大小。这四个目标是基本的，一般可根据所研究问题的性质取舍。

上述各目标之间存在着很强的竞争性。特别是在水资源短缺的情况下，水已经成为经济、环境、社会发展过程中诸多矛盾的焦点。在进行水资源优化配置时，各目标之间相互依存、相互制约的关系极为复杂，一个目标的变化将直接与间接地影响到其他各个目标的变化，即一个目标值的增加往往要以其他目标值的下降为代价，称为目标间的交换比或权衡率。研究复杂系统的水资源优化配置问题时，目标间的交换比对于加深问题的认识具有重要意义。

（二）优化配置中的平衡关系

在以区域可持续发展为目标的水资源合理配置过程中，必须保持若干基本平衡关系，才能保证合理配置策略是现实可行的。

1. 水资源量的需求与供给平衡

在长期发展过程中，无论是需水还是供水均处于动态，因而供需间的平衡关系只能是动态平衡。从需水方面看，主要的影响因素是经济总量、经济结构和部门用水效率。在供水方面，影响供水的主要因素为供水的工程能力和调度策略。在水资源需求量与供给量均是变量的情况下，动态平衡的保持只能在一定时期和一定程度内。当供水能力大于需求时，就会造成资金的积压，反之则会由于缺水而给国民经济造成损失。在缺水的情况下，减少对不同部门的供水以及减少的程度会导致不同的缺水损失，因而找出较合理的动态供需平衡策略，便成为水资源合理配置的主要任务之一。

2. 水环境的污染与治理平衡

与水资源量的需求与供给一样，水环境的污染和治理两方面也是变化的，因而二者之间的平衡也是动态平衡。进入水环境的污染物来源于两个方面，一是从上游随流而下的，二是当地排放的。当地排放的污染物总量及种类与经济总量、结构及分部门单位产值排放率有关。在水环境的治理方面，主要的影响因素是污水处理率、污水处理能力、污水处理级别以及处理后的污水回用率。水环境的污染与治理之间的动态平衡包含着两方面的内容，即污水排放量与处理量、回用量之间的平衡，以及各类污染物质的排放总量与去除总量、自然降解总量之间的平衡。

上述两种平衡是相互联系的。因为对任何水体来说，水质严重下降会极大地减少有效水资源量，同时处理后可回用的污水也将增加有效供水量。因此在进行水量与水质的综合平衡时要充分考虑到二者的相互作用与转化。

(三) 水资源配置与供需平衡的关系

水资源供需分析是水资源配置的基础和手段。供需分析的主要任务是：①对流域或区域内水资源的供水、用水、耗水、排水等进行长系列调算或典型年分析，得出不同水平年各流域（区域）的供水满足程度、余缺水量及时空分布、水环境状况等指标；②明确缺水性质和缺水原因，确定解决缺水措施的顺序；③为分析水资源供需结构、利用效率和工程布局的合理性，为分析计算分区内挖潜增供、治污、节水和外调水边际成本，进而为生成水资源配置方案提供基础信息。

水资源配置通过反复进行水资源供需分析获得不同需水、节水、供（调）水、水资源保护等组合条件下水资源配置方案，方案生成遵循立足于现状开发利用模式、充分考虑流域内节水和治污挖潜、考虑流域外调水的“三次平衡”思想，在现状供需分析和对各种合理抑制需求、有效增加供水、积极保护生态环境的可能措施进行组合及分析的基础上，进行多次供需反馈并协调平衡，力求实现对水资源的合理配置。

三、水资源优化配置机制

水资源优化配置的实施机制是与水资源优化配置的目标及理论相适应的，并以一定的水资源管理制度作为保障。水资源优化配置机制和方法可分为以下三种类型。

(一) 行政手段

行政手段是指政府部门通过制定水资源综合规划、水量分配方案等，以行政指令或法规规章等形式进行水资源优化配置，该配置模式多适用于水资源国家所有和计划经济体制。国家通过制定流域和区域水量分配方案逐级向下分配水量，并通过政府规章或行政命令方式强制实施。对于超额取水以及水污染导致的水事纠纷，则通常依靠民主协商和行政协调的方式解决。行政管制的优点是可以利用政府权威制定水量分配方案，通过行政指令实施并辅之以惩罚措施，实施的社会成本较小；其缺点是法规规章不可能对所有具体情况进行全面而有效的规范，水资源优化配置方案难以适应水资源条件、科技水平、社会发展

需求的变化，水资源综合利用效益低下。

（二）市场机制

市场机制是指政府部门利用经济手段配置水资源的方式，其思路是把水资源作为一种商品，通过界定清晰的产权，利用市场规则和市场行为进行水资源再分配。澳大利亚、美国、智利等国家在水权制度和水市场建设等方面起步较早，并发展成为一种科学有效的水资源优化配置模式。水权交易是指在合理界定和分配水资源使用权的基础上，通过市场机制实现水资源使用权，在地区间、流域间、流域上下游、行业间和用水户间流转的行为。我国的东阳义乌水权交易、张掖节水型社会建设、宁蒙水权转换等在水市场方面也做出了有益的尝试。在水资源日益紧缺、经济转型的新形势下，市场机制可引导水资源向节水和高效领域转移，促进水资源优化配置，提高用水效率和效益。另一方面，完全通过水市场配置水资源存在着一定的弊端，弱势的农业和农民的利益、生态环境用水等可能受到损害，用水的公平性难以保障。水权交易所的成立将通过市场机制配置水资源，提高使用效率。

为加快水权交易推广，2016 年 4 月，水利部发布了《水权交易管理暂行办法》，鼓励开展多种形式的水权交易，促进水资源的节约、保护和优化配置。按照确权类型、交易主体和范围划分，水权交易主要包括区域水权交易、取水权交易和灌溉用水户水权交易。其中，在取水权交易方面，获得取水权的单位或者个人（包括除城镇公共供水企业外的工业、农业、服务业取水权人），通过调整产品和产业结构、改革工艺、节水等措施节约水资源的，在取水许可有效期和取水限额内，向符合条件的其他单位或者个人，有偿转让相应取水权的水权交易。该办法提出，开展水权交易，用以交易的水权应当已经通过水量分配方案、取水许可、县级以上地方人民政府或者其授权的水行政主管部门确认，并具备相应的工程条件和计量监测能力。在水资源日益紧缺、经济转型的新形势下，市场机制可引导水资源向节水和高效领域转移，促进水资源优化配置，提高用水效率和效益。

（三）准市场机制

准市场机制的实质是以可交易水权制度为基础的民主协商与准市场相结合的配置机制。水资源优化配置实质上是一种利益分配，既可以通过市场也可以通过非市场手段来实施。单独运用市场机制或行政手段进行水资源优化配置，都有各自的优势和缺陷，水资源优化配置方案不仅仅需要技术上、经济上的可行性，还须以一定的政治制度和管理体制为先决条件。水资源是基础性的自然资源和公共资源，行政管理、民主协商与经济手段相结合的准市场机制，一方面可通过公众参与、民主协商、信息共享来有效保障社会公平以及环境完整性目标，同时通过政府监管下的水市场来实现水资源的最大可能效率。在准市场机制下，各级政府、流域管理机构、用水者协会都将在水资源优化配置中发挥重要作用。

长期以来我国水资源优化配置以行政指令为主，即通过水量分配方案和取水许可制度来进行水资源优化配置；近年来在水权、水市场、用水户参与等方面进行了有益的探索。分析总结水资源优化配置的理论和实践可以看出，综合运用行政、经济、民主协商等手段，建立“政府调控、市场引导、公众参与”的水资源优化配置机制，符合我国经济社会可持续发展对水资源优化配置管理的要求，并已成为水行政主管部门以及水资源专家学者的共识。

四、区域水资源优化配置属性

基于可持续发展理论的水资源优化配置，在实践上是以可持续发展战略为指导思想，利用系统分析方法与优化技术，通过在某规划水平年内水资源在各子区、各用水部门间的配置，以获得经济、社会、生态环境协调发展的最佳综合效益。

对于区域水资源优化配置问题，为了达到同样的配置目标，其配置方案可能不是唯一的，甚至很多。因此，区域水资源优化配置需要解决的主要问题是：分配给各子区各用户的水量是多少；相对而言各用户具体供水水源的来源问题是其次的，只要在现有工程条件基础上，能够满足不同用户的要求，且供水线路尽量短、供需关系尽量简单即可。

水资源优化配置的实质是对水资源在时间、空间、数量、质量以及用途上进行合理分配，因此它具有多水源、多要素、多用户、多目标属性，并具有一定的层次性和关联性。统筹考虑水资源类型、要素、用户、目标的属性，确立各属性的重要程度和优先序，是实现水资源优化配置的关键。

（一）多水源

对于水资源的概念，国内外有不同的见解，一般是指“可资利用或者有可能被利用的水源”或“可恢复和更新的淡水量”。对于传统的水资源评价与配置，水资源通常包括当地地表水、地下水、外流域调水、再生水以及其他非常规水源。国际上比较通行的做法是，优先配置当地地表水资源，其次是地下水、再生水，然后是非常规水源以及跨流域调水等。然而各种水资源利用的优先序并不是一成不变的，它与当地水资源条件、经济发展水平、工程技术水平、社会习俗等因素密切相关，需通过科学论证选择合适的配置原则和顺序。随着时代的发展和科学技术水平的提高，水资源的内涵和范畴不断扩展，中水、土壤水、海水等作为水资源越来越多地参与到水资源优化配置中。同时，各种水的存在形式相互作用、相互转化，只有综合考虑整个水资源系统，统筹各种水源进行水资源优化配置，才能更好地保障供水安全。

（二）多要素

水资源具有水量、水质、水温、水能等要素，而水资源的供水、发电、养殖、航运等目标正是由其些要素和属性所决定的。水资源各要素之间相互关联、相互作用甚至相互制约，各要素的关系和重要程度可以通过水资源各用途目标的关系和优先序来反应。水资源具有量质统一性，水资源常常会因为水质不达标而无法满足特定的功能；水量过少或过多都会影响到水能资源的利用；水库在蓄存水量的同时形成的温度场对灌溉和养殖也会产生一定的不利影响。因此，水资源优化配置须统筹考虑水资源的水量、水质、水温、水能等要素，对其任何要素的开发利用，均应遵循科学、合理和高效的原则，并进行充分论证。对水资源实施统一规划和统一管理，是统筹和协调水资源各要素、最大限度地发挥水资源综合效益的有效途径。

（三）多用户

水资源优化配置的实质是通过各种措施和手段将水资源分配到最终用水户，因此，掌握各用水户的用水特性、水要素需求、用水发展趋势等，对制定用水计划和拟定配置方案都具有重要的作用。在需水预测和供需分析中，常根据用水户所属的行业部门及用水特

点，将用水划分为生活、生产和生态三大类，还可对每一类进行更细致的划分。水资源优化配置应以公平和高效为原则，首先满足城乡居民生活用水，并兼顾农业、工业、生态环境以及航运等用水需求。然而，仅按照行业来确定用水优先位序有一定的弊端，同一行业内不同用水户的水资源优化配置，也应首先考虑人类的生存，其次才是发展。在配置机制方面，应充分发挥规划者、政策制定者特别是用水户和社团等利益相关者的作用，通过用水者协会、流域委员会等形式进行民主协商和参与式管理，保障不同用水群体的社会公平性，保护生态环境。

（四）多目标

水资源具有综合利用的多目标属性，水资源利用目标通常分为供水、发电、航运、养殖、生态保护等；或者从水资源利用效益角度，将其划分为社会目标、经济目标和生态目标；亦可从安全角度，将其目标分为针对国民经济发展用水的供水安全、针对生态环境用水的生态安全，以及与水量调配密切相关的防洪安全。水资源开发利用的各目标之间往往是矛盾的，而且是不可公度的。传统的水资源优化配置多采用多目标规划技术，追求可供水量或经济效益最大化；而可持续发展框架下的水资源优化配置在追求经济效益的同时，还强调了用水公平和环境完整性，是更加复杂的多目标决策问题，宜采取定性与定量相结合的综合集成方法进行。

第四节　水资源优化配置的原则与方法

一、水资源优化配置的目标

水是基础性的自然资源和战略性的经济资源，是生态环境的控制要素。水资源通常具有供水、发电、航运、养殖、生态环境保护、观光旅游等多种用途和目标，这些目标之间存在着相互关联、相互制约以及相互竞争的关系。在用水竞争条件下，各目标之间是矛盾的，即一个目标值的增加通常以牺牲其他目标值为代价。一般来说，不同阶段对应不同的优化配置目标。

（一）以供水量最大化为目标的水资源优化配置

水资源优化配置以工程和技术手段为主，通过修建水利工程、增加供水能力来满足不断增加的用水需求。该方式只进行水资源的时空调配和各需水要素的水量组合，以需定供，往往忽略了水资源开发利用的阈值，是一种粗放式的水资源优化配置方式。

（二）以经济效益最大化为目标的水资源优化配置

水资源短缺和用水竞争的加剧，使得水资源优化配置开始着重追求水资源综合利用的效益最大化，配置的范围也从水利工程单元和区域进一步扩大到流域以及跨流域。基于宏观经济的水资源优化配置开始同时注重需水管理和供水管理，有利于实现区域经济与资源利用的协调发展。

（三）以可持续发展为目标的水资源优化配置

由于水污染和水危机的加剧，水资源开发利用中的社会公平、经济效益以及生态安全等问题日益突出，水资源优化配置在追求经济效益的同时，还须遵循公平和持续性原则，实现水资源的经济、社会和生态环境综合效益最大化。

可持续发展下的水资源优化配置是一个多目标决策问题，其核心便是通过工程及管理措施，对水资源在时间、空间、数量、质量以及用途上进行合理分配，做到水资源的供给与社会、经济、生态对水资源的需求基本平衡，使有限的水资源获得较好的综合效益，达到可持续利用的目标。

二、水资源优化配置的主要任务

水资源优化配置是针对水资源短缺和用水竞争提出的，可通过水资源配置系统来实现。水本身的资源、环境、社会和经济属性，决定了水资源合理配置所涉及的内容相当广泛，而对其研究的主要任务则包括以下几个方面。

（1）在经济社会发展与水资源需求方面：探索适合流域或区域现实可行的经济社会发展规模和发展方向，推求合理的生产布局；研究现状条件下的用水结构、用水效率及相应的技术措施，分析预测未来生活水平提高、国民经济各部门发展以及生态环境保护条件下的水资源需求。

（2）在水环境与生态环境质量方面：评价现状水环境质量，分析水环境污染程度，制定合理的水环境保护和治理标准；分析生产过程中各类污染物的排放率及排放总量，预测河湖水体中主要污染物浓度和环境容量；开展生态环境质量和生态保护准则研究，生态耗水机理与生态耗水量研究，分析生态环境保护与水资源开发利用的关系。

（3）在水资源开发利用方式与工程布局方面：开展水资源开发利用评价，供水结构分析，水资源可利用量分析；研究多水源联合调配，规划水利工程的合理规模及建设顺序；分析各种水源开发利用所需的投资、运行费以及防洪、发电、供水等综合效益。

（4）在供需平衡分析方面：开展不同水利工程开发模式和区域经济发展模式下的水资源供需平衡分析，确定水利工程的供水范围和可供水量，各用水单位的供水水源构成、供水量、供水保证率、缺水量、缺水过程及缺水破坏深度分布等情况。

（5）在水资源管理方面：研究与水资源合理配置相适应的水资源科学管理体系，包括建立科学的管理机制和管理手段，制定有效的政策法规，确定合理的水资源费、水价、水费征收标准和实施办法，分析水价对社会经济发展影响及对水需求的抑制作用，培养水资源科学管理人才等。

（6）在水资源配置技术与方法方面：研究和开发与水资源配置相关的模型技术与方法，如建模机制与方法、决策机制与决策方法，模拟模型、优化模型与评价模型、管理信息系统、决策支持系统、GIS高新技术应用等。

三、水资源配置的原则

从宏观上看，根据稀缺资源分配的经济学原理，水资源合理配置应遵循高效性与公平性的原则；在水资源利用高级阶段，还应同时遵循水资源可持续利用的原则，即高效性、公平性和可持续性应是水资源合理配置的基本原则；从微观上看，水资源的配置还应遵循优水优用原则、资源短缺下的最小破坏原则。

（一）可持续发展原则

其目的是为了能使水资源永续地利用下去，也可以理解为代际间水资源分配的公平性原则。它要求近期与远期之间、当代与后代之间在水资源的利用上需要一个协调发展、公平利用的原则，而不是掠夺性的开发利用，甚至破坏，即当代人对水资源的利用，不应使后代人正常利用水资源的权利遭到破坏。由于水资源是一种特殊的资源，是通过水文循环得到恢复与更新的，不同赋存条件的水资源，其循环更新周期不同，所以应区别对待。例如地下水（尤其是深层地下水），其补给循环周期十分长，过度开发会在质量和数量上影响子孙后代对水资源的利用，还会引起一系列的生态环境问题，因此，可持续原则要求一定时期内其地下水开采量不大于其更新补给量；对地表水，由于水文循环比较频繁，当代人不可能少用一部分水资源而留给后人使用，若不及时利用，就会“付之东流”。当代人的主要任务是如何保护水资源的再生能力，只要当代人的社会经济活动不超过流域或区域水资源的承载能力，并且污染物的排放不超过区域水环境容量，便可使水资源的利用满足可持续性原则。水资源优化配置作为水资源可持续理论在水资源领域的具体体现，应该注重人口、资源、生态环境以及社会经济的协调发展，以实现资源的充分、合理的利用，保证生态环境的良性循环，促进社会的持续健康发展。

（二）高效性原则

水资源的有效性原则是基于水资源作为经济社会行为中的商品属性确定的。经济上有效的资源分配，是资源利用的边际效益在各用水部门中都相等，以获取最大的社会效益，换句话说，在某一部门增加一个单位的资源利用所产生的效益，在任何其他部门也应是相同的，如果不同，社会将分配这部分水给能产生更大效益或回报的部门。由此可见，对水资源的利用应以其利用效益作为经济部门核算成本的重要指标，而其对社会生态环境的保护作用（或效益）作为整个社会健康发展重要指标，使水资源利用达到物尽其用的效益。但是，这种有效性不是单纯追求经济意义上的有效性，而是同时追求对环境的负面影响小的环境效益，以及能够提高社会人均收益的社会效益，是能够保证经济、环境和社会协调发展的综合利用效益。这需要在水资源合理配置问题中设置相应的经济目标、环境目标和社会发展目标，并考察目标之间的竞争性和协调发展程度，满足真正意义上的有效性原则。

（三）公平性原则

水作为人类生存必不可少的资源，不能单纯考虑效益准则，必须满足不同区域间、不同社会各阶层和集团间都具有生存的条件。生活用水是人类生存的必要条件，从人人具有平等的生存权来说，无论贫富，每个人都具有使用保证生存的必要的水的权利；另外，不同发展水平的地区都具有发展权，特别是欠发达地区，如果不在资源配置上给予必要的照顾，必然形成“贫者逾贫，富者逾富”的“马太效应”，破坏区域发展的协调性，违背建设和谐社会的发展战略。资源分配部门也具有这样的义务来保证这种公平性不被资源利用的高效性原则所忽略。

（四）短缺情景下的最小破坏原则

短缺情景下的最小破坏原则与水资源利用的高效性原则既可能一致，但在更多情况下不一致。可能出现不一致的原因在于，整体效益最高，不等于局部破坏最小。在水资源短缺的情况下，必然对社会、经济和生态带来一定程度的损害。水资源的配置应将这种损害降到最低。这种损害可以集中在一个领域、一个行业、一个地区，造成“窄深式破坏”；也可以分散到所有的领域、行业和地区，形成“宽浅式破坏”。在缺水量不是十分大的情况下，“宽浅式破坏”可以充分利用用水的弹性，使其对整个社会的影响最小，甚至避免破坏。“窄深式破坏”则容易形成局部严重危机，进而影响整个社会。

（五）分质供水、优水优用原则

水资源的配置不仅要考虑水量问题，还要考虑水质问题。不同用户对水质的要求不同，而不同水质的水也具有不同的价格。通过优化和模拟技术，从经济效益、社会效益、保证率等多方面综合确定不同水源对应不同用户的水量。

四、水资源优化配置的基本要素

质、量、时、空是自然资源的基本属性。任何事物都有质和量的规定性，质的规定性把不同的事物区别开来，量的规定性把同质事物区别开来，没有一定质或一定量的事物是不存在的。事物的运动是质和量统一，具有一定质和量的规定性的事物只有在其运动的时间和空间之中才能把握。同理，在水资源复合系统中，水资源在社会、经济和生态环境子系统中的配置包括水质、水量、时间和空间这四种基本配置形式。

（一）水质配置

水中不同数量和不同类别的溶解物与悬浮物组成不同的水质，体现了水资源不同的利用价值。水质作为水资源的一项功能，与水量的供水功能有相互依存的关系：没有水量，水质无所依托，无法发挥其作用；不具有各类用水所必需的水质要求，水量的供水功能也就降低或消失。水资源复合系统中，社会、经济、生态环境三个子系统及其内部要素有不同的水质要求，这就要求水资源优化配置应该根据不同用水部门的水质要求，按照优水优用、促进污水资源化的原则，结合水量进行分质供水。

（二）水量配置

从系统观点和长远观点出发，自然资源的“量”是相对有限性与绝对无限性的统一。量的规定性把同质的事物分为若干部分，水资源复合系统中，各用水部门不仅有水质要求，而且有水量要求；即使具有同样水质要求的用水部门也存在不同的水量要求。因此，水量配置就是在复合系统内进行各要素的水量组合，即各要素之间水资源的数量配比或搭配。

此外，水资源复合系统中，水资源子系统作为社会、经济、生态环境子系统的支撑体系，其利用水平总存在一个阈值。因此水量配置还包括人类对水资源的利用必须有一个数量界限，即水资源承载能力，若超过这个阈限，则会影响水资源的可持续利用。

（三）空间配置

区域由众多子区组合而成，各子区又包括众多用水部门，水资源优化配置在区域的具体实施必然要考虑区域的空间配置问题。水资源的空间配置是指水资源在空间的布局和联系状况。尤其对于我国，水资源的空间分布很不均匀，南多北少，东多西少，且与人口、土地分布和经济、技术条件不相适应，这就决定了区域水资源在区间、区内进行不同层次配置的必要性和重要性。从全社会可持续发展出发，进行区域水资源的科学分配。

（四）时间配置

由于天然来水与用水部门用水在时程上存在矛盾，水患灾害与水资源利用在水量上也存在矛盾，因此对天然来水实施拦蓄、储存等控制措施，这需要通过工程技术措施和科学管理手段对水资源进行时间上的配置，使其能够适时适量地满足用水要求。

五、水资源配置的优化方法

水资源优化配置，就是针对水资源系统，利用优化技术方法，依据一定的目标（单一目标或多目标），在水资源系统的综合约束条件下，使水资源配置达到目标最优的过程。水资源优化配置的发展是与优化技术相联系的，也就是说，水资源优化配置仅仅是优化技术在水资源配置中的一种应用。为实现经济社会发展、水资源利用、生态系统保护的协调发展和综合目标最大，应采用优化技术来协调水资源系统各要素之间的关系，保证经济社会可持续发展。

（一）单目标优化方法

单目标优化可以使用许多成熟的经典算法，如线性规划、动态规划等，这些方法求解大规模、非线性、高维、多关联等复杂优化问题会遇到一些困难。20 世纪 80 年代以来，一些新颖的智能优化算法，以其独特的优点和机制引起国内外学者的广泛重视，已成功应用于诸多领域。

1. 线性规划和非线性规划

在解决水资源系统规划管理中，经常遇到的两类问题：一是在某项任务确定后，如何统筹安排，以最少的人力、物力和财力去完成该项任务，使系统费用最小或净效益最大；二是如何安排使用一定数量的人力、物力和财力资源，使得完成的任务最多，即寻求最有效的资源开发利用模式。实际上，这是一个问题的两个方面，线性规划和非线性规划方法对于有限维总是可以解决的。

2. 动态规划

动态规划是一种解决多阶段决策过程最优化问题的数学规划法。它的数学模型和求解方法比较灵活，其实质是把原问题分成许多相互联系的子问题，而每个子问题是一个比原问题简单得多的优化问题，且在每一个子问题的求解中，均利用它的一个后部子问题的最优化结果，依次进行，最后一个子问题所得最优解，即为原问题的最优解。但使用这种方法，一个子问题对应一个模型、一个求解方法，且求解技巧要求比较高，没有统一的处理方法，因而状态变量维数不能太高，一般要求小于 6，以免导致出现“维数灾”而难于求解。

3. 智能优化算法

在水资源优化配置研究中，由于优化问题所涉及的影响因素很多，解空间也较大，而且，解空间中参变量与目标值之间的关系又非常复杂，所以，在复杂系统中寻求最优解一直是努力解决的重要问题之一。智能优化算法是一种启发式优化算法，包括遗传算法、蚁群算法、禁忌搜索算法、模拟退火算法、粒子群算法等。智能优化算法理论要求弱，速度快，应用性强，是一种较为有效的优化技术。

（二）多目标优化方法

多目标优化问题是向量优化问题，其解为非劣解集。解决多目标优化的基本思想，是将多目标问题化为单目标问题，进而用较为成熟的单目标优化技术。将多目标转为单目标一般有多种方法，可归纳为以下三类途径。

1. 评价函数法

评价函数法是根据问题的特点和决策者的意图，构造一个把多个目标转化为单个目标的评价函数，化为单目标优化问题。这类方法有线性加权和法、极大极小法、理想点法等。

2. 交互规划法

交互规划法是一类不直接使用评价函数的表达式，而是以分析者和决策者始终交换信息的人机对话式求解过程。这类方法有逐步宽容法、权衡比较替代法、逐次线性加权和法等。

3. 混合优选法

对于同时含有极大化和极小化目标的问题可以将极小化目标转化为极大化目标再求解；但也可以不转换，采用分目标乘除法、功效函数法和选择法等直接求解。

（三）大系统优化方法

大系统优化方法一般采用分解协调法，它既是一种降维技术，即把一个具有多变量、多维的大系统分解为多个变量较少、维数较少的子系统；又是一种迭代技术，即各子系统通过各自优化得到的结果还要反复迭代计算进行协调修改，直到满足整个系统全局最优为止。

第五节　区域水资源优化配置模型

一、水资源优化配置模型概述

水资源优化配置模型是针对以供水为主要目的的水资源系统，以系统分析理论、运筹学方法、知识规则、逻辑推理等为技术基础，对各种工程措施和非工程措施进行适当组合和合理的联合调度运用，以追求系统整体的可持续利用功能最优为目标的计算机模型。对于该定义可从以下几个方面理解：首先，水资源配置模型是数学模型而不是物理模型，其主要用途是合理地安排和调度水资源开发利用的工程措施和非工程措施，配置水资源，使水资源系统的可持续利用功能最优。第二，分析的问题可以是规划阶段的问题，其重点是进行多种水利工程措施和非工程措施组合方案的分析比较，推荐出合理的水利工程布局；也可以是运行管理阶段的问题，其重点是在已有水资源系统条件下合理地调度各种水源和工程使其发挥最大效益。第三，对“水资源系统整体的可持续利用功能最优为目标”要广义地理解，充分体现实际需要和现实可行性。

水资源优化模型的研究开始于20世纪50年代中期，60年代和70年代得到了迅猛发展，包括线形规划、非线形规划、模拟技术以及动态规划模型等，其中动态规划、多目标规划和大系统理论在水资源配置与管理中应用最为广泛。

在水资源规划中，不同的规划目标可能不可共存，或有的目标难以量化和不可公度，甚至目标间可能存在矛盾。因此，多目标规划模型不能得到传统模型中的明确的最优解，而只能求得若干“非劣解”，组成非劣解集。关于多目标规划模型的求解方法很多，可以归纳为三大类：①评价函数法，根据问题的特点和决策者的意图，构造一个把多个目标转化为单个目标的评价函数，化为单目标优化问题。这类方法有线性加权和法、极大极小法、理想点法等。②交互规划法，不直接使用评价函数的表达式，而是以分析者和决策者始终交换信息的人机对话方式求解。这类方法有逐步宽容法、权衡比较替代法、逐次线性加权和法等。③混合优选法，对于同时含有极大化和极小化目标的问题，可以将极小化目标化为极大化目标再求解。也可以不转换，采用分目标乘除法、功效函数法和选择法等直接求解。

优化模型的优点是可以直接回答水资源配置中关于最佳方案的问题，是在期望目标下，寻找实现目标的最优途径，其结果不受人为因素的影响，具有科学性、合理性。而且能够定量地揭示区域经济、环境、社会多目标间的相互竞争与制约。

但优化方法除建模复杂外，目前尚存在一些自身难以克服的弱点，如非线性系统最优解稳定性问题、动态优化“维数灾”问题等。此外，对于复杂的水资源系统，由于它所涉及的系统规模大、因素复杂（包括政治、经济、社会和环境等各方面的因素），采用优化模型求解时变量过多，规模太大，必须进行大量的简化，而且模型本身的局限性和输入信息的不确定性以及随机性等因素的存在，使得模型的优化结果往往难以反映客观系统的真实最优状况。多目标规划在寻优方法上可以借助单目标优化技术，但在寻优策略上往往要参与决策者的偏好，这就产生了最佳方案的搜索不得不与决策者的意愿协调的矛盾，使得人们对方案的“最优性”产生疑问。因此，目前水资源系统优化问题的研究不再一味地追求“解”的最优性，而注重方案的满意程度及可操作性。

（1）需要划分子区、确定水源途径、用水部门。设研究区划分 $K(k)$ 个子区，$k=1$，2，…；k 子区有 1（k）个独立水源、J（k）个用水部门。研究区内有 M 个公共水源，$c=1$，2，…，M。公共水源 c 分配到 k 子区水量用 D_c^k 表示。其水量和其他独立水源一样，需要在各用水户之间进行分配。因此，对于 k 子区而言，是 $I(k)+M$ 个水源、$J(k)$ 个用水户的水资源优化配置问题。

（2）需要确定模型目标函数。面向可持续发展的水资源优化配置模型，追求社会、经济、环境综合效益最大，可以把“社会、经济、环境综合效益最大”作为目标函数。对于一般的水资源优化配置模型，可以视目标要求不同，选择目标函数。根据目标函数建立方法的不同，可以分为多目标模型、单目标模型。

（3）列举出模型的所有约束条件。目标函数和约束条件组合在一起就组成了水资源优化配置模型。

水资源优化配置模型，由目标函数和约束条件组成。一般形式如下：

$$\left.\begin{array}{l} Z=\max[F(X)] \\ G(X)\leqslant 0 \\ X\geqslant 0 \end{array}\right\} \tag{7-1}$$

式中　X——决策向量；

$F(X)$——综合效益函数；

$G(X)$——约束条件集。

在上述模型中，如果含一个目标函数方程就是单目标优化模型，如果含多个（两个或两个以上）目标函数方程就是多目标优化模型。

二、水资源优化配置模型构建

（一）目标函数

设水资源优化配置考虑到社会效益、经济效益、环境效益，对应把目标函数分成3个目标，即社会效益目标、经济效益目标、环境效益目标。

（1）目标1：社会效益。由于社会效益不易度量，可以用区域总缺水量最小来间接反映。因为，区域缺水量大小或缺水程度直接影响到社会发展和安定，是社会效益的一个侧面反映。

$$\max f_1(x) = -\min\left\{\sum_{k=1}^{K}\sum_{j=1}^{J(k)}\left[D_j^k - \left(\sum_{i=1}^{I(k)} x_{ij}^k + \sum_{c=1}^{M} x_{cj}^k\right)\right]\right\} \tag{7-2}$$

式中　D_j^k——k子区j用户需水量，万m^3；

x_{ij}^k、x_{cj}^k——独立水源i、公共水源c向k子区j用户的供水量，万m^3。

（2）目标2：经济效益。用供水带来的直接经济效益来表示。

$$\max f_2(X) = \max\left\{\sum_{k=1}^{K}\sum_{j=1}^{J(k)}\left[\sum_{i=1}^{I(k)}(b_{ij}^k - c_{ij}^k)x_{ij}^k a_{ij}^k + \sum_{c=1}^{M}(b_{cj}^k - c_{cj}^k)x_{cj}^k a_{cj}^k\right]\right\} \tag{7-3}$$

式中　b_{ij}^k、b_{cj}^k——独立水源i、公共水源c向k子区j用户的单位供水量效益系数，元/m^3；

c_{ij}^k、c_{cj}^k——独立水源i、公共水源c向k子区j用户的单位供水量费用系数，元/m^3；

a_{ij}^k、a_{cj}^k——独立水源i、公共水源c向k子区j用户供水效益修正系数，与供水次序、用户类型及子区影响程度有关。

（3）目标3：环境效益。与水资源利用直接有关的环境问题，可以用污水排放量最小来衡量。一般可以选择重要污染物的最小排放量来表示。

$$\max f_3(x) = -\min\left\{\sum_{k=1}^{K}\sum_{j=1}^{J(k)} 0.01 d_j^k p_j^k\left(\sum_{i=1}^{I(k)} x_{ij}^k + \sum_{c=1}^{M} x_{cj}^k\right)\right\} \tag{7-4}$$

式中　d_j^k——k子区j用户单位污水排放量中重要污染物的浓度，mg/L，一般可以用化学需氧量（COD）、生化需氧量（BOD）等水质指标来表示；

p_j^k——k子区j用户污水排放系数。

（二）约束条件

一方面，可以从水资源配水系统的各个环节分别进行分析；另一方面，可以从社会、经济、水资源、环境协调方面进行分析。

（1）供水系统的供水能力约束：

公共水源

$$\left.\begin{aligned} &\sum_{j=1}^{J(k)} x_{cj}^k \leqslant W(c,k) \\ &\sum_{k=1}^{K} W(c,k) \leqslant W_c \end{aligned}\right\} \tag{7-5}$$

独立水源
$$\sum_{j=1}^{J(k)} x_{ij}^{k} \leqslant W_{i}^{k} \tag{7-6}$$

式中　W_c，W_i^k——公共水源 c 和 k 子区独立水源 i 的可供水量上限；

$W(c, k)$——公共水源 c 分配给 k 子区的水量；

其他符号含义同前。

（2）输水系统的输水能力约束：

$$\left.\begin{array}{ll}\text{公共水源} & x_{cj}^{k} \leqslant Q_{c} \\ \text{独立水源} & x_{ij}^{k} \leqslant Q_{i}^{k}\end{array}\right\} \tag{7-7}$$

式中　Q_c，Q_i^k——公共水源 c、k 子区 i 水源的最大输水能力。

（3）用水系统的供需变化约束：

$$L(k, j) \leqslant \sum_{i=1}^{I(k)} x_{ij}^{k} + \sum_{c=1}^{M} x_{cj}^{k} \leqslant H(k, j) \tag{7-8}$$

式中　$L(k, j)$，$H(k, j)$——k 子区 j 用户需水量变化的下限和上限。

（4）排水系统的水质约束：

达标排放
$$c_{kj}^{r} \leqslant c_{0}^{r} \tag{7-9}$$

总量控制
$$\sum_{k=1}^{K} \sum_{j=1}^{J(k)} 0.01 d_{j}^{k} p_{j}^{k} \left(\sum_{i=1}^{I(k)} x_{ij}^{k} + \sum_{c=1}^{M} x_{cj}^{k} \right) \leqslant W_{0} \tag{7-10}$$

式中　c_{kj}^r——k 子区 j 用户排放污染物 r 浓度；

c_0^r——污染物 r 达标排放规定的浓度；

W_0——允许的污染物排放总量；

其他符号含义同前。

（5）非负约束：

$$\left.\begin{array}{l} x_{ij}^{k} \geqslant 0 \\ x_{cj}^{k} \geqslant 0 \end{array}\right\} \tag{7-11}$$

其他约束条件针对具体情况，可能还需要增加一些其他约束条件，例如，投资约束、风险约束、湖泊最低水位约束、地下水位最低约束、社会经济系统结构关系约束、水资源—生态系统结构关系约束等。

由目标函数和约束条件组合在一起就构成了水资源优化配置模型。该模型是一个十分复杂的多目标多水源多用户的优化模型。目标函数见式（7-12a），约束条件见式（7-12b）。

$$\left.\begin{array}{l} \max f_{1}(X) \\ \max f_{2}(X) \\ \max f_{3}(X) \end{array}\right\} \tag{7-12a}$$

$$\left.\begin{array}{l} G(X) \leqslant 0 \\ X \geqslant 0 \end{array}\right\} \tag{7-12b}$$

三、水资源优化配置模型分类

根据反映的水资源配置问题可以把水资源优化配置模型分为：不承载条件下的水资源优化配置模型、承载条件下的水资源优化配置模型、面向可持续发展的水资源优化配置模型。

在现实水资源研究中，以上几种配置模型都可能会遇到。例如，对于许多城市现状水资源利用已经超越水资源承载能力的范围，但针对现状水平年建立的水资源优化配置模型只能是"基于不承载条件的水资源优化配置模型"。若对于某一规划水平年，要强迫满足水资源承载能力的要求，这时建立的水资源优化配置模型是"基于承载条件的水资源优化配置模型"。若把水资源可持续利用纳入其中，则建立的水资源优化配置模型是"面向可持续发展的水资源优化配置模型"。

（一）基于不承载条件的水资源优化配置模型

"基于不承载条件"，即在水资源优化配置模型中，没有考虑水资源承载能力条件。它适用于"已经不可能达到水资源承载能力范围的情况"。例如，对已经严重超出水资源承载能力范围的现状年份，经过一定程度努力也不能满足水资源承载能力条件的规划水平年份，在进行水资源优化配置研究时，建立的优化配置模型。

（二）基于承载条件的水资源优化配置模型

"基于承载条件"，即在水资源优化配置模型中，考虑水资源承载能力条件，把水资源承载能力条件方程作为约束方程，加入到优化模型中。它适用于"要求达到水资源承载能力范围的水资源优化配置问题"，特别是研究现状水平年理想情况下或规划水平年满足水资源承载能力情况下的水资源优化配置问题，需要把水资源承载能力条件作为模型的约束。

建立"基于承载条件的水资源优化配置模型"方法，主要有两种途径：一是把水资源承载能力模型作为优化配置模型的子模型，直接纳入到优化模型中；二是把水资源承载能力计算结果作为边界条件，新建立相关的约束方程，纳入到优化模型中。

第一种途径是把上述建立的水资源承载能力约束条件方程放在一般水资源优化配置模型中。第二种途径，要把水资源承载能力计算结果转化为约束条件，这就要求分析哪些是主要指标，哪些是需要约束才能保证满足水资源承载能力条件。应主要考虑社会经济规模的约束和主要控制目标这两个方面。

（1）社会经济规模的约束。社会经济规模的约束是水资源承载能力直接计算结果，要求配置区域的人口数、工业产值、农业产值在可承载的范围之内。约束方程如下：

$$\left.\begin{aligned} P &\leqslant \bar{P} \\ Y_{工业} &\leqslant \bar{Y}_{工业} \\ Y_{农业} &\leqslant \bar{Y}_{农业} \end{aligned}\right\} \tag{7-13}$$

式中　P——人口数变量；

$\bar{P}$——特定时段承载的人口数；

$Y_{工业}$——工业产值变量；

$\bar{Y}_{工业}$——特定时段承载的工业产值；

$Y_{农业}$——农业产值变量；

$\bar{Y}_{农业}$——特定时段承载的农业产值。

（2）主要控制目标方程。为了进一步约束变量范围，可以根据实际情况，从水资源承载能力计算模型中选择主要约束方程，加入到水资源优化配置模型中。

例如，为了保证水环境质量在可接受的范围之内，建立水环境约束方程如下：

$$C_m \leqslant C_s \tag{7-14}$$

式中　C_m——控制断面浓度，g/L；

C_s——控制断面浓度的控制目标值，g/L。

再例如，对城市污水排放量的限制，建立的约束方程如下：

$$\sum W_{排} \leqslant W_s \tag{7-15}$$

式中　$\sum W_{排}$——城市污水总排放量，kg；

W_s——城市污水排放量控制值，kg。

另外，还可以把水资源承载能力计算模型中的一些其他约束方程加入到优化模型中，来进一步约束水资源配置结果。例如，把社会经济系统内部相互制约方程、水资源承载程度指标约束方程纳入优化配置模型中。

“基于不承载条件的水资源优化配置模型”和“基于承载条件的水资源优化配置模型”，都是一种优化模型，其求解方法与一般优化模型相同。

（三）面向可持续发展的水资源优化配置模型

面向可持续发展的水资源优化配置，是以可持续发展为目标建立的更高层次的优化配置模型。模型中要充分体现可持续发展的思想，目标函数以综合效益最大为目标，在约束条件中要体现出可持续发展的量化准则。

“基于发展综合指标测度（DD）量化方法”的水资源优化配置模型简要介绍如下。

（1）目标函数。以可持续发展为目标，要求“发展”的目标函数 BTI 值达最大。即，在某一特定时段 T，在满足一定条件下，使其总效益达到最大（即目标函数值 BTI 最大）：

$$\mathrm{Max}(BTI) = \mathrm{Max}DD(T) \tag{7-16}$$

式中　$DD(T)$——时段 T 的发展指标综合测度。

（2）约束条件。除具有一般水资源优化配置模型的约束条件［式（7-13）］外，依据可持续发展准则，还可以写出以下约束条件：

1）可承载欲保证整个系统可持续发展，必然要求系统可承载程度达到某一最低水平（设为 LI_0），即

$$LI(T) \geqslant LI_0 \tag{7-17}$$

式中　$LI(T)$——系统在 T 时段可承载隶属度。

2）可持续。欲保证整个系统可持续发展，必然要求系统发展是“可持续”的，即要求态势隶属度超过某一最低水平（设 $SDDT_0$），即

$$SDDT \geqslant SDDT_0 \tag{7-18}$$

式中　$SDDT$——发展相对可持续性隶属度。

由以上目标函数和所有约束方程组成了水资源优化配置模型，它是一个单目标优化模型。该模型是基于可持续发展量化研究方法建立的，体现了可持续发展思想，是面向可持续发展的水资源优化配置模型的一种形式。

当然，有时为了简化，在一般水资源优化配置模型［式（7－13）］中，直接引用协调度方程来间接表达可持续发展的目标要求。用协调度表达社会、经济、环境和水资源之间协调发展的程度，并对协调度规定最低要求：

$$\mu = \mu_{a_1}^{\beta_1} \cdot \mu_{a_2}^{\beta_2} \geqslant \mu^* \tag{7-19}$$

式中　μ——协调度；

μ^*——协调度最低要求值；

μ_{a_1}——可承载程度隶属度；

μ_{a_2}——经济增长隶属度；

β_1、β_2——给定的指数权重，且满足 $\beta_1 + \beta_2 = 1$。

四、水资源优化配置模型应用分析

不同类型的水资源优化配置模型应用分析如下：

（1）一般水资源优化配置模型是最普通、最基础的，主要是针对一般要求建立的优化模型，没有考虑“水资源承载能力”及“可持续发展”。

（2）基于不承载条件的水资源优化配置模型，没有考虑水资源承载条件，适用于“已经不可能达到水资源承载能力范围的情况”。现状水平年，若不能满足水资源承载能力条件，就按照“基于不承载条件的水资源优化配置”来建立模型；近期规划水平年，若经过一定努力仍然不可能满足水资源承载能力条件，也只能按照“基于不承载条件的水资源优化配置模型”来考虑。

（3）基于承载条件的水资源优化配置模型，考虑水资源承载能力条件，要求优化模型在满足其他约束条件的同时还要满足水资源承载能力条件。现状水平年，若能够满足水资源承载能力条件，就按照“基于承载条件的水资源优化配置模型”来考虑；在规划水平年，若经过一定努力能够满足水资源承载能力条件，就应按照“基于承载条件的水资源优化配置”来建立模型。

（4）面向可持续发展的水资源优化配置模型，不仅要体现水资源承载能力条件，而且要全面体现可持续发展的思想，是更高层次的优化配置模型。在进行水资源长期综合规划和管理时，要坚持可持续发展的思想，在可预测的时间段内，应建立“面向可持续发展的水资源优化配置模型”，为科学寻找走可持续发展道路的水资源规划方案和管理途径提供科学依据。

五、水资源优化配置模型求解

区域水资源优化配置模型是一个大系统多目标模型，必须采用大系统分解协调原理、多目标决策方法、优化算法相结合进行求解。

（一）大系统分解协调方法

大系统分解概念最早在1960年由Dantzig和Wolfe在处理大型线性规划问题时提出。20世纪70年代初，Mesarovic提出了大系统递阶控制理论，其基本思路是将复杂的大系统分解为若干个简单的子系统，以实现子系统局部最优化，再根据大系统的总任务和总目标，使各子系统相互协调配合，实现全局最优化。该理论为处理复杂的大系统问题开辟了

广阔前景，应用该理论可以把复杂的水资源系统在空间、时间上进行分解，建立分解协调结构，从而简化计算。

（二）多目标决策方法

多目标优化问题是向量优化问题，其解为非劣解集。解决多目标优化问题的基本思想是将多目标问题化为单目标问题，进而采用较为成熟的单目标优化技术。多目标问题转化为单目标问题有多种方法，可归纳为以下三类途径：

（1）评价函数法，根据问题的特点和决策者的意图，构造一个把多个目标转化为单个目标的评价函数，化为单目标优化问题。这类方法有线性加权和法、极大极小法、理想点法等。

（2）交互规划法，不直接使用评价函数的表达式，而是以分析者和决策者始终交换信息的人机对话方式求解。这类方法有逐步宽容法、权衡比较替代法、逐次线性加权和法等。

（3）混合优选法，对于同时含有极大化和极小化目标的问题，可以将极小化目标化为极大化目标再求解。也可以不转换，采用分目标乘除法、功效函数法和选择法等直接求解。

（三）优化算法

优化技术是水资源优化配置模型求解的重要手段，没有快速有效的优化算法很难得到最终的水资源优化配置结果。水资源的最优分配问题，系指如何将多个水源的水量合理地分配到多个用户中去，使系统的总效益最大，即多目标的综合效益最大。各用户所分水量为优化变量，它和相应的效益之间一般为复杂的非线性关系，若用一般的线性规划或非线性规划求解该问题会相当复杂，而用一般的动态规划方法求解，则随着用户数目和用水量取值状态数目的增加，计算量急剧增加，出现“维数灾”问题，在系统求解中应用。近十几年来遗传算法、人工神经网络、模拟退火法、免疫进化算法等智能算法在区域水资源优化配置模型求解上应用越来越多。

遗传算法将水资源优化配置问题当作生物进化问题模拟，以各水源分给各用户的水量作为决策变量，对决策变量进行编码并组成可行解集，通过判断每一个体的优化程度来进行优胜劣汰，从而产生新一代可行解集，如此反复迭代来完成水资源优化配置。在此基础上，最近几年发展起来的一种多目标遗传算法，采用基于排序计算适应度的多目标遗传算法在解决多目标向单目标转化时候只取决于多目标的本身，不受其他因素的影响，是一种比较理想的解决多目标优化的方法。将多目标遗传算法引入到水资源优化配置中来，利用其内在并行机制及全局优化的特性，提出基于多目标遗传算法的水资源优化配置方法，把大系统分解协调理论和遗传算法相结合，可很好地解决复杂水资源系统的优化配置问题。

第六节　区域水资源优化配置实例

一、研究区概况

日照市位于东经 118°35′～119°39′、北纬 35°04′～36°02′之间，地处中国沿海中断，山东半岛南翼，东临黄海，隔海与日本、韩国相望，北邻青岛，南接江苏连云港，西通中国内陆诸省区，具有得天独厚的区位优势，被国家列为沿海15个重点建设的城市之一。全市共辖东港区、岚山区、日照开发区、山海天旅游度假区、莒县、五莲县等六个县级单位，总面积5310km²，总人口284万。

日照市依山傍海，境内地貌类型多样，有平原、山丘、水域、湿地、海洋等丰富多样的自然景观。地势中高周低，略向东南方向倾斜，属鲁东丘陵与鲁中南。境内最高点为五莲县境内的马耳山，海拔706m，最低点为东港区东海域村，海拔1.3m，植被覆盖率60.0%，森林覆盖率34.2%，海岸线总长为99.6km，其中优质海岸沙滩64km。

根据1956—2002年水文资料，日照市多年平均降水量为817.6mm。降水量地区分布差异较大，总的分布趋势是自东南向西北逐渐递减，雨量中心多发生在日照水库附近。降雨量年级变化大，年内分配不均，雨季一般集中在6—9月。

日照市属暖湿带半湿润季风区大陆性气候，由于紧靠沿海，受海洋性气候影响大，与同纬度内陆地区相比，四季温和，雨热同季，夏无酷暑，冬无严寒。全市多年平均气温12.70℃，多年平均无霜期226天，多年平均日照时数2503h，多年平均相对湿度72%。全年除夏季外，多为北风或偏北风，夏季盛行东南风，多年平均最大风速10.8m/s。水汽来源主要是西太平洋低纬度暖湿气团的侵入和台风、台风倒槽及东风波输送的大量水汽。

二、优化配置的基础工作

水资源是发展经济，改善人民物质和文化生活的重要因素。区域水资源优化配置研究首先要对区域调查水资源开发利用现状和存在的问题，进行不同规划水平年、不同保证率（设计代表年）水资源供给状况分析，以及预测各子区各用水部门（生活、工业、农业、生态环境）需水状况，分析水资源余缺程度，提出合理利用水资源及解决供需矛盾的对策。

1. 分区

区域水资源优化配置涉及社会、经济、生态环境等各方面，问题多且关系复杂，一般分区进行。按照自然地理特点和社会经济发展状况，结合区域水资源条件，将研究区划分为不同用水单元，便于在把大区域划分成几个较小区域后，使问题和关系得到相应简化，有利于研究工作的开展和成果的实施应用。本着“归纳相似性、区别差异性、照顾行政区界”的原则，本次水资源优化配置研究的分区以行政区划为主，尽量照顾行政区划的完整性，这样做有利于资料的搜集和统计。将日照市划分为市区（含岚山）、莒县、五莲县三个分区。

2. 代表年选取

代表年法是根据区域水资源供需情况，仅分析计算有代表性的几个年份，不必逐年分析计算，不仅可以简化计算工作量，而且可以克服资料不全的问题。根据日照市供水主要依靠径流调节的情况，采用年径流系列选择代表年。选用平水年（保证率$P=50\%$）、枯水年（$P=75\%$）和特枯年（$P=95\%$）三种代表年。

3. 水平年

国民经济的发展是有阶段性的，每一阶段都反映了一定的国民经济水平，同时也反映了一定的水资源供需条件和开发利用水平，这就是水平年问题。表示不同时期的水平年要

尽可能与国家或地区中长期发展计划分期相一致来划分确定水平年。根据日照市已有的成果和研究需要，本研究选定 2015 年、2025 年两个规划水平年进行分析。

4. 供水量计算

各水源的供水量根据水资源评价成果和规划预测计算。

5. 需水量计算

工业需水量：根据万元产值用水量和重复利用率，以及研究区工业产值发展目标计算。

生活需水量：根据研究区人口发展规模、人均生活用水定额计算。

农业需水量：根据研究区作物灌溉定额、灌溉面积及灌溉水利用率计算。

生态环境需水量由于研究区无大型生态恢复工程，河道外生态需水量已计入生活需水量中，这里仅指河道内需水量。对于河道内需水量采用河流最小生态流量法计算。

水资源系统涉及到水文、水利工程、经济、社会和生态环境的各个方面，随着经济社会的发展和进步，水资源系统的复杂性和不确定性也在逐渐增加。这种不确定性一方面来源于观测手段信息的不完全；另一方面也是由于用水过程变化和影响机理的复杂性，人的认识程度需要不断地提高。随着现代数学、系统理论和方法的发展和应用，水资源系统的复杂性和不确定性研究增加了新的方法和手段，其中，BP 神经网络便是处理复杂非线性问题的有效方法。

预测某一水平年各子区各用户的需水量时，将用水系统分解为工业、农业、生活和生态环境四个子系统，分别建立 BP 神经网络模型进行子系统需水量预测。结合以上的预测需水量的思路，并考虑资料实际情况，确立各子系统用水的影响因子。对于某一地区来讲，与工业用水相关的主要指标（因子）有一般工业产值、火电装机容量、工业用水重复利用率；与农业用水相关的主要因子有水田面积、旱田面积、菜田面积、林果面积、牧场面积、鱼塘面积、渠系水利用系数、年降雨量；与生活用水相关的因子有城镇人口、农村人口、大牲畜数量、小牲畜数量、人均 GDP；与生态环境用水相关的主要因子有湖泊面积、湿地面积、年降雨量。

BP 神经网络方法预测需水量的特点是：①网络训练完成后，不但可以对规划水平年的需水量进行预测，而且可以方便地对未来任意年份的需水量进行预测，并特别适合面临年份的需水量预测；②不需要弄清楚用水量与相关因子之间关系的函数表达式，因为 BP 网络可直接建立输入与输出之间的非线性映射关系，这种映射关系通过网络权值来表示；③不区分用水保证率，因为各子系统用水保证率的概念已隐含在 BP 网络的训练样本中，并认为未来年份各子系统以历史相同的保证率给以满足；④对于农业需水预测，不用进行选择典型年并区分降雨保证率，BP 模型的训练和预测均以实际降雨量作为输入，因此可以预测未来年份不同降雨量下的农业需水量；⑤BP 网络模型的训练可能会受到资料长度的限制，随着时间的推移以及样本长度的增加，BP 网络权值将会更加真实地反应非线性映射关系，需水量预测的精度也会进一步提高。

三、区域水资源优化配置模型

为了支撑全市社会、经济、环境的可持续发展，结合日照市区域实际，水资源优化配置采用多目标优化模型。

1. 目标函数

(1) 经济目标：使区域用水产生的经济效益最大，即

$$\max f_1(x)=\sum_{k=1}^{K}\sum_{j=1}^{J(k)}\sum_{i=1}^{I(k)}b_{ij}^{k}x_{ij}^{k} \tag{7-20}$$

式中　x_{ij}^k——水源 i 向 k 子区 j 用户的供水量，万 m^3；

b_{ij}^k——水源 i 向 k 子区 j 用户的单位供水量效益系数，元/m^3。

(2) 环境目标：使区域污水排放量最小，即

$$\max f_3(x)=-\min\left\{\sum_{k=1}^{K}\sum_{j=1}^{J(k)}0.01d_j^k p_j^k\left(\sum_{i=1}^{I(k)}x_{ij}^k+\sum_{c=1}^{M}x_{cj}^k\right)\right\} \tag{7-21}$$

式中　d_j^k——k 子区 j 用户单位污水排放量中重要污染物的浓度，mg/L，这里用化学需氧量（COD）指标来表示；

p_j^k——k 子区 j 用户污水排放系数。

(3) 生态目标：使区域生态用水量得到最大满足，即

$$\min f_3(x)=\sum_{k=1}^{K}\left[D_s^k-\sum_{i=1}^{I(j)}x_{is}^k\right] \tag{7-22}$$

式中　D_s^k——k 子区生态需水量，万 m^3。

(4) 社会目标：区域缺水量之和最小

$$\min f_4(x)=\sum_{k=1}^{K}\sum_{j=1}^{J(k)}\left[D_j^k-\sum_{i=1}^{I(j)}x_{ij}^k\right] \tag{7-23}$$

式中　D_j^k——k 子区 j 用水户的总需水量，万 m^3。

2. 约束条件

水量约束可分为供水约束与需水约束。供水约束是保证不同供水水源分配到各子区不同用户上的水量不能超过该水源所能提供的水量；需水约束是对不同用户需水量的保证。

(1) 水源可供水量约束：

公共水源：
$$\sum_{k=1}^{K}\sum_{j=1}^{J(k)}x_{cj}^k\leqslant W_c \tag{7-24}$$

独立水源：
$$\sum_{k=1}^{K}\sum_{j=1}^{J(k)}x_{ij}^k\leqslant W_i^k \tag{7-25}$$

式中　x_{cj}^k——公共水源 c 供给 k 子区 j 用户的水量，万 m^3；

W_c——公共水源 c 的可供水量，万 m^3；

x_{ij}^k——独立水源 i 供给 k 子区 j 用户的水量，万 m^3；

W_i^k——k 子区独立水源 i 的可供水量，万 m^3。

(2) 水源至用户的输水能力约束：

公共水源：
$$x_{cj}^k\leqslant Q_{c\max}^k \tag{7-26}$$

独立水源：
$$x_{ij}^k\leqslant Q_{i\max}^k \tag{7-27}$$

式中　$Q_{c\max}^k$——公共水源 c 至 k 子区的最大输水能力，万 m^3；

$Q_{i\max}^k$——独立水源 i 至 k 子区的最大输水能力，万 m^3。

(3) 用户需水能力约束：

$$G_{j\min}^{k} \leqslant \sum_{i=1}^{I(k)} x_{ij}^{k} + \sum_{c=1}^{C} x_{cj}^{k} \leqslant G_{j\max}^{k} \tag{7-28}$$

式中　$G_{j\min}^{k}$——k 子区 j 用户的最小需水量，万 m^3；

$G_{j\max}^{k}$——k 子区 j 用户的最大需水量，万 m^3。

（4）供水水源（水库）水量平衡约束：

$$V_{l末} = V_{l初} + Q_{l入库}T - Q_{l供水}T - Q_{l弃水}T \tag{7-29}$$

式中　$V_{l末}$、$V_{l初}$——l 水库在时段 T 的末、初库容，万 m^3；

$Q_{l入库}$——l 水库的入库流量，m^3/s；

$Q_{l供水}$——供水流量，m^3/s；

$Q_{l弃水}$——弃水流量，m^3/s。

（5）其他约束。包括水库的水位库容约束、变量非负约束等。

如上建立的区域水资源优化配置模型，是一个十分复杂的非线性优化模型，求解此模型采用大系统分解协调和遗传算法相结合的途径进行模型求解。

四、区域水资源优化配置结果分析

利用建立的水资源优化配置模型，通过计算，可以得到日照市不同水平年和不同代表年的水资源优化配置方案。现以2015年、2025年规划水平年、保证率75%的年份计算结果为例进行分析，分别见表7-5、表7-6。

表7-5　　**2015年规划水平年水资源优化结果**　　单位：万 m^3

保证率	水源类别	可供水量	项目	生活	生态	工业	农业	合计
50%	地表水	100950	需水量	11850	3110	38200	70360	123520
	地下水	38440	供水量	11850	3110	38200	70360	123520
	中水回用	6300	缺水量	0	0	0	0	0
	海水淡化	840	缺水率	0	0	0	0	0
75%	地表水	78770	需水量	11850	3110	38200	81470	134630
	地下水	38440	供水量	11850	3110	37040	73350	124350
	中水回用	6300	缺水量	0	0	2160	8120	10280
	海水淡化	840	缺水率	0	0	5.7	9.9	7.6
95%	地表水	44240	需水量	11850	3110	38200	81470	134630
	地下水	38440	供水量	11850	2470	28400	47100	89820
	中水回用	6300	缺水量	0	640	9800	34370	44810
	海水淡化	840	缺水率	0	20.6	25.7	42.2	33.3

表7-6　　**2025年规划水平年水资源优化结果**　　单位：万 m^3

保证率	水源类别	可供水量	项目	生活	生态	工业	农业	合计
50%	地表水	115710	需水量	16830	5300	41790	69030	132950
	地下水	40170	供水量	16830	5300	41790	69030	132950
	中水回用	15430	缺水量	0	0	0	0	0
	海水淡化	1520	缺水率	0	0	0	0	0

续表

保证率	水源类别	可供水量	项目	生活	生态	工业	农业	合计
75%	地表水	85390	需水量	16830	5300	41790	80970	144890
	地下水	40170	供水量	16830	5300	41790	78590	142510
	中水回用	15430	缺水量	0	0	0	2380	2380
	海水淡化	1520	缺水率	0	0	0	2.9	1.6
95%	地表水	53730	需水量	16830	5300	41790	80970	144890
	地下水	40170	供水量	16830	3960	33950	56110	110850
	中水回用	15430	缺水量	0	1340	7840	24860	34040
	海水淡化	1520	缺水率	0	25.3	18.8	30.7	23.5

从表7－5、表7－6可以看出以下几点：

（1）2015水平年、2025水平年当来水保证率为$P=50\%$时，水资源的可供水量均大于需水量，也就是平水年份日照市不缺水，这与水资源供需平衡分析的结论一致。

2015规划水平年中，75%保证率下农业用水出现9.9%的缺水、工业用水出现5.7%的轻度缺水外，其他部门供水均得到保证，总缺水率为7.6%，其中农业缺水8120m^3，工业缺水2160m^3；95%保证率年份，生态用水缺水率为20.6%，农业用水缺水率将会达到42.2%，工业也会出现25.7%缺水，总缺水率33.3%，缺水较为严重。

2025规划水平年中，75%保证率下仅农业出现缺水率为2.9%，其他用水都可满足，总缺水率1.6%；95%保证率下农业、工业、生态供水都将出现破坏，缺水量分别为24860m^3、7840m^3、1340m^3，其中，农业缺水率为30.7%，工业缺水率为18.8%，生态缺水率为25.3%。

（2）从各用水部门之间的配置情况看，由于模型中在保证生活用水条件下注重了经济效益和生态效益，所以不同规划水平年不同设计保证率下的生活用水和生态环境用水得到优先满足。在枯水年，农业用水将首先受到影响；特枯年，农业和工业部门、生态部门都会有不同程度的缺水。

从规划水平年配置情况分析，在2025年研究区尽管各项需水量增加，但缺水程度却比2015年降低了。主要是由于根据水利发展规划，新增水源及节水工艺的发展等原因。

（3）从水资源开发利用现状和各水源供水结构上看，可以直观地发现各用水部门水资源短缺量，分析水资源供水和需水分配中存在的问题。日照市地表水、地下水的利用程度已经很高，农业需水量所占比例大，这就必须加强需水管理，充分挖掘节水工程的潜力，进一步提高水资源利用效率。同时，发挥地处东部沿海，海水资源丰富的优势，提高海水利用的数量。

（4）按照上述优化配置方案，进行水资源优化配置时，以污染物（COD）排放量最小的目标，同时把经济效益和生态用水考虑进来，提高了水资源的利用效率和承载力。总体上来说，优化配置后对区域经济发展有明显的促进作用。由于水资源与社会经济协调发展是一个复杂的巨系统，影响因素众多，本研究仅对区域水资源的配置提供参考依据，实际中，应考虑综合对策促进水资源可持续利用和社会经济的协调发展。

复习思考题

1. 水资源配置的概念是什么？结合具体案例说明水资源配置的工作内容。

2. 水资源可持续发展的内涵是什么？说明水资源可持续利用与水资源优化配置的关系。

3. 如何理解水资源优化配置的涵义？

4. 水资源优化配置理论有哪些？联系实际说明不同理论之间的区别与联系。

5. 区域水资源优化配置的机制和属性是什么？

6. 水资源优化配置的原则是什么？优化方法有哪些？

7. 水资源优化配置模型有哪些类型，如何构建与运用这些模型？

8. 水资源优化配置模型求解方法有哪些？

9. 综合分析水资源优化配置与水资源承载力、水资源供需分析、水资源规划与管理的关系。

第八章　区域水资源管理规划与保护

第一节　水资源管理概述

一、水资源管理的涵义

关于水资源管理的涵义，目前有多种界定，尚无明确公认的定义。《中国大百科全书》在水利卷中水资源管理是指：水资源开发利用的组织、协调监督和调度。运用行政、法律、经济技术和教育等手段，组织各种社会力量开发水利和防治水害；协调社会经济发展与水资源开发利用之间的关系，处理各地区、各部门之间的用水矛盾；监督、限制不合理的开发水资源和危害水源的行为；制定供水系统和水库工程的优化调度方案，科学分配水量。在环境科学卷中，水资源管理的定义为：为防止水资源危机，保证人类生活和经济发展的需要，运用行政、技术、立法等手段对淡水资源进行管理的措施。水资源管理工作的内容包括调查水量，分析水质，进行合理规划、开发和利用，保护水源，防止水资源衰竭和污染等；同时也涉及水资源密切相关的工作，如保护森林、草原、水生生物，植树造林，涵养水源，防止水土流失，防止土地盐渍化、沼泽化、沙化等。

《当代水资源管理发展概况》(Dixon Fallon，张发文译）从水资源作为社会的物源—经济—生态的概念出发，把可持续的水资源管理定义为一系列的活动，这一系列的活动可以保证一个特定的水资源系统所能满足目前和将来目标的服务价值，这些服务提供了水利用的广阔范围，包括家庭生活用水、农业用水、工业生产用水和维持生态系统的用水。

联合国教科文组织（UNESO）国际水文计划工程组（1996年）对可持续水资源管理的定义：支撑从现在到未来社会及其福利而不破坏它们赖以生存的水文循环及生态系统完整性的水的管理与使用。

冯尚友在《水资源持续利用与管理导论》一书中对水资源管理的定义：为支持实现可持续发展战略目标，在水资源及水环境的开发、治理、保护、利用过程中，所进行的统筹规划、政策指导、组织实施、协调控制、监督检查等一系列规范性活动的总称，就是水资源持续利用的管理。统筹规划是合理利用有限水资源的整体布局、全面策划的关键；政策指导是进行水事活动决策的规则和指南；组织实施是通过立法、行政、经济、技术和教育等形式组织社会力量，实施水资源开发利用的一系列活动实践；协调控制是处理好资源、环境与经济、社会发展之间的协同关系和水事活动之间的矛盾关系，控制好社会用水与供水的平衡和减轻水旱灾害损失的各种措施；监督检查则是不断提高水的利用率和执行正确方针政策的必需手段。

柯礼聃在《中国水利》一书中指出，水管理是人类社会及其政府对适应、利用、开发、保护水资源与防治水害活动的动态管理以及对水资源的权属管理，包括政府与水、社会与水、政府与人以及人与人之间的水事关系。对国际河流，水管理还包括相邻国家之间

的水事关系。

水资源管理是在水资源开发利用与保护的实践中产生，并在实践中不断发展起来的。随着水资源及其环境问题对经济、社会及生态系统构成的潜在影响越来越大，以及日益紧迫的缺水危机，水资源管理也在逐步深化发展，各时期对水资源管理的认识必然存在一定的差异。通常水资源管理主要考虑的准则是：经济效益、技术效率、实施的可靠性。并将满足日渐增长的需水要求和经济效益的可行性作为管理的目标。随着可持续发展思想被人们越来越广泛的接受，水资源可持续开发利用已成为普遍认可的管理准则。因而，现代水资源管理要求在开发利用中首先应注重水资源及其环境的承载能力，遵循水资源系统的自然规律，提高水资源开发利用效率；其二应优化配置水资源，在保障经济社会与水资源利用协调发展中，维护水资源系统在时间与空间上的动态连续性，使今天的开发利用不致损害后代的开发利用能力，地区间乃至国家间开发利用水资源应享有平等的权利，并将保证基本生活用水的要求当作人类的基本生存权利；其三应运用现代科学技术和管理理论，在提高开发利用水平的同时，强化对水资源经济的管理，尤其是发挥政府宏观管理与市场调节的职能作用。

基于上述考虑，可对水资源管理作如下界定，即依据水资源环境承载能力，遵循水资源系统自然循环功能，按照经济社会规律和生态环境规律，运用法规、行政、经济、技术、教育等手段，通过全面系统的规划，优化配置水资源，对人们的涉水行为进行调整与控制，保障水资源开发利用与经济社会的和谐持续发展。

关于水资源管理涵义的准确定义，对水资源管理学科和实际工作，以及水资源管理体制的改革和建立符合社会主义市场经济的水资源管理体制、制度和运作机制都是必须的。但是，由于水资源管理涉及面广、内容复杂、影响因素多，对它的认识随着时代的发展而不断提高，要想给出一个完整的、经得住实践考验、被大家接受的定义是比较困难的。无论如何，对水资源管理的定义应有利于水资源管理的研究和实践，讲清什么是水资源管理，并有利于水资源管理工作的开展。

左其亭在《水资源规划与管理》中比较全面地对水资源管理进行了阐述，并与水资源行政管理进行了比较。

水资源管理。是指水资源开发、利用和保护的组织、协调、监督和调度等方面的实施，包括运用行政、法律、经济、技术和教育手段，组织开发利用水资源和防治水害；协调水资源的开发利用和治理与经济社会发展之间的关系，处理各地区、各部门间的用水矛盾；监督并限制各种不合理开发利用水资源和危害水资源的行为；制定水资源的合理分配方案，处理好防洪和兴利的调度原则，提出并执行对供水系统及水源工程的优化调度方案；对来水量变化及水质情况进行监测与相应措施的管理等。水资源管理是水行政主管部门的重要工作内容，它涉及水资源的有效利用、合理分配、保护治理、优化调度以及水利工程的布局协调、运行实施及统筹安排等一系列工作。其目的是通过水资源管理工作的组织实施，规范各类水资源开发利用行为、有效落实水资源保护政策和措施，进而达到科学合理地开发利用水资源、支持经济社会发展、改善自然生态环境的效果。

水资源行政管理。是指与水资源相关的各类行政管理部门及其派出机构，在宪法和其他相关法律、法规的规定范围之内，对与水资源有关的各种社会公共事务进行的管理活动，不包括水资源行政组织对其内部事务的管理。科学高效的水资源行政管理，能够保障水资源法律法规的顺利实施，保护水权拥有者和水资源利用者的合法权益，保证水资源开发利用的持续高效，是解决各种水资源问题的关键环节。

对比两者的概念可见，水资源管理的内涵要比水资源行政管理更加宽泛，它不仅指运用单一的行政管理手段去解决水资源问题，还包括经济、技术、教育等其他手段，在管理内容和形式上要更加丰富多样。但水资源行政管理是水资源管理的主体工作内容，是其他管理方式得以落实的基础和保障。本书介绍的水资源管理工作内容包含了水资源行政管理在内的水资源管理整体。

二、水资源管理的内容

世界银行将水资源管理归结为一系列水资源相关领域（如水电、供水与供水设施，灌溉与排水等）一体化管理。我国从历史上就比较重视水的管理，只是在水资源开发利用的初期，或社会需水量较少时，水资源供需矛盾不突出，水资源管理内容比较简单。随着人口增长和经济社会的较大规模发展，需水量越来越大，开发利用水资源的规模和程度也越来越大，水资源供需矛盾日趋尖锐，水资源及其环境受到人类的干扰和破坏越来越剧烈，需要解决的水资源问题愈发众多和复杂，并随着社会发展和科技进步，人们对水资源问题的认识也在发展深化，水资源管理不仅逐渐形成了专门的技术和学科，其管理领域涉及自然、生态、经济和社会等许多方面，内容非常丰富。具体内容可概括为如下几个方面。

1. 水资源权属管理

水资源的所有权，即水权，包括占有权、使用权、收益权和处分权。在生产资源私有制社会中，土地所有者可以要求获得水权，水资源成为私人所有。随着全球水资源供需关系的日趋紧张和人类社会的进步，水资源的公有属性被逐渐认可并确立，因而国家拥有水资源的占有权和处分权，单位或个人只能通过法定程序获得水资源的使用权和收益权，成为世界水资源管理的发展趋势。

2. 水资源政策管理

政策是指国家、政党为实现一定历史时期的路线和任务而规定的行政准则。从我国水问题（水多、水少、水脏）实际情况出发，制定和执行正确的水资源管理政策，是取得水资源可持续开发利用与社会经济协调发展的重要保证。因而，水资源政策管理是指为实现可持续发展战略下的水资源持续利用任务而制定和实施的方针政策方面的管理。为了管好用好水资源，对于如何确定水资源的开发规模、程序和时机，如何进行流域的全面规划和综合开发，如何实行水源保护和水体污染防治，如何计划用水、节约用水和征收水费等问题，都要根据国民经济的需要与可能，制定出相应的方针政策。现在正在实施的最严格水资源管理制度就是政策管理的典型形式。

3. 水资源综合评价与规划的管理

水资源综合评价与规划既是水资源管理的基础工作，也是实施水资源各项管理的科学依据。对全国、流域或行政区域内水资源，遵循地表水与地下水统一评价、水量水质并重、水资源可持续利用与社会经济发展和生态环境保护相协调、全面评价与重点区域评价相结合的原则，满足客观、科学、系统、实用的要求，查明水资源状况。在此基础上，根

据社会经济可持续发展的需要，针对流域或行政区域的特点、治理开发现状及存在的问题，按照统一规划、全面安排、综合治理、综合利用的原则，从经济、社会、环境等方面，提出治理开发的方针、任务和规划目标，选定治理开发的总体方案及主要工程布局与实施程序。

4. 水量分配与调度管理

在一个流域或一个供水系统内，有许多水利工程和用水单位，往往会发生供需矛盾和用水纠纷，因此要按照上下游兼顾和综合利用的原则，制定水量分配计划和调度方案，作为正常管理运用的依据。遇到水源不足的干旱年，还要采取应急的调度方案，限制一部分用水，或采取分区供水、定时供水等措施，保证重要用户的供水。对地表水和地下水实行统一管理，联合调度，提高水资源的利用效率。

5. 水资源保护管理

随着工业、城市生活用水的增加，未经处理或未达到排放标准的废污水大量排放，使水体及地下储水构造受到污染，减少了可利用水量，甚至造成社会公害。水资源保护管理通常指为了防治水污染，改善水源，保护水的利用价值，采取工程与非工程措施对水质及水环境进行的控制与保护的管理。如按照国家资源与环境保护的有关法律法规和标准，拟订水资源保护规划；组织水功能区的划分和向饮水区等水域排污的控制；监测江河湖库的水量、水质，审定水域纳污能力；提出限制排污总量的意见。水资源保护管理是水行政主管部门的重要职责，是水资源管理工作的重要内容。

6. 节水管理

治水包括开发利用、治理配置、节约保护等多个环节；当前的关键环节是节水，从观念、意识、措施等各方面都要把节水放在优先位置；我国的水情决定了我们必须立即动手，加快推进由粗放用水方式向集约用水方式的根本性转变。这些年，我国大力开展节水型社会建设，取得了明显成效，但用水方式粗放、水资源利用效率低、浪费严重的问题依然存在。节水和治污，是解决水资源合理配置和永续利用的两个重大问题，也是加强水资源管理的两个关键环节。解决水资源短缺和水污染的一个关键在于节水。节水的核心是提高水的利用效率，它不仅引起用水方式的变化，而且引起经济结构的变化，以至引发人们思想观念的变化。加强水资源管理，提高水的利用效率，建设节水社会，应该作为水利部门的一项基本任务。

7. 其他管理

水资源管理涉及面广、内容复杂，还包括涉水事务的日常处理，如水资源规划的组织实施，检查、监督、考核水资源开发利用与保护行为，宣传、传达水资源管理政策、法规，调节水事纠纷，处理违法违规水事行为等。

三、水资源管理的目标

水资源管理的目标确定应与当地国民经济发展目标和生态环境控制目标相适应，不仅要考虑资源条件，而且还应充分考虑经济的承受能力。

水资源管理总的要求是：水量水质并重，资源和环境管理一体化。水资源管理的最终目标是：努力使有限的水资源创造最大的社会经济效益和最佳生态环境，或者说以最小的投入满足社会经济发展对水的需求。我国的水资源管理的基本目标有以下几个：

（1）形成能够高效率利用水的节水型社会。即在对水的需求有新发展的形势下，必须把水资源作为关系到社会兴衰的重要因素来对待，并根据中国水资源的特点，厉行计划用水和节约用水，大力保护并改善天然水质。

（2）建设稳定、可靠的城乡供水体系。在节水战略指导下，预测社会需水量的增长率将保持或略高于人口的增长率。在人口达到高峰以后，随着科学技术的进步，需水增长率将相对也有所降低。并按照这个趋势，制定相应计划以求解决各个时期的水供需平衡，提高枯水期的供水安全度，及对遇特别干旱的相应对策等，并定期修正计划。

（3）建立综合性防洪安全社会保障制度。由于人口的增加和经济的发展，如遇同样洪水给社会经济造成的损失将比过去增长很多。在中国的自然条件下江河洪水的威胁将长期存在。因此，要建立综合性防洪安全的社会保障体制，以有效地保护社会安全、经济繁荣和人民生命财产安全，以求在发生特大洪水情况下，不致影响社会经济发展的全局。

（4）加强水环境系统的建设和管理，建成国家水环境监测网。水是维系经济和生态系统的最大关键性要素。通过建设国家和地方水环境监测网和信息网，掌握水环境质量状况，努力控制水污染发展的趋势，加强水资源保护，实行水量与水质并重、资源与环境一体化管理，以应付缺水与水污染的挑战。

四、水资源管理的原则与方法

（一）水资源管理的原则

1. 依法治水

法律是规范人们水事行为的手段，也是水资源管理的基本保障。《中华人民共和国水法》是我国水资源管理的基本法律，从水资源管理的各个方面给予了明确规定和说明，是中华人民共和国国民必须要尊重和遵守的法律。这就要求在进行水资源开发、利用和从事水资源管理过程中，必须依照法律规定，按照法律程序，依法管理，依法行政，绝不允许任何超出法律的非法行为发生。

2. 水是国家的资源

水资源的国家属性是宪法和水法明确规定的，任何个人、集体均无权占为己有，更不允许只为个人和小集体利益而不顾大局，影响区域、全局水资源开发与利用，水资源规划与布局，水环境保护。

3. 效益最优原则

对水资源开发利用的各个环节（规划、设计、运用），都要拟定最优化准则，以最小投资取得最大效益。

4. 地表水和地下水统一规划、联合调度

地表水和地下水是水资源的两个组成部分，存在互相补给、互相转化的关系，开发利用任一部分都会引起水资源量的时空再分配。充分利用水的流动性质和储存条件，联合调度地表水和地下水，可以提高水资源的利用率。

5. 开发与保护并重

在开发水资源的同时，要重视森林保护、草原保护、水土保持、河道湖泊整治、污染

防治等工作，以取得涵养水源、保护水质的效应。

6. 水量和水质统一管理

由于水源的污染日趋严重，可用水量逐渐减少，因此在制定供水规划和用水计划时，水量和水质应统一考虑，规定污水排放标准和制定切实的水源保护措施。

7. 用水价进行经济管理

水资源的商品属性决定了供水不仅是有偿的，而且合理的水价应该以完全反映边际成本为目标，这一成本包括供水系统的建设、运行和维护等项目的费用、水资源污损费用、外部因素引起的供水系统的毁损费用。这样，水利工程大量依赖补贴、效益低下的状况就会得到改善。其次，需求管理采用鼓励性措施（如税收、信贷等）和抑制性措施（如高价、罚款等）经济杠杆来调节水的需求。

（二）水资源管理的方法

要使水资源管理达到其管理的目的，就要采取一定的方法或手段。水资源管理是一个极其复杂的多层次管理，所以管理方法也有许多。这里只介绍几种主要的方法。

1. 法律方法

法律是一个国家进行各种管理的重要方法，水资源管理的法律方法就是要制定并执行各种水资源法规来调整和约束水资源管理过程中产生的多种社会关系和活动。为了实现水资源管理的目标，确保水资源的合理开发利用、国民经济可持续发展以及人民生活水平不断提高，必须建立健全完善的法律法规措施。加强和完善水资源管理的根本措施之一，就是要运用法律手段，将水资源管理纳入法制轨道，建立水资源管理法制体系，走“依法治水”的道路。

（1）法律方法的特点：

1）权威性和强制性。包括水资源法规在内的一切法规均由国家制定，具有法律的严肃性。一切组织和个人都应遵守。不得对法规进行阻挠和抵制，否则，将受到法律的严厉制裁，因为法律是以强制力为后盾的。

2）规范性和稳定性。水资源的有关法规与所有法律一样，文字表述严格明确，其解释权在相应的立法、司法和行政机构。同时法律法规一经颁布实施，就会在一定时期内有效，不会经常变动。

3）平等性。法律面前人人平等，只要违反了法律法规，不论在任何情况下，都要受到法律的制裁。

（2）法律方法的作用。我国水资源的时程和地区分布极不均匀，导致一些地区水资源丰富，一些地区水资源短缺。另外，由于国民经济的发展和人民生活水平的提高，水污染问题也更加严重，水事纠纷不断发生。法律方法融于水资源管理之中，有其特别重要的作用。一是保证了必要的管理程序；二是增强了管理系统的稳定性；三是有效地调节了各种管理之间的关系；四是促进管理系统的发展。

新中国成立后，我国政府十分重视治水的立法工作，已经制定了《中华人民共和国水法》《中华人民共和国水污染防治法》《中华人民共和国水土保持法》《中华人民共和国防洪法》。1988 年《中华人民共和国水法》颁布实施，标志着我国走上了依法治水的轨道。2002 年 8 月又重新对水法进行修订，颁布实施了新的《中华人民共和国水法》。2015 年四月中央政治局常务委员会会议审议通过《水污染防治行动计划》（又称为“水十条”），为确保全国水环境治理与保护目标如期实现奠定了法律基础。这些法律、法规是在我国从事水事活动的法律依据。

2. 行政方法

行政方法是依据行政组织或行政机构的权威，在遵从和贯彻水法的基础上，为达到水资源管理的目的而采取的各种决定、规定、程序和条件等行政的措施。行政方法也带有一定的强制性。

（1）行政方法的作用。行政方法是实现水资源管理功能的重要手段，也是使国家的有关法律在不同地区、不同流域结合当地具体情况予以实施的必要方法。

由于水资源属于国家所有，这就需要政府机构对水资源采取强有力的行政管理方法，负责指导、控制、协调各用水部门的水事活动。水资源的行政管理手段必须依据水资源的客观规律，结合当地水资源的分布情况、开发利用情况和国民经济发展对水的供需情况作出正确的行政决定、规定、条例等，使水资源的管理更加符合当地具体情况。

长期的水资源管理实践证明，许多水事纠纷只能靠行政方法处理。为使行政机构具有权威性，《中华人民共和国水法》中规定：县级以上人民政府或其授权的主管部门在处理水事纠纷时，有权采取临时处置措施，当事人必须服从。

（2）行政方法与其他管理方法的关系。行政方法虽然在水资源管理中占有重要的地位、但单纯采用这种方法，就可能在管理过程中脱离实际或事倍功半，而要求管理对象无条件服从法律法规、就必须辅以经济管理方法，发挥经济手段在管理中的作用，并加强思想教育，增加人们的水资源意识，使人们能主动配合水资源的管理工作，使管理任务顺利完成。

3. 经济方法

水资源管理的经济方法就是通过建立合理的水资源价格，并制定水资源投资政策，合理开发、利用和保护水资源的经济奖惩原则等，从经济上规范人们的行为，间接地强制人们遵守水资源法规，从而达到水资源管理的目的。

水资源的经济管理方法有很多，有《中华人民共和国水法》中所要求的征收水费和水资源费，还有：如何合理地制定水费、水资源费、排污费等各种水资源价格；制定水资源投资方法和水环境补偿政策；采用必要的经济奖惩制度；建立健全水资源基金积累制度。

长期以来，由于计划经济的框架限制，经济方法在水资源管理方面的应用很不够。水的价格过低，不仅造成水资源的浪费、还使供水工程难以正常运行，供水能力下降。而在把经济手段置于水资源管理之后，水的浪费现象明显减少。实践证明：经济方法是一种行之有效的水资源管理方法。当然，经济方法不能代替一切，应该配合行政和法律方法，才能使管理效果最佳。

4. 技术方法

虽然在水资源管理中，法律、行政和经济方法起到了重要的作用，但现代的科学技术也应贯彻到管理之中。所谓水资源管理的技术方法是指通过现代的科学技术对水资源合理规划、开发、保护、统一调度，计划用水和节约用水，使水资源管理更加科学化，使我国经济不断发展的同时用水量减少，以达到水资源持续使用的目的。

5. 宣传教育方法

加强宣传，鼓励公众广泛参与，是水资源管理制度落实的基础。水资源管理措施的实施，关系到每一个人。重点是提高全民的水资源意识，达到能使公众自觉参与水资源的保护和管理，节约用水的目的。

公众参与，是实施水资源可持续利用战略的重要方面。一方面，公众是水资源管理执行人群中的一个重要部分，尽管每个人的作用没有水资源管理决策者那么大，但是，公众人群的数量很大，其综合作用是水资源管理的主流，只有绝大部分人群理解并参与水资源管理，才能保证水资源管理政策的实施，才能保证水资源可持续利用；另一方面，公众参与能反映不同层次、不同立场、不同性别人群对水资源管理的意见、态度及建议，水资源管理决策者仅反映社会的一个侧面，在做决定时，可能仅考虑某一阶层、某一范围人群的利益。这样往往会给政策执行带来阻力。例如，许多水资源开发项目的论证没有充分考虑到受影响的人群，导致受影响群众的不满情绪，对项目实施带来不利影响。

五、水资源管理的工作流程

水资源管理的工作目标、流程、手段差异较大，受人为作用影响的因素较多，其工作流程与水资源配置类似。一般的工作流程见图 8－1。

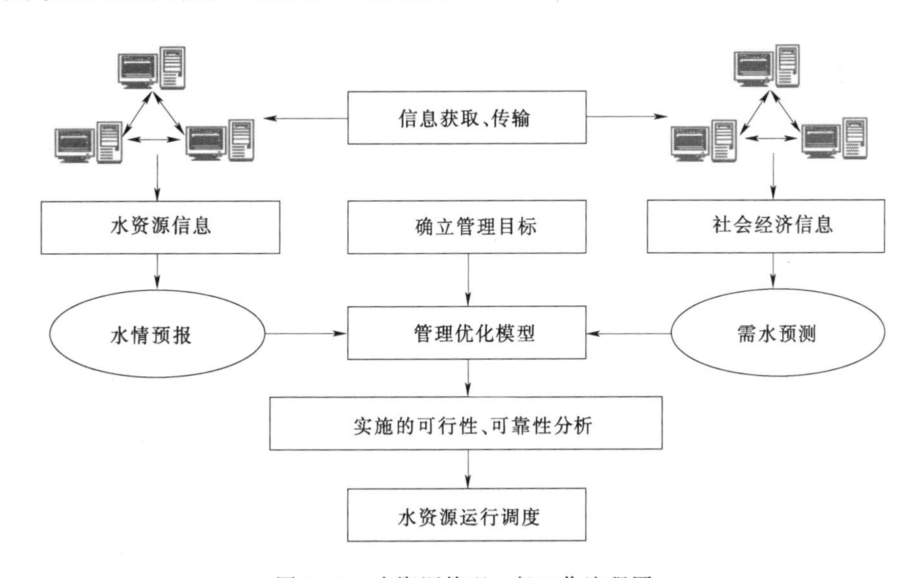

图 8－1 水资源管理一般工作流程图

(1) 确定管理目标。在开展水资源管理工作之前，首先要确立管理的目标和方向，这是管理手段得以实施的依据和保障。

(2) 信息获取与传输。信息的获取与传输是水资源管理工作得以顺利开展的基础条件。通常需要获取的信息有水资源信息、社会经济信息等。同时，需要对信息进行处理，及时将预测结果传输到决策中心。资料的采集可以运用自动测报技术；信息的传输可以通过无线通讯设备或网络系统来实现。

(3) 建立管理优化模型，寻求最优管理方案。根据研究区的经济社会条件、水资源条件、生态系统状况、管理目标，建立该区水资源管理优化模型。通过对该模型的求解，得到最优管理方案。

（4）实施的可行性、可靠性分析。对选择的管理方案实施的可行性、可靠性进行分析。

（5）水资源运行调度。水资源运行调度是对传输的信息，在通过决策方案优选、实施可行性、可靠性分析之后，作出的及时调度决策。

六、水资源管理的保障措施

水资源管理的保障措施包括改善体制、加强公众参与，采用经济运行机制，制定管理方案并进行实时调度等多个方面。

（一）管理体制与公众参与

（1）完善水资源管理体制，对水资源管理起主导作用。纵观国内外水资源管理的经验和优势，可以看出，水资源开发利用和保护必须实行全面规划、统筹兼顾、综合利用、统一管理，充分发挥水资源的多种功能，以求获得较大的综合效益。我国的现状要求必须健全水资源管理体制，对水资源实行流域管理与行政区域管理相结合的管理体制。

（2）加强宣传，鼓励公众广泛参与，是水资源管理制度落实的基础。公众参与，是实施水资源可持续利用战略的重要方面：①公众是水资源管理执行人群中的一个重要部分；②公众参与能反映不同层次、不同立场、不同行业、不同性别人群对水资源管理的意见、态度及建议。

（3）水资源管理法制建设及执法能力建设。水资源管理法制建设及执法能力建设是水资源管理实施的法律基础。加强和完善水资源管理的根本措施之一，就是要运用法律手段，将水资源管理纳入法制轨道，建立水资源管理法制体系，走“依法治水”的道路。

（二）经济运行体制

（1）以水价为经济调控杠杆，促使水资源有效利用。制定水价的目的在于，在合理配置水资源，保障生态系统、景观娱乐等社会效益用水以及可持续发展的基础上，鼓励和引导合理、有效、最大限度地利用可供水资源，充分发挥水资源的间接经济社会效益。在水价的制定过程中，要考虑用水户的承受能力，必须保障起码的生存用水和基本的发展用水；而对不合理用水部分，则通过提升水价，利用水价杠杆，来强迫减小、控制、逐步消除不合理用水，以实现水资源有效利用。

（2）依效益合理配水，分层次动态管理。该措施的基本思路是：首先全面、科学地评价用户的综合用水效益，然后综合分析供需双方的各种因素，从理论上确定一个“合理的”配水量。再认真分析各用户交纳水资源费（税）的承受能力，根据用水的费用—效益差异，计算制订一个水资源费（税）收取标准。比较用户的合理配水量与实际取水量，对其差额部分予以经济奖惩。

（3）明晰水权，确定两套指标，保证配水方案实施。明晰水权是水权管理的第一步，要建立两套指标体系，一套是水资源的宏观控制体系，一套是水资源的微观定额体系。水资源宏观控制体系用来明确各地区、各行业、各部门乃至各企业、各灌区可以使用的水资源量。水资源微观定额体系用来规定社会的每一项产品或工作的具体用水量要求。

（三）水资源方案及实时调度

制定水资源管理方案是水资源管理的中心任务，也是水资源管理日常工作中的重要内容。水资源管理方案的内容主要有以下几个：

（1）制定水资源分配的具体方案。

（2）制定目标明确的国家、地区实施计划和投资方案。

（3）制定水价和水费征收政策。

（4）制定水资源保护与水污染防治政策。

（5）制定突发事件的应急对策。

（6）制定水资源管理方案实施的具体途径，包括宣传教育方式、公众参与途径以及方案实施中出现问题的对策等。

（7）要实时进行水量分配与调度。这是水行政主管部门必须保证完成的一项重要工作。

第二节　最严格水资源管理制度

随着对水资源各方面属性的全面了解和重视，我国对水资源的管理方式已逐渐从工程水利、资源水利、生态水利、民生水利发展到如今的多方面统筹管理。工程水利注重对蓄水、引水、提水、排水、航运等水利工程规划、施工和运营过程的综合管理；资源水利从保护水资源角度出发，侧重于对水的资源属性开发利用的管理；而生态水利则以尊重和维护生态环境为目标，遵循生态经济学原理，其发展模式与途径与传统水利有本质区别；民生水利将以人为本作为根本理念，把人民群众最关心、关系最密切、最现实的水利问题放在首位，努力形成保障民生、服务民生、改善民生的水利发展格局。所以，在水资源管理过程中，要充分发挥工程水利的基础性、资源水利的实效性、生态水利的可持续性和民生水利的公共性，进行统筹管理。

鉴于我国水资源管理现实中存在的问题，国家提出了实施最严格的水资源管理。其基本原则是要把维护人民群众的根本利益作为出发点和落脚点，以实现人与自然和谐作为水资源管理的核心理念，以水资源配置、节约和保护作为水资源管理的工作重心，要把统筹兼顾作为水资源管理的根本方法，把因地制宜、分类指导作为深化水资源管理的重要措施，坚持改革创新作为推进水资源管理的不竭动力。

一、我国水资源管理基本制度

1. 水资源规划制度

开发、利用、节约、保护水资源和防治水害，应当按照流域、区域统一制定规划。规划分为流域规划和区域规划。流域范围内的区域规划应当服从流域规划，专业规划应当服从综合规划。制定规划，必须进行水资源综合科学考察和调查评价。水资源综合科学考察和调查评价，由县级以上人民政府水行政主管部门会同同级有关部门组织进行。国家确定的重要江河、湖泊的流域综合规划，由国务院水行政主管部门会同国务院有关部门和有关省、自治区、直辖市人民政府编制，报国务院批准。跨省、自治区、直辖市的其他江河、湖泊的流域综合规划和区域综合规划，由有关流域管理机构会同江河、湖泊所在地的省、自治区、直辖市人民政府水行政主管部门和有关部门编制，分别经有关省、自治区、直辖市人民政府审查提出意见后，报国务院水行政主管部门审核；国务院水行政主管部门征求国务院有关部门意见后，报国务院或者其授权的部门批准。

2. 总量控制与定额管理制度

根据全国水资源综合规划等成果，明确未来一个时期全国、各流域、各省（自治区、直辖市）、各市县用水总量控制指标，建立流域和区域取水许可总量控制指标，作为需水管理的重要依据，实施流域、区域用水总量控制。各行政区要严格年度计划用水管理，严格取水许可审批和水资源论证，强化取水计量监管，对超过取水总量控制指标的，不再审批新增取水。同时，要积极探索水权流转的实现形式，不断健全水权制度，充分利用市场机制，优化配置水资源。

3. 水资源论证制度

水资源论证是根据国家相关政策、国家以及当地水利水电发展规划、水功能区管理要求，采用水文比拟法对已有的数据进行年径流计算、设计径流月分配等，对建设项目取用水的合理性、可靠性与可行性，取水与退水对周边水资源状况及其他取水户的影响进行分析论证。

4. 取水许可制度

取水许可制度指直接从地下或者江河、湖泊取水的用水单位，必须向审批取水申请的机关提出取水申请，经审查批准，获得取水许可证或者其他形式的批准文件后方可取水的制度。

取水许可制度是我国用水管理的一项基本制度。世界上许多国家都实行用水管理制度，如前苏联、罗马尼亚、匈牙利、保加利亚、德国、英国。根据水法规定，取水许可证的适用范围小，它只限于直接从地下或者江河湖泊取水的用户，而对于使用自来水和水库等供水工程的，在江河、湖泊中行船、养鱼的，为家庭生活、畜禽饮用取水和其他少量取水的，不需要申请取水许可证。对违反取水许可有关规定的，批准取水申请的机关有权撤销其取水权，并收回取水许可证或其他形式的取水批准文件。实行取水许可制度，是国家加强水资源管理的一项重要措施，是协调和平衡水资源供求关系，实现水资源永续利用的可靠保证。

5. 计划用水制度

计划用水制度指用水计划的制订、审批程序和内容的要求，以及计划的执行和监督等方面的法律规定的统称。它要求根据国家或地区的水资源条件和经济社会发展对用水的需求等，科学合理地制定用水计划，并按照用水计划安排使用水资源。实行这项制度，旨在通过科学合理地分配使用水资源，减少用水矛盾，以适应国家和各个地区国民经济发展和人民生活对用水的需要，并促进水资源的良性循环，实现水资源的永续利用。根据我国《水法》规定，实行计划用水制度，必须制定和执行各种水长期供求计划，包括国家和跨省、自治区、直辖市以及省、市、县级的用水计划。

6. 节约用水制度

节约用水制度是关于节约用水管理和措施等方面法律规定的统称。节约用水包括供水环节的节水和用水环节的节水，既要提高水资源的利用效益，又要通过各种有效措施减少

用水。中国从20世纪70年代后期开始把厉行节约用水作为一项基本政策。1980年，国家经委等部门就发出了《关于节约用水的通知》。

7. 有偿使用制度

水资源有偿使用制度是指国家以水资源所有者和管理者的双重身份，为实现所有者权益，保障水资源的可持续利用，向取用水资源的单位和个人收取水资源使用费的制度。我国长期在计划经济体制下，对水资源主要采取行政调配、无偿使用的方式，加上经济技术的原因，用水效率与发达国家差距很大，例如日本的单位GDP用水量相当于我国的1/30，美国为我国的1/20，法国为我国的1/17。我国又是世界上人均水资源短缺的国家之一，进入21世纪，随着人口增长和经济社会发展，水资源短缺形势将更加严重，对我国的可持续发展构成严重的挑战，因此，“喝大锅水”的状况必须停止，必须建立一个适应我国水情和市场经济体制的水资源使用制度。水资源在人们生活和生产过程中，在保障社会经济可持续发展中具有使用价值和不可替代性，同时也具有了价值，因此，国家所有即全民所有的水资源也需要有一定的实现方式，以提高水资源的利用效率，促进水资源的合理开发利用，更好地满足全社会、各方面对水资源日益增长的需求。原水法虽然没有规定对水资源全面实行有偿使用制度，但对特定取水征收水资源费的问题已经作出了规定。原水法第三十四条规定，“对城市中直接从地下取水的单位，征收水资源费；其他直接从地下或者江河、湖泊取水的，可以由省、自治区、直辖市人民政府决定征收水资源费”。目前，全国已有二十多个省、自治区、直辖市颁布了征收水资源费的办法和标准。征收水资源费工作的开展为全面实行水资源有偿使用制度取得实践经验，打下了一些基础。但由于目前水资源费标准普遍偏低，未反映水资源本身的价值和稀缺程度，以及征收范围不全面等，水资源有偿使用制度还远不够健全和完善，还需要依法进一步改进。九届全国人大第四次会议通过批准的《国民经济和社会发展“九五”计划和2010年远景目标纲要》提出：“要依法保护并合理开发土地、水、森林、草原、矿产和海洋资源，完善自然资源有偿使用制度和价格体系，逐步建立资源更新的经济补偿机制。”因此，新《水法》将水资源有偿使用制度作为国家又一项基本的水资源管理制度在总则的本条中作了专门规定。此外，原《水法》对取水许可和收取水资源费两项制度是分别作出规定的，两者之间并没有直接的联系。而这次《水法》修订为了健全完善我国的水资源权属法律制度，建立取水权法律规范，将实施取水许可和收取水资源费两项制度紧密相连，明确规定除家庭生活和零星散养、圈养畜禽饮用等少量取水的以外，直接从江河、湖泊或者地下取用水资源的单位和个人，应当按照国家取水许可制度和水资源有偿使用制度的规定，向水行政主管部门或者流域管理机构申请领取取水许可证，并缴纳水资源费，取得取水权。就是将取得取水许可证和缴纳水资源费作为取得取水权的前提条件。这就为进一步健全完善我国的水资源权属法律制度和取水许可、水资源有偿使用制度提供了法律依据，为在国家宏观调控下进一步运用市场机制配置水资源创立了法制基础。

8. 计量收费和超定额累进加价制度

《中华人民共和国水法》第四十九条：“用水应当计量，并按照批准的用水计划用水。用水实行计量收费和超定额累进加价制度。”《取水许可和水资源费征收管理条例》第二十八条：“取水单位或者个人应当缴纳水资源费。取水单位或者个人应当按照经批准的年度取水计划取水。超计划或者超定额取水的，对超计划或者超定额部分累进收取水资源费。水资源费征收标准由省、自治区、直辖市人民政府价格主管部门会同同级财政部门、水行政主管部门制定，报本级人民政府批准，并报国务院价格主管部门、财政部门和水行政主管部门备案。其中，由流域管理机构审批取水的中央直属和跨省、自治区、直辖市水利工程的水资源费征收标准，由国务院价格主管部门会同国务院财政部门、水行政主管部门制定。”

9. 水功能区划制度

水功能区，是指为满足水资源合理开发和有效保护的需求，根据水资源的自然条件、功能要求、开发利用现状，按照流域综合规划、水资源保护规划和经济社会发展要求，在相应水域按其主导功能划定并执行相应质量标准的特定区域。水功能区划，是指水功能区划分工作的成果，其内容应包括水功能区名称、范围、现状水质、功能及保护目标等。水功能区分为水功能一级区和水功能二级区。水功能一级区分为保护区、缓冲区、开发利用区和保留区四类。水功能二级区在水功能一级区划定的开发利用区中划分，分为饮用水源区、工业用水区、农业用水区、渔业用水区、景观娱乐用水区、过渡区和排污控制区七类。《水功能区管理办法》规定：国务院水行政主管部门负责组织全国水功能区的划分，并制订《水功能区划分技术导则》；长江、黄河、淮河、海河、珠江、松辽、太湖七大流域以及跨省、自治区、直辖市的其他江河、湖泊的水功能区划，由国务院水行政主管部门审核后，编制形成全国水功能区划，经征求国务院有关部门和有关省、自治区、直辖市人民政府意见后报国务院批准；经批准的水功能区划是水资源开发、利用和保护的依据；国务院水行政主管部门对全国水功能区实施统一监督管理。

10. 排污总量控制制度

水污染物排放总量控制制度，是指在特定的时期内，综合经济、技术、社会等条件，采取通过向排污源分配水污染物排放量的形式，将一定空间范围内排污源产生的水污染物的数量控制在水环境容许限度内而实行的污染控制方式及其管理规范的总称。这种控制方法是针对水污染物浓度控制存在的缺陷（没有将污染源的控制和削减与当地的水环境目标相联系，区域内各排放单位排放的污水只要达到国家或地方规定的排放标准，就可以合法排放了），在污染源密集情况下无法保证水环境质量的控制和改善提出来的，它比浓度控制方法更能满足环境质量的要求，对水污染的综合防治、协调经济与环境的持续发展具有积极、有效的作用。

根据水污染防治法规定，重点污染物排放总量控制制度包括以下四方面内容：

（1）适用的范围是实现水污染物达标排放后仍不能达到国家规定的水环境质量标准的水体。如果尚未实现达标排放或者实现达标排放后能够达到水环境质量标准，就不需要实施重点污染物排放总量控制制度。同时，这种控制方法是针对某一水体实施，而不是在某一地区普遍实施。

（2）总量控制的对象是“重点污染物”的排放。这里讲的“重点污染物”是指造成某一水体污染的主要污染物。因各地的排污情况不同，重点污染物的控制也有所不同。

（3）有权实施重点污染物排放总量控制制度的机关是省级以上人民政府。总量控制制度是一项重大措施，涉及的问题也比较复杂，法律规定只有国务院和省、自治区、直辖市

人民政府才有权实施总量控制制度，具体办法由国务院规定。

（4）实施总量控制的途径是对有排污量削减任务的企业实行重点污染物排放量的核定制度。也就是说，对这些企业要按照总量控制的要求分配排污量，超过所分配的排污量的，要限期削减，其排污量的多少，要依照国务院的规定进行核定。这里讲的“核定”就是为实现区域总量控制目标，将总量落实到工业污染源的一项管理制度。

11. 饮用水水源保护区制度

饮用水水源保护区是指为保护生活饮用水而依法划定的特殊保护区域。水法规定，国家建立饮用水水源保护区制度，省、自治区、直辖市人民政府应当划定饮用水水源保护区，采取措施防止水源枯竭和水体污染，保证城乡居民饮用水安全。禁止在饮用水水源保护区内设置排污口。此外，根据水污染防治法和1989年国家环保局、卫生部、建设部、水利部、地矿部联合发布的《饮用水水源保护区污染防治管理规定》的规定，饮用水水源保护区可以分为饮用水地表水源保护区和饮用水地下水源保护区，按照不同的水质要求和防护要求均可以划分为一级保护区和其他等级保护区。饮用水水源保护区的具体范围按照不同水域特点进行水质定量预测并考虑当地具体条件加以确定，以保证在规划设计的水文条件和污染负荷下，供应规划水量时，保护区的水质能满足相应的标准。

12. 入河排污口管理制度

《入河排污口监督管理办法》(《办法》)规定了入河排污口管理的主要制度和措施如下：

（1）排污口设置审批制度。按照公开、公正、高效和便民的原则，《办法》对入河排污口设置的审批分别从申请、审查到决定等各个环节做出了规定，包括排污口设置的审批部门、提出申请的阶段、对申请文件的要求、论证报告的内容、论证单位资质要求、受理程序、审查程序、审查重点、审查决定内容和特殊情况下排污量的调整等。

（2）已设排污口登记制度。《办法》规定，水法施行前已经设置入河排污口的单位，应当在本办法施行后到入河排污口所在地县级人民政府水行政主管部门或者流域管理机构进行入河排污口登记，由其逐级报送有管辖权的水行政主管部门或者流域管理机构。

（3）饮用水水源保护区内已设排污口的管理制度。《办法》规定，县级以上地方人民政府水行政主管部门应当对饮用水水源保护区内的排污口现状情况进行调查，并提出整治方案报同级人民政府批准后实施。

（4）入河排污口档案和统计制度。《办法》规定，县级以上地方人民政府水行政主管部门和流域管理机构应当对管辖范围内的入河排污口设置建立档案制度和统计制度。

（5）监督检查制度。《办法》规定，县级以上地方人民政府水行政主管部门和流域管理机构应当对入河排污口设置情况进行监督检查。被检查单位应当如实提供有关文件、证照和资料。监督检查机关有为被检查单位保守技术和商业秘密的义务。

13. 地下水超采区管理制度

目前，全国地下水超采区总面积19万km^2，超采区400余个，约占全国平原区面积的11%。地下水超采区主要分布在北方地区，海河平原地区地下水超采面积占平原面积的91%，严重超采区面积约为7.2万km^2。全国地下水不合理开采量为215亿m^3。近年来，国家和地方对地下水保护高度重视，采取有效措施加快地下水超采治理。

（1）组织划定地下水超采区，明确地下水超采范围，自20世纪90年代后期开始至今，在全国24个存在地下水超采问题的省（直辖市、自治区）中，已陆续独立划定超采区的有19个省份，北方大部分省份均划定了地下水超采区。

（2）实行严格的地下水限制开发政策。北方地区电力煤化工等高耗水产业都实行了禁止开发利用地下水的政策，部分地区实行地下水开发利用总量控制，严格地下水禁采和限采管理。全国已划定超采区的19个省份中，有13个省批准划定了地下水禁采区和限采区。

（3）加快推进地下水超采治理。全国许多地区结合水资源配置工程建设，加快推进地下水超采治理，如上海实行了地下水禁采限采和采补平衡管理政策；江苏省苏锡常地区全面实行了地下水禁采措施，地下水位止降回升，地面沉降有所缓解。

但是，由于我国许多地区水资源条件有限，加之地表水匮乏，地下水开发布局的调整缺乏足够的水源替代条件，地下水超采治理难度较大，真正解决这些问题需要付出长期艰苦的努力。

二、水资源管理体制现状及改革

水资源管理体制分为集中管理和分散管理两大类型。集中型是由国家设立专门机构对水资源实行统一管理，或者由国家指定某一机构对水资源进行归口管理，协调各部门的水资源开发利用。分散型是由国家有关各部门按分工职责对水资源进行分别管理，或者将水资源管理权交给地方政府，国家只制定法令和政策。美国从1930年开始强调水资源工程的多目标开发和统一管理，并在1933年成立了全流域统一开发管理的典型田纳西河流域管理局，1965年成立了直属总统领导、内政部长为首的水利资源委员会，向全国统一管理的方向发展；20世纪80年代初又开始加强各州政府对水资源的管理权，撤销了水利资源委员会而代之以国家水政策局，趋向于分散型管理体制。英国从20世纪60年代开始改革水资源管理体制，设立水资源局，70年代进一步实行集中管理，把英格兰和威尔士的29个河流水务局合并为10个，并设立了国家水理事会，在各河流水务局管辖范围内实行对地表水和地下水、供水和排水、水质和水量的统一管理；1982年撤销了国家水理事会，加强各河流水务局的独立工作权限，但水务局均由政府环境部直接领导，仍属集中型管理体制。

我国水资源管理的体制经历了由分散管理模式向集中管理模式的转变，现行的水资源管理体制是流域管理与行政区域管理相结合，中央统一管理和地方分级管理、部门分工管理相结合的模式。

（1）管理体系。我国现行的水资源管理体系是统一管理与分级、分部门管理相结合，逐步建立了五级（即中央—流域—省级—地市级—县级）水资源管理体制，但横向矛盾仍然存在，协调机制有待于加强。

（2）政策法规。国家和各省（自治区、直辖市）制定和出台的法规、规章和规范性文件达700余件，但部分政策法规未能充分考虑流域整体特征，在关注水量水质的基础上需进一步考虑水安全标准。

（3）规划与计划。尽管针对不同流域特征，各项流域规划均强调统一管理，但是缺乏

强制性和具有法律地位的综合规划，而现行的部分水资源规划导致资源浪费，缺乏可持续性。

（4）管理制度。逐步建立和完善取水许可与水资源有偿使用制度、水资源论证制度、水资源总量控制制度和水功能区管理制度等。

强化水资源的统一管理，实现水资源的优化配置和可持续利用，是当今世界发达国家水资源管理共同趋势，也是解决我国水危机的一项根本举措。为了消除水资源管理体制上的障碍，理顺水资源管理体制，应该加快水资源管理体制创新的步伐，建立从中央到地方、从流域到区域、自上而下、权威高效、运转协调的水资源统一管理机构，全面实现对水资源的统一规划，统一配置，统一调度，统一管理，有效应对水危机的挑战，确保经济社会快速发展。

（1）加强水行政主管部门的权威、职能。依据《中华人民共和国水法》和《水利部职能配置、内设机构和人员编制方案》（简称“三定”方案），水利部作为国务院水行政主管部门，系国家一级水资源统一管理机构。国务院按照精简、统一、效能的原则再次实施改革，将有关涉水事务相同、相近、关系密切的国家有关职能部门的涉水管理工作归并到水利部门，此举将进一步减少各级政府体制性障碍的阻力，有助于推进水资源统一管理整体目标的实现，有助于各地“水多、水少、水脏”等问题的解决。

（2）强化水资源流域管理。从水资源流动的自然规律看，从水资源配置、水污染防治的综合性、复杂性以及与社会、人口的相关性看，建立流域范围内的综合管理机构是水自然属性的要求，也是加强水管理一个十分重要的环节，可以使流域机构在水量统一调度分配和水质污染防治上拥有明确的管理职能和更大的管理权限。

（3）实行区域的城乡水务一体化管理。所谓水资源管理一体化，是将水资源放在社会、经济、环境所组成的复合系统中，用系统的方法对水资源进行高效的管理。改革行政区域内水资源城乡分割、部门分割的管理体制，在省级政府机构和城市中建立水务局，尽快形成与流域相结合的、城乡一体化的管理体制是十分必要的。

三、最严格水资源管理制度实施的背景

中国人多水少、水资源时空分布不均，水资源短缺、粗放利用、水污染严重、水生态恶化等问题十分突出，已成为制约经济社会可持续发展的主要瓶颈。人均水资源量只有2100m^3，仅为世界人均水平的28%。水资源供需矛盾突出，全国年平均缺水量500多亿m^3。与此同时，水资源过度开发问题突出，不少地方水资源开发已经远远超出水资源承载能力，引发了一系列生态与环境问题。水资源利用方式比较粗放，用水浪费严重，现状单方水GDP产出仅为世界平均水平的1/3；万元工业增加值用水量高达120m^3（以2000年不变价计，下同），是发达国家的3～4倍；农田灌溉水有效利用系数仅为0.50，与世界先进水平0.7～0.8有较大差距。水体污染严重，水功能区水质达标率仅为46%。随着工业化、城镇化深入发展，水资源需求将在较长一段时期内持续增长，水资源供需矛盾将更加尖锐，我国水资源面临的形势将更为严峻。

解决日益复杂的水资源问题，实现水资源高效利用和有效保护，根本上要靠制度、靠政策、靠改革。根据水利改革发展的新形势新要求，在系统总结中国水资源管理实践经验

的基础上，2011 年中央一号文件和中央水利工作会议明确要求实行最严格水资源管理制度，确立水资源开发利用控制、用水效率控制和水功能区限制纳污“三条红线”，从制度上推动经济社会发展与水资源水环境承载能力相适应。针对中央关于水资源管理的战略决策，2012 年 1 月国务院发布《关于实行最严格水资源管理制度的意见》（国发〔2012〕3 号），对实行最严格水资源管理制度工作进行全面部署和具体安排，进一步明确水资源管理“三条红线”的主要目标，提出具体管理措施，全面部署工作任务，落实有关责任，全面推动最严格水资源管理制度贯彻落实，促进水资源合理开发利用和节约保护，保障经济社会可持续发展。

《中共中央关于制定国民经济和社会发展第十三个五年规划的建议》明确提出，“实行最严格的水资源管理制度，以水定产、以水定城，建设节水型社会”。这是党中央在深刻把握我国基本国情水情和经济发展新常态，准确判断“十三五”时期水资源严峻形势的基础上，按照创新、协调、绿色、开放、共享的发展理念，针对水资源管理工作提出的指导方针和总体要求。

四、最严格水资源管理制度的主要内容

最严格水资源管理制度的主要内容包括“三条红线”和“四项制度”。

1. 三条红线

最严格水资源管理制度的核心是确立“三条红线”，具体是：水资源开发利用控制红线，严格控制取水用水总量；用水效率控制红线，坚决遏制用水浪费；水功能区限制纳污红线，严格控制入河湖排污总量。实际上是在客观分析和综合考虑我国水资源禀赋情况、开发利用状况、经济社会发展对水资源需求等方面的基础上，提出今后一段时期我国在水资源开发利用和节约保护方面的管理目标，实现水资源的有序、高效和清洁利用。

“三条红线”的目标要求，是国家为保障水资源可持续利用，在水资源的开发、利用、节约、保护各个环节划定的管理控制红线。为实现“三条红线”的目标，在国发〔2012〕3 号文件中提出了 2015 年和 2020 年在用水总量、用水效率和水功能区限制纳污方面的目标指标。这些目标指标与流域及区域的水资源承载能力相适应，是一定时期、一定区域生产力发展水平、经济发展结构、社会管理水平和水资源管理的综合反映。

2. 四项制度

最严格水资源管理的“四项制度”是指：用水总量控制制度、用水效率控制制度、水功能区限制纳污制度、水资源管理责任和考核制度。这“四项制度”是一个整体，其中用水总量控制制度、用水效率控制制度、水功能区限制纳污制度是实行最严格水资源管理“三条红线”的具体内容，水资源管理责任和考核制度是落实前三项制度的基础保障。只有在明晰责任、严格考核的基础上，才能有效发挥“三条红线”的约束力，实现最严格水资源管理制度的目标。

用水总量控制制度、用水效率控制制度、水功能区限制纳污制度三者相互联系，相互影响，具有联动效应。严格执行用水总量控制制度，有利于促进用水户改进生产方式，提高用水效率；严格执行用水效率控制制度，在生产相同产品的条件下会减少区用水量；严格用水总量和用水效率管理，有利于促进企业改善生产工艺和推广节水器具，调高水资源

循环利用水平，有效减少废污水排放进入河湖水域，保护和改善水体功能。通过“总量”、“效率”和“纳污”三条红线，对水资源开发利用进行全过程管理，对水资源的“量”“质”统一管理，才能全面发挥水体的支持功能、供给功能、调节功能和文化功能，任何一项制度缺失，都难以有效应对和解决我国目前面临的复杂水问题，难以实现水资源有效管理和可持续利用。

五、最严格水资源管理制度的内涵

最严格水资源管理制度以科学发展为指导，以维护人民群众的根本利益为出发点和落脚点，以实现人水和谐为核心理念，以水资源配置、节约和保护为工作重点，以统筹兼顾为根本方法，以坚持改革创新为推进管理的不竭动力，统筹协调水资源承载能力、经济社会发展用水安全和水生态与环境安全，着力推进从供水管理向需水管理转变，从水资源开发利用优先向节约保护优先转变，从事后治理向事前预防转变，从过度开发、无序开发向合理开发、有序开发转变，从水资源粗放利用向高效利用转变，从注重行政管理向综合管理转变。可以如下理解最严格水资源管理制度。

（1）最严格水资源管理制度是以水循环规律为基础的科学管理制度。最严格水资源管理制度是在遵守水循环规律的基础上面向水循环全过程、全要素的管理制度。它依据全国水资源综合规划和中国水资源公报，以流域水资源可利用量为上限，综合考虑流域、区域水资源开发利用及保护现状、用水效率、产业结构布局和未来发展需求，分解确定到2015年各水资源一级区和各省（自治区、直辖市）的用水总量控制指标。

（2）最严格水资源管理制度是对水资源的依法管理制度。最严格水资源管理制度是对水资源依法管理的一种制度。最严格水资源管理制度是对水资源的依法管理，这主要体现在它进一步完善了我国的水法规体系；丰富、细化了我国的水资源管理制度；建立了水资源管理的指标体系。

（3）最严格水资源管理制度是对水资源的可持续发展管理。最严格的水资源管理制度为解决中国日益复杂的水资源问题提供了思路。最严格水资源管理制度围绕促进水资源的优化配置、高效利用和有效保护，明确建立“三条红线”，提出了近期全国用水总量、用水效率和水功能区达标的约束性指标。

（4）最严格水资源管理制度旨在提高水资源配置效率的管理。最严格的水资源管理制度同时强调政府的宏观调控和水市场调节机制，在最严格水资源管理制度实施过程中，要认识到水功能区达标率的提高是水资源优化配置的必要条件，同时，用水效率的提高是水资源配置效率提高的外在体现。

第三节 水资源规划

一、水资源规划的涵义

水资源规划是根据国民经济和社会发展规划以及规划范围内社会经济状况、自然环境、资源条件、历史情况、现状特点、结合有关地区和行业的要求，提出一定时期内开发、利用、节约、保护水资源和防治水害的方针、任务、对策、实施步骤和管理措施。它是以水资源利用、调配为对象，在一定区域内为开发水资源、防治水患、保护生态环境、提高水资源综合利用效益而制定的总体措施计划与安排。

水资源规划为将来的水资源开发利用提供指导性建议，其基本任务是：评价区域内水资源开发利用的现状，分析区域条件和特点，探索水资源开发利用与宏观经济活动间的相互关系，并根据国家建设的方针政策和规定的规划目标，拟定区域在一定时期内开发利用和保护水资源的方针、任务、对策、措施，并提出主要工程布局、实施步骤和对区域水资源的管理意见等。

二、水资源规划的类型

根据《水法》第十四条的规定，水资源规划体系由三类规划组成：一是全国水资源战略规划；二是流域规划，包括流域综合规划和流域专业规划；三是区域规划，包括区域综合规划和区域专业规划。

全国水资源战略规划是统筹研究全国范围内开发、利用、节约、保护水资源和防治水害的总体安排而进行的全面规划。

流域综合规划是统筹研究某一流域范围内开发、利用、节约、保护水资源和防治水害的总体安排而进行的全面规划。区域综合规划是根据流域综合规划的总体安排，就某一区域开发、利用、节约、保护水资源和防治水害而进行的详细规划。

专业规划是在一定的流域或区域内，就某一方面任务而进行的单项规划，包括防洪、治涝、灌溉、航运、供水、水力发电、竹木流放、渔业水资源保护、水土保持、防沙治沙、节约用水等规划。

这些规划体系之间不是相互独立或分立的，而是具有一定的关系：三类规划的划分是根据规划范围的不同而划分的，从全国到流域到特定区域，全国水资源战略规划对流域和区域规划起指导和总领作用，流域规划和区域规划应服从全国水资源战略规划，不能和全国水资源规划相悖。

《中华人民共和国水法》第十五条明确规定“流域范围内的区域规划应当服从流域规划，专业规划应当服从综合规划。”这说明流域规划相对于区域规划而言占主导地位。我国现行的水资源开发利用和管理是以流域为主要管理机构，而水具有以流域为单元的整体特性。开发、利用、节约、保护水资源和防治水害的活动必须以流域为单元进行总体安排和部署，则区域规划应当服从流域规划。

综合规划是根据经济社会可持续发展的需要和水资源开发利用现状，按照统筹兼顾、标本兼治、综合利用、讲究效益、兴利除害相结合的原则，协调生活、生产、生态用水，发挥水资源的多种功能，综合考虑社会、经济、环境等多方面的要求，从全局、整体、方方面面的角度提出本流域或区域开发、利用、节约、保护水资源和防治水害的方针、目标和任务，选定开发、利用、节约、保护水资源和防治水害的总体方案及主要工程布局与实施步骤。

综合规划的编制，是在综合考虑并正确处理和协调好水利建设与国土整治的关系，整体利益与局部利益的关系，上下游、左右岸、城市与农村、各地区、各部门之间的关系，

各行业用水的关系，需要与可能，近期与远景的关系等，制定出的开发、利用、节约、保护水资源和防治水害的总体方案及主要工程布局与实施步骤。专业规划应当在流域或区域的综合规划指导下编制，并且服从流域或区域的综合规划。

三、水资源规划的目标与内容

水资源是社会经济发展的主要资源之一。当前水资源的供给与社会经济发展之间、各用水部门之间关于水资源的分配量有很大的矛盾，已经成为越来越多的流域、区域所面临的主要问题。为了缓解和减少矛盾，实现人与环境、环境与社会经济的和谐发展，要求对水资源的现状进行合理正确的评价，对于未来可能的水资源量供给进行合理的分配和调度，既能支持社会经济发展，又能改善自然生态环境。通过水资源利用规划，做到有计划地合理开发利用和保护水资源，优化水资源配置，在寻求水资源利用最大化的条件下，促进区域健康持续发展，达到水资源开发、社会经济发展及自然生态环境保护相互协调，社会经济发展与生态环境和谐发展是水资源规划的主要目标。

水资源规划的主要内容是根据国家或地区的经济发展计划、保护生态系统要求以及各行各业对水资源的需求，结合区域内或区域间水资源条件和特点，选定规划目标，拟定开发治理方案，提出工程规模和开发次序方案，并对生态系统保护、社会发展规模、经济发展速度与经济结构调整提出建议。水资源规划主要包括水资源量与质的计算与评估、水资源功能的划分与协调、水资源的供需平衡分析与水量科学分配、水资源保护与灾害防治规划以及相应的水利工程规划方案设计及论证等。

四、水资源规划的指导思想和原则

（一）指导思想

水资源规划是为适应社会和经济发展的需要而制定的对水资源的开发利用和保护工作进行全面安排的文件，其作用是为了协调好各用水部门、各地区间的用水要求，使有限的可用水资源能在不同用户和地区间合理分配，以达到社会、经济和环境效益的优化组合，并充分估计规划中拟订的水资源开发利用活动可能引发的环境和生态方面的不利影响，并提出对策，以达到可持续开发利用水资源的目的。

在制定水资源规划工作中，应当坚持按自然规律办事，处理好人与自然、人与水、水与环境和生态、水与社会发展的关系。在水资源规划中要处理好以下六个平衡关系：

（1）水量平衡：供需水量平衡、社会经济发展用水与环境和生态用水的平衡、行业间用水水量平衡。

（2）水沙平衡：在多沙河流上要注意河道外饮用水和河道冲沙用水的关系，保持河道的水沙平衡。

（3）水土平衡：水资源规划与水土资源匹配的水土平衡。

（4）水盐平衡：坚持地表水地下水联合运用，加强水盐联调，合理灌排，防止盐分在流域中不断积累，达到水盐平衡。

（5）水污染与治理相平衡：废污水排放量随着水资源的开发利用随着供水能力增加而增加，水资源规划中应考虑水污染的治理并和供水工程同步实施，增强对污水的处理能力，使水污染与治理相平衡。

(6) 水投资来源与分配的平衡：水投资在水资源的开发、利用、治理、保护、节水等各方面的建设投资和运行管理费用间的分配与总投资间的平衡关系。使水资源规划实施后供水量的人均用水、单位耕地面积用水量、单位国内生产总值用水量能达到较先进的水平。

水资源规划涉及到社会经济、资源环境等各个方面，关系到国计民生、社会安定团结、社会经济的发展、资源的高效利用、环境改善和保护，它是一项战略性任务，在制定水资源规划时，应尽可能满足各方面的需水，尽可能充分考虑社会经济发展、水资源有效利用与生态环境保护的协调，获取最满意的社会、经济和环境边际效益。

(二) 水资源规划时应遵循的原则

1. 遵循社会主义市场经济规律，依法科学治水原则

水资源规划是对未来水利开发利用的一个指导性文件，应该贯彻执行如我国《中华人民共和国水法》《中华人民共和国水土保持法》《中华人民共和国水污染防治法》《中华人民共和国环境保护法》以及 SL 201—2015《江河流域规划编制规范》等有关法律、规范。

规划要适应社会主义市场经济的要求，发挥政府宏观调控和市场机制的作用，认真研究水资源管理的体制、机制、法制，水权、水价、水市场问题。应用先进的科学技术、信息技术和手段，现代化的技术手段、技术方法和规划思想、科学制定有关水资源开发、利用、配置、节约、保护、治理的经济政策、法规与制度，制订出具有高科技水平的水资源综合规划。

2. 全面规划和统筹兼顾的原则

由于水资源涉及生活、生产经营、生态等各个方面，而水资源规划是天然资源在各行业、领域内的人为分配，规划时应统筹兼顾、全面规划。从整体的高度、全局的观点，根据经济社会发展需要和水资源开发利用现状，坚持开源节流治污并重，除害兴利结合，妥善处理上下游、左右岸、干支流、城市与农村、流域与区域、开发与保护、建设与管理、近期与远期等关系，统筹兼顾某些局部要求，对水资源的开发、利用、治理、配置、节约、保护、管理等做出总体安排。

3. 协调发展的原则

为保障水资源的长久使用，水资源开发利用要与经济社会发展的目标、规模、水平和速度相适应。经济社会发展、生态环境保护目标要与水资源承载能力相适应，城市发展、生产力布局、产业结构调整以及生态环境建设要充分考虑水资源条件。规划时应协调好人与自然、环境和生态、人与水、水与社会发展、当代人与后代人的关系，使经济发展需要和资源供给能力之间应该相互协调，形成一个资源和经济发展和谐共进的局面。

4. 可持续利用原则

水资源的可持续利用是经济社会长久发展的保障，是维护子孙后代用水权利的体现，在水资源规划时应统筹协调生活、生产和生态环境用水，合理配置地表水与地下水、当地水与外流域调水、多种水源供水。在重视水资源开发利用的同时强化水资源的节约与保护，在保护中开发，在开发中保护。以提高用水效率为核心，把节约用水放在首位，积极防治水污染，实现水资源的可持续利用。

5. 因时地制宜与突出重点相结合原则

因社会、经济和科学技术不断向前发展进步，而水资源受人类活动的影响，供给量是一个动态的资源。水资源规划时，根据各地水源状况和社会经济条件，充分考虑需水的增长及国家和地方财力状况，尽可能照顾出现的各种新情况，因时因地选择合理可行的开发方案，确定适合本地实际的满足不同时间、不同地点对水资源规划的需要的水资源开发利用与保护模式及对策，同时又要突出重点，界定各类用水的优先次序，明确水资源开发、利用、治理、配置、节约、保护的重点。

五、水资源规划的流程

（一）确定规划目标

确立规划的目标和方向，这是后面制定具体方案或措施的依据。规划目标往往要根据规划区域的具体情况和发展需要来制定。

（二）资料的收集、整理和分析

水资源规划需要收集的基础资料，包括有关的经济社会发展资料、水文气象资料、地质资料、水资源开发利用资料以及地形地貌资料等。资料的精度和详细程度要根据规划工作所采用的方法和规划目标要求而定。在收集资料的过程中，还要及时对资料进行整理，包括资料的归并、分类、可靠性检验以及资料的合理插补等。另外，在资料整理后，还要进行资料分析，这便于查明规划区域内所存在的问题，并与水资源规划目标进行相互比较和对照。

（三）区划工作

区域划分，又称“区划工作”，是将繁杂的规划问题化整为零，分步研究，避免由于规划区域过大而掩盖水资源分布不均、利用程度差异的矛盾，影响规划效果。在区划过程中，要考虑地形地貌因素，应尽量与行政分区保持一致。如果按照水系进行分区，应考虑区域内供水系统的完整性。总体来看，区划应以流域、水系为主，同时兼顾供需水系统与行政区划。对水资源贫乏、需水量大、供需矛盾突出的区域，分区宜细些。

（四）水资源评价

水资源评价的内容主要为水资源数量评价和质量评价。合理的水资源评价，对正确了解规划区水资源系统状况、科学制定规划方案有十分重要的作用。水资源数量评价包括研究区内水文要素的规律研究，降水量、地表水资源量、地下水资源量以及水资源总量计算等内容。水资源质量的评价包括泥沙分析、天然水化学特征分析、水资源污染状况评价等内容。

（五）水资源供需分析

水资源供需分析就是在分析流域水资源特性及开发利用现状的基础上，结合流域经济社会发展计划，预测不同水平年流域供水量、需水量，并进行供需平衡分析，提出缓解主要缺水地区和城市水资源供需矛盾的途径。

（六）拟定和制定规划方案

根据规划目标、要求和资料的收集情况，拟定规划方案。拟定的方案应尽可能反映各方面的意见和需求。通过建立数学模型，采用计算机模拟技术，对拟选方案进行检验评价，并进一步改善可选方案的结构、功能、状态、效益，直至得到能满足一切约束条件并使目标函数达到极值的优化方案。

（七）实施的具体措施及综合评价

根据选定的规划方案，制定相应的具体措施，并进行社会、经济和环境等多准则综合评价，最终确定水资源规划方案。对选择的规划方案进行综合评价，实际上是把它实施后与实施前进行比较，来确定可能产生哪些有利的和不利的影响。

（八）成果审查与实施

依据前面所提出的推荐方案，统筹考虑水资源的开发、利用、治理、配置、节约和保护，研究并提出水资源开发利用总体布局、实施方案与管理模式。另外，随着外部条件的变化以及人们对水资源系统本身认识的深入，还要经常对规划方案进行适当的修改、补充和完善。

总之，水资源规划的各个环节及各部分工作是一个有机组合整体，相互之间动态反馈，需综合协调、统筹兼顾。水资源综合规划技术路线见图 8－2。

六、水资源规划方案的比选与制定

（一）规划方案的比选

在规划方案比选的过程中，需要考虑以下几点因素：

（1）要能够满足不同发展阶段经济发展的需要。

（2）要协调好水资源分布与水资源配置空间不协调之间的矛盾。

（3）要满足技术可行的要求。

（4）要满足经济可行的要求，使工程投资在社会可承受能力范围内。

选取优化方案的方法可以依据水资源优化配置模型，求解或多方案比较得到满足优化配置模型所有约束条件且综合效益最大的方案，也可以通过方案综合评价得到较优方案。对选取的推荐方案再进行必要的修改完善和详细模拟，按合理配置评价指标进行计算和分析，确定多种水源在区域间和用水部门之间的调配方式，提出分区的水资源开发、利用、治理、节约和保护的重点、方向及其联合运行方式等。

（二）水资源规划报告书编写的基本要求

水资源规划编制应根据国民经济和社会发展总体部署，遵循自然和经济发展规律，确定水资源可持续利用的目标、方向、任务、重点、步骤、对策和措施，统筹水资源的开发、利用、治理、配置，规范水事行为，促进水资源可持续利用和保护。规划的主要内容包括：水资源调查评价、水资源开发利用情况调查评价、需水预测、供水预测、水资源配置、总体布局与实施方案、规划实施效果评价等。对水资源规划报告书的编写有以下基本要求：

（1）规划编制要从实际出发，按照科学和求实精神编制规划，采用现代的新思想、新方法、新技术，坚持理论与实践相结合的工作方法，求实创新地编制规划。

（2）为保障规划工作的有序进行，协调各类水资源规划间的关系。

（3）制定规划要与国民经济和社会发展总体部署、生产力布局以及国土整治、生态建设、环境保护、防洪减灾、城市总体规划等相关规划有机衔接。

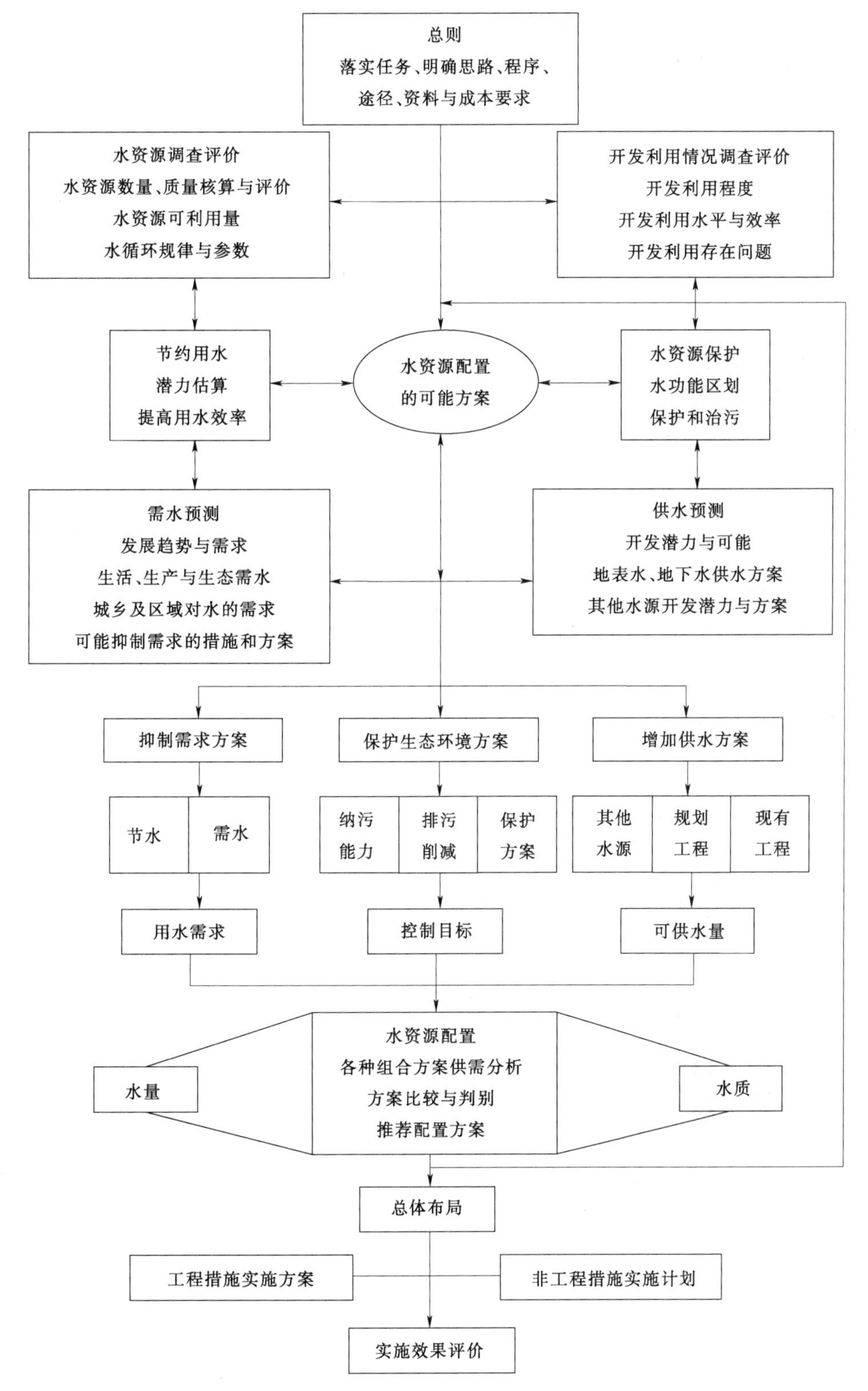

图 8-2　水资源综合规划技术路线图

(4) 确保规划计算正确、结果可靠。

(5) 要求报告思路清晰、层次分明、语句通顺，杜绝错别字。

(三) 水资源规划报告书的内容目录

根据一般流域或区域水资源规划的撰写步骤，并参考《全国水资源综合规划技术细则》，列出水资源规划报告书编写的一般内容如下：

1 概述

1.1 规划范围及规划水平年

1.2 区域概况

1.3 规划的总体目标、指导思想及基本原则

1.4 规划编制的依据及基本任务

1.5 规划的技术路线

1.6 规划主要成果介绍

2 水资源调查评价

2.1 降水

2.2 蒸发能力及干旱指数

2.3 河流泥沙

2.4 地表水资源量

2.5 地下水资源量

2.6 地表水水质

2.7 地下水水质

2.8 水资源总量

2.9 水资源可利用量

2.10 水资源演变情势分析

3 水资源开发利用情况调查评价

3.1 经济社会资料分析整理

3.2 供水基础设施调查统计

3.3 供水量调查统计

3.4 供水水质调查分析

3.5 用水量调查统计

3.6 用水消耗量分析估算

3.7 废污水排放量调查分析

3.8 供、用、耗、排水成果合理性检查

3.9 用水水平及效率分析

3.10 水资源开发利用程度分析

3.11 河道内用水调查分析

3.12 与水相关的生态与环境问题调查评价

3.13 现状水资源供需分析

4 需水预测

4.1 经济社会发展指标分析
4.2 经济社会需水预测
4.3 生态需水预测与水资源保护
4.4 河道内其他需水预测
4.5 需水预测汇总
4.6 成果合理性分析
5 供水预测
5.1 地表水供水
5.2 地下水供水
5.3 其他水源开发利用
5.4 供水预测与供水方案
6 水资源配置
6.1 基准年供需分析
6.2 方案生成
6.3 规划水平年供需分析
6.4 方案比选与推荐方案评价
7 总体布局与实施方案
7.1 总体布局
7.2 工程实施方案
7.3 非工程措施

第四节 水资源保护

水资源保护是指为防止因水资源不恰当利用造成的水源污染和破坏，而采取的法律、行政、经济、技术、教育等措施的总和。水资源保护的核心是根据水资源时空分布、演化规律，调整和控制人类的各种取用水行为，使水资源系统维持一种良性循环的状态，以达到水资源的永续利用。水资源保护不是以恢复或保持地表水、地下水天然状态为目的的活动，而是一种积极的、促进水资源开发利用更合理、更科学的问题。水资源保护与水资源开发利用是对立统一的，两者既相互制约，又相互促进。保护工作做得好，水资源才能永续开发利用；开发利用科学合理了，也就达到了保护的目的。

一、我国水资源保护的必要性

我国水资源的特点是：水资源总量多，人均占有量少；河川径流年际、年内变化大。我国河川径流量的年际变化大。在年径流量时序变化方面，北方主要河流都曾出现过连续丰水年和连续枯水年的现象；水资源地区分布与其他重要资源布局不相匹配。我国水资源的地区分布不均匀，南多北少，东多西少，相差悬殊，与人口、耕地、矿产和经济的分布不相匹配。

水资源开发利用中的供需矛盾日益加剧，首先是农业干旱缺水。随着经济的发展和气候的变化，中国农业，特别是北方地区农业干旱缺水状况加重，干旱缺水成为影响农业发展和粮食安全的主要制约因素；其次是城市缺水。中国城市缺水，特别是改革开放以来，城市缺水愈来愈严重。同时，农业灌溉造成浪费水，工业用水浪费也很严重，城市生活污水浪费惊人。

我国的水资源环境污染已经十分严重，我国的主要河流有机污染严重，并呈不断扩大趋势，水源污染日益突出。大型淡水湖泊中大多数湖泊处在富营养状态，水质较差。另外，全国大多数城市的地下水受到污染，局部地区的部分指标超标，污染问题每况愈下。由于一些地区过度开采地下水，导致地下水位下降，引发地面的坍塌和沉陷，地裂缝和海水入侵等地质问题，并形成地下水位降落漏斗。海洋的污染情况还没有得到有效的控制，其中东海污染量最重，唯有南海的水质还较好，但还没有得到有效的保护。

水资源保护工作应贯穿在人与水的各个环节中。从更广泛的意义上讲，正确客观地调查、评价水资源，合理地规划和管理水资源，都是水资源保护的重要手段，因为这些工作是水资源保护的基础。从管理的角度来看，水资源保护主要是“开源节流”、防治和控制水源污染。它一方面涉及水资源、经济、环境三者平衡与协调发展的问题，另一方面还涉及各地区、各部门、集体和个人用水利益的分配与调整。这里面既有工程技术问题，也有经济学和社会学问题。同时，还要广大群众积极响应，共同参与，就这一点来说，水资源保护也是一项社会性的公益事业。通过各种措施和途径，使水资源在使用上不致浪费，使水质不致污染，以促进合理利用水资源。

二、水资源保护的内容和目标

水资源保护主要包括水量和水质两个方面。一方面是对水量合理取用及其补给源的保护，主要包括对水资源开发利用的统筹规划、水源地的涵养和保护、科学合理地分配水资源、节约用水、提高用水效率等，特别是保证生态需水的供给到位。另一方面是对水质的保护，主要包括调查和治理污染源、进行水质监测、调查和评价、制定水质规划目标、对污染排放进行总量控制等，其中按照水环境容量的大小进行污染排放总量控制是水质保护方面的重点。

水资源保护的目标，在水量方面，必须保证生态用水，不能因为经济社会用水量的增加而引起生态退化、环境恶化以及其他负面影响；在水质方面，要根据水体的水环境容量来规划污染物的排放量，不能因为污染物超标排放而导致饮用水源地受到污染或危及其他用水的正常供应。水资源保护总体规划构架图见图 8 - 3。

三、水资源保护的步骤与措施

（一）水资源保护的步骤

水资源保护的步骤主要涉及水功能区划、不同水平年污染负荷变化的预测、水环境容量的计算等，具体见图 8 - 4。

（二）水资源保护主要措施

一般来讲，水资源保护措施分为工程措施和非工程措施两大类。

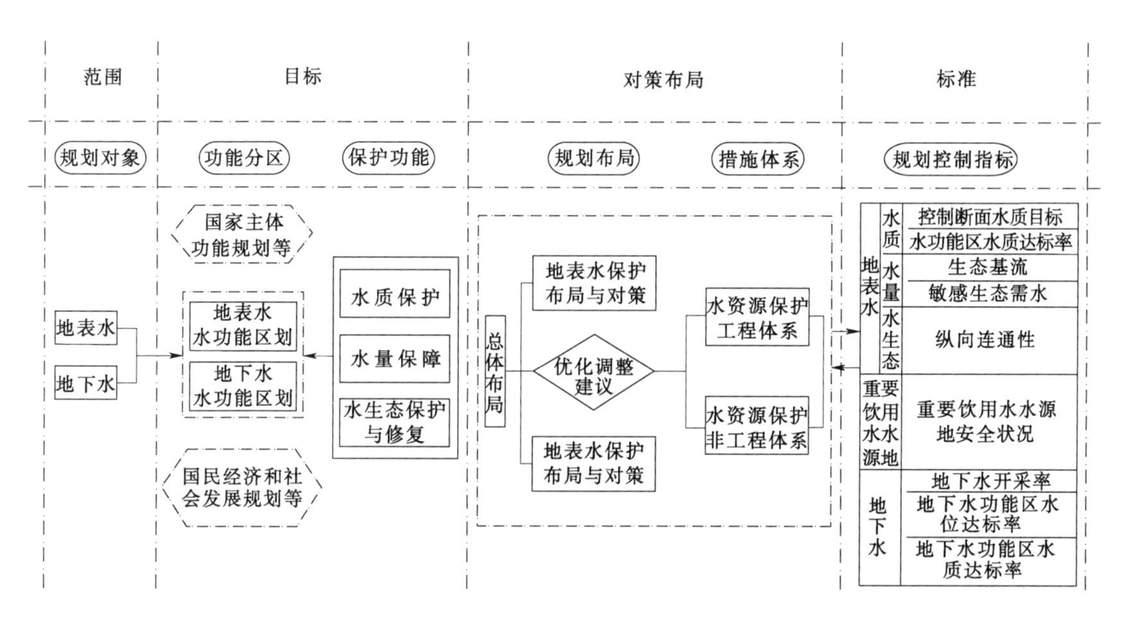

图 8-3　水资源保护总体规划构架图

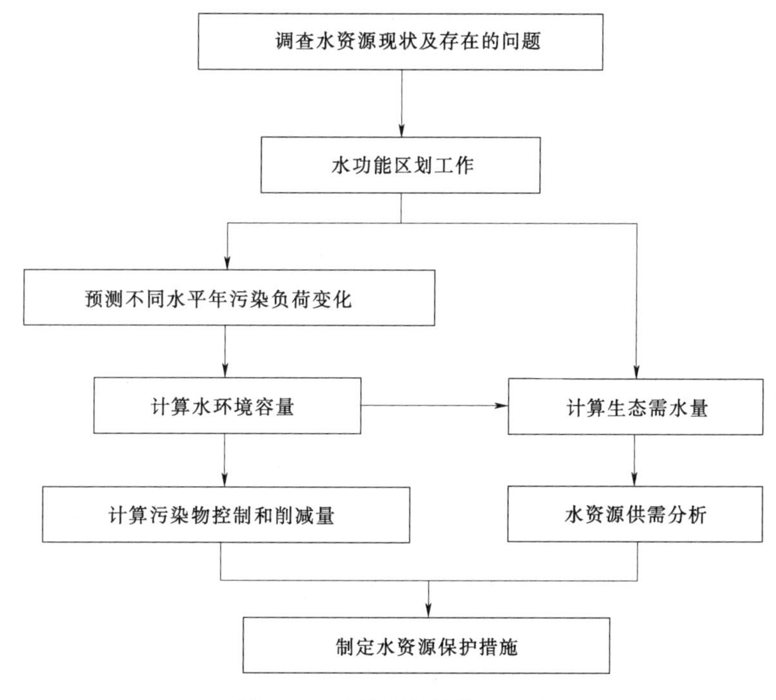

图 8-4　水资源保护的流程图

1. 工程措施

水资源保护可采取的工程措施包括水利工程、农林工程、市政工程、生物工程等措施。

（1）水利工程措施。通过水利工程的引水、调水、蓄水、排水等各种措施，可以改善或破坏水资源状况。

1）调蓄水工程措施。通过在江河湖泊上修建一系列的水利工程（如水库和闸坝），改变天然水系的丰、枯水期水量不平衡状况，控制河川径流量，使河流在枯水期具有一定的生态用水量来稀释净化污染物质，改善水质状况。

2）进水工程措施。从汇水区流出的水一般要经过若干沟、渠、支河而后流入湖泊、水库，在其进入湖库之前可设置渗滤沟、渗滤池、小型水库等工程措施来沉淀、过滤掉有害物质，确保水质达标后，再进入到湖库中。

3）江河湖库的底泥疏浚工程。通过对江河湖库的底泥疏浚，可以将底泥中的营养元素、重金属等有害物质直接除去，这是解决河道底泥污染物释放的有效措施。

（2）农林工程措施：

1）减少面源。在汇流区域内，应科学管理农田，控制施肥量，加强水土保持，减少化肥的流失。在有条件的地方，宜建立缓冲带，改变耕种方式，以减少肥料的施用量与流失量。

2）植树造林，涵养水源。通过森林的综合作用，发挥其涵养水源和调节径流的效能。

3）发展生态农业。建立养殖业、种植业、林果业相结合的生态工程，将畜禽养殖业排放的粪便有效利用于种植业和林果业，形成一个封闭系统，使生态系统中产生的营养物质在系统中循环利用，而不排入水体，减少对水环境的污染和破坏。

（3）市政工程措施：

1）加强污染源的综合治理。对于工业污染源，对环境危害严重的应优先安排资金、技术力量给予治理，确保污染物的排放满足总量控制要求。此外，在水环境综合整治中，还要坚持走集中与分散相结合的道路，在广大乡村设置小型的垃圾回收和处理设施，减小面源污染带来的危害。在工业污染源治理的同时，还要重视对城市生活污水、粪便以及垃圾的治理，逐步兴建生活污水处理厂和城市垃圾处理站，将污染物统一集中处理。

2）建设城市污水/雨水截流工程。为了有效地控制水体污染，应对合流下水道的溢流进行严格控制，改合流制为分流制（即污水、雨水分别由不同下水道系统收集输送），优化排水系统，积极利用雨水资源等措施与办法。

3）建设城市污水处理厂并提高其处理效率。考虑城市的自然、地理、经济及人文等实际情况、城市水污染防治的需要以及经济上的可行性等多方面因素的影响，对污水处理厂进行规划。

4）生物工程措施。生物工程措施主要考虑利用水生生物及其食物链系统达到去除水体中氮、磷和其他污染物质的目的。

2. 非工程措施

（1）加强水质监测、监督、预测及评价工作。

（2）做好地表饮用水源地和地下饮用水源地的保护工作。

（3）积极实施污染物排放总量控制，逐步推行排污许可证制度。

（4）产业结构调整。

（5）水资源保护法律法规建设。

第五节　节　约　用　水

一、节水的涵义

“节约用水”（water conservation）的英文字面意义，具有“水资源保护、守恒与节约”的含义。20世纪70—80年代，美国内务部、水资源委员会、土木工程师协会从不同角度给予解释与说明。美国内务部（1978）将节约用水定义为：有效利用水资源，供水设施与供水系统布局合理，减少需水量；1979年又提出：减少水的使用量，减少水的浪费与损失，增加水的重复利用和回用。美国水资源委员会（1978）认为：节约用水是减少需水量，调整需水时间，改善供水系统管理水平，增加可利用水量。1983年美国政府对于节约用水的内涵重新给予说明：“减少需水量，提高水的使用效率并减少水的损失和浪费，为了合理用水改进土地管理技术，增加可供水量。”

我国对于“节约用水”的内涵具有多种不同的解释。具有代表性的是《城市与工业节约用水理论》（董辅祥，等）对“节约用水”内涵的定义：在合理的生产力布局与生产组织前提下，为最佳实现一定的社会经济目标和社会经济可持续发展，通过采用多种措施，对有限水资源进行合理分配与可持续利用（其中也包括节省用水量）。

节水的含义值得深入讨论，如单从字面上理解，往往被认为就是节约用水量，实际上节水的含义深广，并不局限于用水的节约。它包括水资源（地面水和地下水）的保护，控制和开发，并保证其可获得的最大水量进行合理经济利用，也有精心管理和文明使用自然资源之意。所谓城市节水，应当是在满足使用要求和给排水系统正常运行的前提下，加强管理，依靠科技进步，采取先进措施，提高水的有效利用率，减少无用耗水量。节水除节省用水量的直接意义之外，应有更深广的合理用水之意。在我国，节约用水已约定俗成为“合理用水”或水资源的“合理利用”。其内涵为：在合理的生产结构布局和生产运行的前提下，为实现一定的社会经济目标和社会经济的可持续发展，通过采取多种措施对有限的水资源进行优化配置与可持续利用。节约用水的内容是多方面的。

（1）对已用水的节约或对用水需求的控制及削减，这是节约用水最直观的效果。例如，据统计，全国城市1983—1997年通过计划用水管理累计节约水量243亿m^3，约相当于平均减少720m^3/d的供水量，相当于同期平均年增日供水能力的85%。由此可见，节约用水对缓解我国缺水状况，特别是干旱年份或高峰期用水紧张状况的重要作用。还应该看到，由于取得上述节水效果的措施（包括节水设施）大多是长久性的，如果运用得当，其节水能力也会长期发挥作用。

（2）因节水而减少对有限水资源的占有所产生的效果。浪费水资源，不仅提前使用和消耗宝贵的水资源储备和资金，使其不能有效发挥对社会经济发展应有的支持作用，而且会使缺水地区将来为取得新的水资源付出更大的代价。据估计，每节省10%的用水量即相当于每年减少约3%供水系统的固定资产投资，其长期累计数值是可观的。

（3）节约用水产生的直接和间接经济效益。节约用水的直接经济效果主要表现为所节省的相应供水设施投资和运行管理费用。节约用水的间接经济效益范围甚广，由于减少了用水量而相应减少了排水量，从而减少了污水管道和处理系统设施及其他市政设施的投资与运行管理费用。节水的间接效益还包括因节水保证生产或社会经济正常运作而产生的社会纯收入及节能效果等。

(4) 节约用水产生的环境、生态效益。节水与实行清洁生产、控制废水和污染物排放是密切相关的，因此会取得良好的难以估量的环境、生态效益，会相应提高人民群众对节约用水和保护生态环境的观念意识。

综上所述，从本质上讲，节约用水是不断促进有限水资源的合理分配与利用的优先对策和必要条件，是保证和推动社会、经济可持续发展的基础。

二、节水的意义和重要性

人多水少、水资源时空分布不均、水资源与经济社会发展格局不相匹配是我国的基本国情水情。节水是我国的一项基本用水管理制度。“十五”期间，我国启动全国节水型社会建设试点工作。“十一五”和“十二五”期间分别制定了全国节水型社会建设规划。通过实施以水资源总量控制与定额管理为核心的水资源管理体系、与水资源承载能力相适应的经济结构体系、水资源优化配置和高效利用的工程技术体系、公众自觉节水的行为规范体系等“四大体系”建设，节水型社会建设取得显著成效。节水型城市建设、节水型社会建设试点工作有序推进，节水工程技术措施加快推广应用，节水型社会制度建设取得新的进展，用水效率和效益明显提高。全社会节水意识不断增强，初步形成了政府主导、市场调控、公众参与的节水型社会运行机制，为全面建设节水型社会奠定了基础。

“十二五”以来，特别是党的十八大和十八届二中、三中全会以来，我国进入新的转型发展期，随着气候变化和工业化、城镇化、农业现代化的快速发展，水资源短缺、水生态损害、水环境污染等新老问题越发突出。水资源供需矛盾仍然是制约经济社会可持续发展的主要瓶颈。习近平总书记提出的“节水优先、空间均衡、系统治理、两手发力”的治水方针，强调要善用系统思维统筹水的全过程治理，分清主次、因果关系。当前的关键环节是节水，从观念、意识、措施等各方面都要把节水放在优先位置。这是针对我国国情水情，着眼中华民族永续发展作出的关键选择。目前，我国用水方式还比较粗放，用水效率与世界先进水平相比还有差距。要充分认识节水的极端重要性，把“节水优先”放在一切社会经济活动的首要位置，倡导全社会节约每一滴水，营造全社会亲水、惜水、节水的良好氛围，努力以最小的水资源消耗获取最大的经济、社会、生态效益。

三、节水的主要工作内容

1. 依法节水

水法明确提出了“开源与节流相结合，节流优先，大力建设节水型社会”的战略目标，就此也明确了节约用水的法律依据。实践证明，实现全社会节约用水，必须完善相应节水法规，把节约用水纳入依法管理的轨道。节水管理工作，必须以完善的节水管理法规作保障。完善的法规只有严格执行，才能使其真正发挥作用。在节水工作中要严格地、不折不扣地执行节水法规，切实做到依法行政、依法管水、依法节水，不断提高节水工作法制化管理水平。同时，根据全省节水的实际需要，安排必要的执法检查，对违法取水、无

证取水、越权发证等行为进行查处。

2. 完善节水管理体制

建立计划用水管理机制、节水“三同时”管理机制、用水定额管理机制、“以水定供，以供定需”决策机制、节水产品与节水技术认证机制和合理水价形成机制等六种工作机制。

3. 强化农业节水

农业用水结构不合理，用水效益不高，是最大的水资源浪费。由于历史原因，长期以来水利主要是为“三农”服务。农业是用水大户，农业节水尤为重要。其中大型灌区的节水改造又是农业节水的主战场。农业节水的目标是通过节水保证农业生产用水，只有实施节水高效的现代灌溉农业和现代旱作农业，才能提高灌溉用水效率，从而为工业用水和城市用水挤出新的水源。

4. 深化工业节水

工业节水不仅可以缓解水资源的供需矛盾，还可以减少废水排放，保护水环境。推进工业节水，应以发展节水型工业为目标，依据水资源条件和行业特点，合理调整产业结构和工业布局，推广工业节水新技术、新工艺、新设备，改造落后的生产工艺和设备，特别是对高耗水的工业企业，增加节水技改资金投入，促进废水循环利用和综合利用，实现废水资源化。

5. 促进城市节水

应以确保城市供水安全为目标，努力创建节水型城市。城市节水要坚持用水管理、节水措施、科学研究与推广、宣传教育、监督管理奖励与处罚多管齐下。关键是要形成居民的节水意识和节水习惯，减少输配水管网漏失率。主要城市要制定和实施节约用水办法。严格规定用水单位、居民家庭使用节水型用水器具；在用的非节水型用水器具，应逐步更换：医院、饭店、商店、公园、影剧院、体育场馆等公共场所的卫生间，应当使用非触摸式冲洗装置。机关、部队、学校以及其他企事业单位的集中浴室应当安装使用节水型淋浴器。同时要实行“节水设施三同时”制度，凡新建、扩建、改建建设项目必须采用节水型工艺、设备和器具，配套建设节水设施，节水设施应当与主体工程同时设计、同时施工、同时投入使用。

6. 建立合理的水价形成机制

水价形成机制不合理，供水价格偏低，是造成水资源浪费的重要原因。因此我们应充分体现水商品的价值规律，发挥价格杠杆作用，促进节约用水，保护和合理利用水资源。按照补偿成本、合理收益、公平负担原则，合理制定供水价格并逐步实行价格听证会，接受民主监督。加大水资源费征收力度和提高水价是节约用水的最有效措施。国外专家作过案例分析，水价每提高10％。用水总量就可以减少5％。国际通用惯例，自来水水费支出占人均收入的3％左右。要加快水价改革步伐。尽快理顺供水价格，逐步建立起激励节约用水的水价机制。通过建立合理的水价形成机制，促进水价管理规范化、法制化，使供水管理单位具有自我积累、自我发展的能力。

7. 推广先进节水技术

城镇生活节水要大力开发、推广使用生活节水设施和器具，提高城镇节水器具普及率。加大城镇供水系统改造和配套建设，努力降低管网漏失率。公园绿地及市政建设用水，也必须安装节水龙头和节水设施，优先使用再生水。通过各种节水措施的实施，使河北省达到生活用水略有增长，工业用水缓慢增长，农业用水逐步减少，总取水量大体稳定的目标，促进节水型社会的建设。

8. 开展节水型社会建设

通过建设，加强指导，提高区域水资源与水环境承载能力，使其在水资源与节水管理上，达到“城乡一体，水权清晰，以水定产，配置优化，水价合理，用水高效，中水回用，技术先进，制度完备，宣传普及”的目标要求，从而带动全社会节水工作的开展。

四、节水的目标

在现状用水和节水水平综合评价的基础上，综合考虑水资源条件，供需发展趋势、经济社会发展水平等因素，提出不同水平年的节水目标。要充分利用已有的研究成果与资料和有关规划成果，并按照国家有关政策和规定及各地的实际制定合理的节水目标。

不同地区节水的目的、方向和重点不同。水资源紧缺地区节水的主要目的是减少水资源的无效消耗量、提高水资源利用率、水分生产率、供水保证率和水资源的承载能力，水资源较丰沛的地区，节水的目的主要是减少污废水排放量、减少治污的投入、提高水资源利用效率，节水的重点是用水大户、污染大户。

目前，国家对用水实行总量控制和定额管理相结合的制度。2012 年 1 月，国务院发布了《关于实行最严格水资源管理制度的意见》，这是继 2011 年一号文件和中央水利工作会议明确要求实行最严格水资源管理制度以来，国务院对实行该制度做出了全面部署和具体安排，是指导当前和今后一个时期我国水资源工作的纲领性文件。实现最严格水资源管理的核心是采用三条红线对总量控制和定额管理进行量化。《关于实行最严格水资源管理制度的意见》提出，到 2015 年，全国用水总量力争控制在 6350 亿 m^3 以内，万元工业增加值用水量比 2010 年下降 30%以上，农田灌溉水有效利用系数提高到 0.53 以上，重要江河湖泊水功能区水质达标率提高到 60%以上；到 2020 年，全国用水总量力争控制在 6700 亿 m^3 以内；万元工业增加值用水量降低到 65m^3 以下，农田灌溉水有效利用系数提高到 0.55 以上，重要江河湖泊水功能区水质达标率提高到 80%以上，城镇供水水源地水质全面达标；到 2030 年，全国用水总量控制在 7000 亿 m^3 以内，万元工业增加值用水量降低到 40m^3 以下，农田灌溉水有效利用系数提高到 0.6 以上，确立水功能区限制纳污红线，主要污染物入河湖总量控制在水功能区纳污能力范围之内，水功能区水质达标率提高到 95%以上。地区不同水平年节水总体目标要按照水资源供需协调、综合平衡、保护生态、厉行节约、合理开源的原则制定，并在此总量控制和指标下进行。

1. 农业

农业节水目标主要根据当地的自然地理、土壤作物以及水资源条件，通过节水潜力的分析，结合地区农业未来发展及产业结构布局等特点进行确定，同时还要结合实际情况，确定不同地区、不同时期农业节水的目标与重点，提出不同水平年节水型农业用水定额指标体系与用水效率控制指标。农业节水近期重点对大型灌区进行续建配套与节水改造，建设节水增效示范项目和节水增效示范县、市；中期在全国灌溉总用水量基本不增加的情况

下，进一步提高灌溉水利用系数，适度新增节水灌溉面积。

2. 工业

在各地工业布局与产业结构及其变化趋势分析的基础上，根据对工业各行业，重点高用水、高污染工业的节水现状及节水潜力的分析，以及与国内外工业节水先进水平的比较分析，确定不同地区、不同时期工业节水的目标与重点，提出不同水平年节水型工业用水定额指标体系与用水效率控制指标。工业节水的重点行业是火力发电、化工、造纸、冶金、纺织、水泥、食品等。在工业增加值继续增长情况下，通过产业结构战略调整和企业技术改造，控制用水量的增长，特别是选择产能较大、基础条件好的企业，从取水、供水、用水、耗水、排水等环节，安排一批节水工艺改造及循环用水工程。重点提高工业用水重复利用率，减少万元工业产值用水量。

3. 城镇生活

在国内外先进节水城市比较分析的基础上，根据各地水资源条件、生活习惯，节水宣传教育以及节水普及情况，结合未来城镇发展、城市功能及行业组成状况，通过城镇生活节水潜力的分析，确定不同时期城镇生活节水的目标与重点，提出不同水平年节水型城镇生活用水定额指标体系与用水效率控制指标。城镇生活节水的重点是推广节水器具和减少输配水、用水环节的跑、冒、滴、漏，使城市节水水平有明显提高。

五、节水措施

1. 农业节水措施

工程节水是农业节水最主要，也是最常见的措施之一。它主要涉及到输配水渠系及田间灌水的相关工程，如工程配套、渠系配套与渠系防渗、渠道化输水、喷灌、微灌等，以节约输配水量为主。

采用各种耕作栽培措施和化学制剂调控农田水分状况，减少无效蒸发，防止水土流失、改善土壤结构，提高作物产量和水分利用率。主要包括土地整理、良种化和平衡施肥、耕作保墒技术、抗旱品种选育等技术措施。

作物水分胜利调控机制与作物高效用水技术紧密结合形成的新型节水技术，主要包括调亏灌溉，局部灌溉和控制性分根交替灌溉。特别是控制性分根交替灌溉，是由我国西北农林科技大学的科技人员提出的新概念，其原理是通过对不同区域根系进行交替干旱锻炼和其存在的补偿生产功能而刺激根系的生长，提高根系对水分和养分的利用率，最终达到不牺牲作物产量而大量节水的目的。

合理调整种植结构，根据当地水资源条件，未来农业经济社会发展规划以及作物本身的需水规律和特点，合理调整作物种植结构，达到节水和效益双赢的目的。

研究和制定合理的水价政策，实行水资源统一管理、制定节水灌溉政策法规、加强组织管理、加强宣传教育和推广节水灌溉技术等管理措施。

运用现代先进的管理技术和自动化技术，对作物用水进行科学调控，同时加强多部门联合协作，构建综合协调机制和运行体制，制造多部门参与的农业节水规划和管理流程，实现对农业节水的统一管理。

2. 工业节水措施

提高生产用水重复利用率、回用率。发展和推广蒸汽冷凝水回收再利用技术；优化企业蒸汽冷凝水回收网络，发展闭式回收系统；推广使用蒸汽冷凝水的回收设备和装置；奖励和支持外排（污）水处理后回用，大力推广外排（污）水处理后回用于循环冷却水系统的技术和“零排放”技术。

应用节水和高效的新技术，如高效人工制冷及低温冷却技术、高效洗涤工艺等；发展高效换热技术和设备，鼓励发展高效环保节水型冷却塔和其他冷却构筑物；优化循环冷却水系统，加快淘汰冷却效率低、用水量大的冷却构建物；发展高效循环冷却水处理技术，发展空气冷却技术。

实行计划用水，提倡一水多用、优水优用，提高水资源综合利用水平。发展采煤、采矿等矿井水的资源化利用。在山区，发展和推广矿井水作为矿区工业用水和生活用水、农田用水等替代水源。

进行工艺改造和设备更新，淘汰高耗水工艺和落后的设备；推广生产工艺（装置内、装置间、工序内、工序间）的热联合技术，优化锅炉给水、工艺用水的设备工艺。大力发展和推广火力发电等工业干式除灰与干式输灰（渣）、高浓度灰渣输送、冲灰水回收利用等节水技术和设备以及冶炼厂干法收尘净化技术；推广洁净煤燃烧发电技术；发展纺织生产节水工艺，推广煤炭采掘过程的有效保水措施；开发和应用对围岩破坏小、水流失少的先进采掘工艺和设备；开发和应用节水选煤设备；研究开发大型先进的脱水和煤泥水处理设备。

根据水资源条件，合理调整产业结构和工业布局；制定合理的水价，实行优水价和累进制水价收费制度；对废污水排放征收污水处理费，实行污染物总量控制；加强节水技术开发和节水设备、器具的研制等。

3. 城镇生活节水措施

实行计划用水和定额管理。制定科学合理的用水定额，逐步对城市公共设施下达用水计划，实行计划用水，鼓励各单位采取节水措施，使用水量不超过节水管理部门下达的用水计划指标，对于超计划用水的单位给予一定的经济处罚。居民住宅用水彻底取消“包费制”，分户装表，努力使计量收费达到100%。逐步采用累进加价的收费方式，提倡合理用水，杜绝浪费用水。

加强节水宣传与教育。利用报刊、广播、电视等新闻媒体进行节水宣传，使人们认识到水作为一种资源并非“取之不尽，用之不竭”。①加强世界水日、中国水周和节水宣传周活动。通过报刊、广播、电视等新闻媒体及各种活动，发放节水宣传材料、张贴节水宣传画、举办节水知识竞赛等方式进行节水宣传。②积极创建“节水先进城市”，在全国评选“节水先进城市”和“节水先进企业（单位）”活动中，树立节水先进典型。③加强城市节水监督，充分发挥城市节水监督电话作用。

调整水价及改革水费收缴制度。要加快城市水价改革步伐，尽快理顺供水价格，逐步建立激励节约用水的科学、完善的水价机制。在逐步提高水价的同时，可继续实行计划用水和定额管理，对超计划和超定额用水实行累进加价收费制度；缺水城市，要实行高频累进加价制度。提高水价以后增加的收入可以用于供水管网的维护更新和节水设施的建设，

使用水和节水逐步走上良性循环的道路。

推广使用节水器具和设备。加大国家有关节水技术政策和技术标准的贯彻执行力度，制定推行节水型用水器具的强制性标准。针对用水量大的环节，开发研制新型节水器具，积极推广节水型用水器具。要制定政策，鼓励居民家庭更换使用节水型器具，尽快淘汰不符合节水标准的生活用水器具。所有新建、改建、扩建的公共和民用建筑中，均不得继续使用不符合标准的用水器具；凡达不到节水标准的，经城市人民政府批准，可不予供水。

加快供水管网的改造，采取有效措施，加快城市供水管网技术改造，降低管网漏失率。加快对供水管网的全面普查，建立完备的供水管网技术档案，制定管网改造计划，积极推广中水利用。

六、合同节水管理

合同节水管理是指节水服务企业与用水户以合同形式，为用水户募集资本、集成先进技术，提供节水改造和管理等服务，以分享节水效益方式收回投资、获取收益的节水服务机制。推行合同节水管理，有利于降低用水户节水改造风险，提高节水积极性；有利于促进节水服务产业发展，培育新的经济增长点；有利于节水减污，提高用水效率，推动绿色发展。水利部2016年发布《关于推进合同节水管理促进节水服务产业发展的意见》，该意见要求如下。

（一）总体要求

牢固树立“创新、协调、绿色、开放、共享”五大发展理念，坚持节水优先、两手发力，以节水减污、提高用水效率为核心，加强政府引导和政策支持，促进节水服务产业发展，加快节水型社会建设。

1. 基本原则

坚持市场主导。充分发挥市场配置资源的决定作用，鼓励社会资本参与，发展统一开放、竞争有序的节水服务市场。

坚持政策引导。落实水资源消耗总量和强度双控行动，完善约束和激励政策，营造良好的政策和市场环境，培育发展节水服务产业。

坚持创新驱动。以科技创新和商业模式创新为支撑，推动节水技术成果转化与推广应用，促进节水服务企业提高服务能力，改善服务质量。

坚持自律发展。完善节水服务企业信用体系，强化社会监督与行业自律，促进节水服务产业健康有序发展。

2. 发展目标

到2020年，合同节水管理成为公共机构、企业等用水户实施节水改造的重要方式之一，培育一批具有专业技术、融资能力强的节水服务企业，一大批先进适用的节水技术、工艺、装备和产品得到推广应用，形成科学有效的合同节水管理政策制度体系，节水服务市场竞争有序，发展环境进一步优化，用水效率和效益逐步提高，节水服务产业快速健康发展。

（二）重点领域和典型模式

1. 重点领域

（1）公共机构。切实发挥政府机关、学校、医院等公共机构在节水领域的表率作用，采用合同节水管理模式，对省级以上政府机关、省属事业单位、学校、医院等公共机构进行节水改造，加快建设节水型单位；严重缺水的京津冀地区，市县级以上政府机关要加快推进节水改造。

(2) 公共建筑。推进写字楼、商场、文教卫体、机场车站等公共建筑的节水改造，引导项目业主或物业管理单位与节水服务企业签订节水服务合同，推行合同节水管理。

(3) 高耗水工业。在高耗水工业中广泛开展水平衡测试和用水效率评估，对节水减污潜力大的重点行业和工业园区、企业，大力推行合同节水管理，推动工业清洁高效用水，大幅提高工业用水循环利用率。

(4) 高耗水服务业。结合开展违规取用水、偷采地下水整治专项行动，在高尔夫球场、洗车、洗浴、人工造雪滑雪场、餐饮娱乐、宾馆等耗水量大、水价较高的服务企业，积极推行合同节水管理，开展节水改造。

(5) 其他领域。在高效节水灌溉、供水管网漏损控制和水环境治理等项目中，以政府和社会资本合作、政府购买服务等方式，积极推行合同节水管理。

2. 典型模式

(1) 节水效益分享型。节水服务企业和用水户按照合同约定的节水目标和分成比例收回投资成本、分享节水效益的模式。

(2) 节水效果保证型。节水服务企业与用水户签订节水效果保证合同，达到约定节水效果的，用水户支付节水改造费用，未达到约定节水效果的，由节水服务企业按合同对用水户进行补偿。

(3) 用水费用托管型。用水户委托节水服务企业进行供用水系统的运行管理和节水改造，并按照合同约定支付用水托管费用。

在推广合同节水管理典型模式基础上，鼓励节水服务企业与用水户创新发展合同节水管理商业模式。

(三) 加快推进制度创新

1. 强化节水监管制度

落实水资源消耗总量和强度双控制度，完善节水的法律法规体系，把节水的相关制度要求纳入法制化轨道。制（修）订完善取水许可、水资源有偿使用、水效标识管理、节水产品认证等方面的规章制度，落实节水要求。健全并严格落实责任和考核制度，把节水作为约束性指标纳入政绩考核。加强节水执法检查，严厉查处违法取用水行为。依据法规和制度，优化有利于节水的政策和市场环境。

2. 完善水价和水权制度

加快价格改革。全面实行城镇居民阶梯水价、非居民用水超计划超定额累进加价制度。稳步推进农业水价综合改革，建立健全合理反映供水成本、有利于节水和农田水利体制机制创新、与投融资体制相适应的农业水价形成机制。建立完善水权交易市场，因地制宜探索地区间、行业间、用水户间等多种形式的水权交易，鼓励和引导水权交易在规范的交易平台实施。完善水权制度体系，落实水权交易管理办法。鼓励通过合同节水管理方式取得的节水量参与水权交易，获取节水效益。

3. 加强行业自律机制建设

加强节水服务企业信用体系建设，建立相关市场主体信用记录，纳入全国信用信息共享平台。探索对严重失信主体实施跨部门联合惩戒，对诚实守信主体实施联合激励，引导节水服务市场主体加强自律，制定节水服务行业公约，建立完善行业自律机制，不断提高节水服务行业整体水平。鼓励龙头企业、设备供应商、投资机构、科研院所成立节水服务产业联盟，支持联盟成员实现信息互通、优势互补。

4. 健全标准和计量体系

建立合同节水管理技术标准体系，为合同节水管理提供较完备的相关技术标准和规范性文件。加强用水计量管理，完善用水计量监控体系，加强农业、工业等取水计量设施建设，督促供水单位和用水户按规定配备节水计量器具，积极开展用水计量技术服务。依托现有的国家和社会检测、认证资源，提升节水技术产品检测能力。建立节水量第三方评估机制，确保节水效果可监测、可报告、可核查，明确争议解决方式。

（四）培育发展节水服务市场

1. 培育壮大节水服务企业

鼓励具有节水技术优势的专业化公司与社会资本组建具有较强竞争力的节水服务企业，鼓励节水服务企业优化要素资源配置，加强商业和运营模式创新，不断提高综合实力和市场竞争力。充分发挥水务等投融资平台资金、技术和管理优势，培育发展具有竞争力的龙头企业，形成龙头企业＋大量专业化技术服务企业的良性发展格局。

2. 创新技术集成与推广应用

及时制定和发布国家鼓励和淘汰的用水工艺、技术、产品和装备目录。充分发挥国家科技重大专项、科技计划专项资金等作用，支持企业牵头承担节水治污科技项目等关键技术攻关，鼓励发展一批由骨干企业主导、产学研用紧密结合的节水服务产业技术创新联盟，集成推广先进适用的节水技术、产品。充分发挥国家科技推广服务体系的重要作用，积极开展节水技术、产品和前沿技术的评估、推荐等服务。

3. 改善融资环境

鼓励合同节水管理项目通过发行绿色债券募资。鼓励金融机构开展绿色信贷，探索运用互联网＋供应链金融方式，加大对合同节水管理项目的信贷资金支持。有效发挥开发性和政策性金融的引导作用，积极为符合条件的合同节水管理项目提供信贷支持。鼓励金融资本、民间资本、创业与私募股权基金等设立节水服务产业投资基金，各级政府投融资平台可通过认购基金股份等方式予以支持。合同节水管理项目要充分利用政府性融资担保体系，建立政银担三方参与的合作模式。

4. 加强财税政策支持

符合条件的合同节水管理项目，可按相关政策享受税收优惠。研究鼓励合同节水管理发展的税收支持政策，完善相关会计制度。各地、各有关部门要利用现有资金渠道和政策手段，对实施合同节水管理的项目予以支持。鼓励有条件的地方，通过加强政策引导，推动高耗水工业、服务业和城镇用水开展节水治污技术改造，培育节水服务产业。

5. 组织试点示范

利用 5 年左右的时间，重点在公共机构、公共建筑、高耗水工业和服务业、公共水域水环境治理、经济作物高效节水灌溉等领域，分类建成一批合同节水管理试点示范工程。生态文明先行示范区、节水型社会试点示范地区、节水型城市等应当积极推行合同节水管理，形成示范带头效应。及时总结经验，广泛宣传推行合同节水管理的重要意义和明显成效，提高全社会对合同节水管理的认知度和认同感，促进节水服务产业发展壮大。

复习思考题

1. 水资源管理的具体内容有哪些？
2. 水资源管理的方法有哪些？具体流程是什么？
3. 水资源管理方案的内容主要包括什么？
4. 水资源保护的内容和措施是什么？
5. 我国水资源管理基本制度有哪些？
6. 最严格水资源管理制度的内涵是什么？
7. 阐述水资源规划的内涵、内容和流程。
8. 水资源规划报告书编写的基本要求是什么？
9. 结合工程和生活实际，谈谈节水的重要性和主要内容。
10. 谈谈合同节水管理的内涵。

参考文献

［1］ 杨开. 水资源开发利用与保护［M］. 长沙：湖南大学出版社，2005.

［2］ 孙秀玲. 水资源评价与管理［M］. 北京：中国环境出版社，2013.

［3］ 福传君. 湖南省水资源调查评价［M］. 北京：中国水利水电出版社，2011.

［4］ 李彦彬. 水资源评价与管理［M］. 北京：中国水利水电出版社，2012.

［5］ 贾平. 水环境评价与保护［M］. 郑州：黄河水利出版社，2012.

［6］ 长江流域水资源保护局. 水资源保护规划理论与实践［M］. 北京：中国水利水电出版社，2014.

［7］ 左其亭，窦明，吴泽宁. 水资源规划与管理［M］. 北京：中国水利水电出版社，2005.

［8］ 王顺久，张欣莉，倪长健. 水资源优化配置原理及方法［M］. 北京：中国水利水电出版社，2007.

［9］ 刘福臣，张桂琴，杜守建. 水资源开发利用工程［M］. 北京：化学工业出版社，2006.

［10］ 杜守建，徐基芬，迟春梅. 浅谈水资源优化调度研究方法的发展［J］. 山东水利，2000（12）：48-52.

［11］ 张泽中，李振全，乔祥利. 水资源配置体系理论探讨［M］. 北京：中国水利水电出版社，2013.

［12］ 石岩，樊华. 水资源优化配置理论及应用案例［M］. 北京：中国水利水电出版社，2016.

［13］ 王顺久. 中国水资源优化配置研究的进展与展望［J］. 水利发展研究，2002，9：1-3.

［14］ 邱林，王文川. 水资源优化配置与调度［M］. 北京：中国水利水电出版社，2015.

［15］ 王济干，张婕，董增川. 水资源配置的和谐性分析［J］. 河海大学学报（自然科学版），2003，31（6）：702-705.

［16］ 赵斌，董增川，徐德龙. 区域水资源合理配置分质供水及模型［J］. 人民长江，2004，35（2）：21-31.

［17］ 王浩. 我国水资源合理配置的现状和未来［J］. 水利水电技术，2006，37（2）：7-14.

［18］ 李少华，董增川，李玉荣，等. 水资源统筹配置综述与展望［J］. 水利经济，2007，25（2）：1-5.

［19］ 陈南祥，徐建新. 水资源系统动力学特征及合理配置的理论与实践［M］. 郑州：黄河水利出版社，2007.

［20］ 左其亭，陈曦. 面向可持续发展的水资源规划与管理［M］. 北京：中国水利水电出版社，2003.

［21］ 左其亭. 中国水科学研究进展报告 2011—2012［M］. 北京：中国水利水电出版社，2013.

［22］ 左其亭. 中国水科学研究进展报告 2013—2014［M］. 北京：中国水利水电出版社，2015.

［23］ 林锉云，董加礼. 多目标优化的方法与理论［M］. 长春：吉林教育出版社，1992.

［24］ 周丽. 基于遗传算法的区域水资源优化配置研究［D］. 郑州：郑州工业大学，2002.

［25］ 金菊良，丁晶. 水资源系统工程［M］. 成都：四川科学技术出版社，2002.

［26］ 杜守建，崔振才. 区域水资源优化配置与应用［M］. 郑州：黄河水利出版社，2009.

［27］ 冯尚友. 水资源持续利用与管理导论［M］. 北京：科学出版社，2004.

［28］ 编委会. 建设项目水资源论证实务操作手册［M］. 北京：中国知识出版社，2014.

［29］ 吴季松. 现代水资源管理导论［M］. 北京：中国水利水电出版社，2002.

［30］ 姜文来，唐曲，雷波，等. 水资源管理学导论［M］. 北京：化学工业出版社，2005.

［31］ 左其亭，李可任. 最严格水资源管理制度理论体系探讨［J］. 南水北调与水利科技，2013，13（1）：13-18.

［32］ 孙雪涛，沈大军. 水资源分区管理［M］. 北京：科学出版社，2013.

［33］ 王国新. 水资源学基础知识［M］. 2版. 北京：中国水利水电出版社，2012.

［34］ 许拯民，等. 水资源利用与可持续发展［M］. 北京：中国水利水电出版社，2012.

［35］ 王浩. 变化环境下流域水资源评价方法［M］. 北京：中国水利水电出版社，2009.

[36] 李国芳，夏自强. 节水技术及管理 [M]. 北京：中国水利水电出版社，2011.

[37] 张旺，唐忠辉. 合同节水管理有关情况及其建议 [J]. 水利发展研究，2016，16 (4)：10-12.

[38] 中共中央关于制定国民经济和社会发展第十三个五年规划的建议 [N]. 新华每日电讯，2015-11-04 (2-3).

[39] 李建华. 坚持科学治水全力保障水安全（深入学习贯彻习近平同志系列重要讲话精神）[N]. 人民日报，2014-06-24 (7).

[40] 水利部水资源司. 十问最严格水资源管理制度 [M]. 北京：中国水利水电出版社，2012.

[41] 水利部水资源司. 最严格水利资源管理考核制度文件汇编 [M]. 北京：中国水利水电出版社，2015.

[42] 水利部水利水电规划设计总院. 全国水资源综合规划技术细则 [R]. 2002.

[43] 水利水电规划设计总院. 地下水资源量及可开采量补充细则（试行）[R]. 2002.

[44] 水利部水资源管理司. 节水型社会建设规划编制导则 [R]. 2008.

[45] 水利部水利水电规划设计总院. 全国水资源综合规划地表水资源保护补充技术细则 [R]. 2003.

[46] 中共中央宣传部. 习近平总书记系列重要讲话读本（2016 年版）[R]. 北京：学习出版社，2016.

[47] SL/T 238—1999 水资源评价导则 [S]. 北京：中国水利水电出版社，1999.

[48] SL 196—2015 水文调查规范 [S]. 北京：中国水利水电出版社，2015.

[49] GB 3838—2002 地表水环境质量标准 [S]. 北京：中国水利水电出版社，2002.

[50] GB 14848—93 地下水质量标准（修订）[S]. 北京：中国水利水电出版社，2002.

[51] CJ 3020—93 生活饮用水水源水质标准 [S]. 北京：水利电力出版社，1993.

[52] GB/T 50594—2010 水功能区划分技术规范 [S]. 北京：中国水利水电出版社，2010.

[53] GB/T 25173—2010 水体纳污能力计算规程 [S]. 北京：中国水利水电出版社，2010.

[54] SL 429—2008 水资源供需预测分析技术规范 [S]. 北京：中国水利水电出版社，2009.

[55] GB/T 51051—2014 水资源规划规范 [S]. 北京：中国计划出版社，2015.

[56] SL 429—2008 水资源供需预测分析技术规范 [S]. 北京：中国计划出版社，2008.